우리는 지금 호주로 간다

김세윤 저

성공어학연수 가이드 – 호주 맞짱뜨기
우리는 지금 호주로 간다

|만든 사람들|

기획 실용기획부 | **진행** 한수정 | **집필** 김세윤 | **편집 디자인** 아이디어스토리지 | **표지 디자인** design86 | **표지 사진** 이재은 | **일러스트** 김도언, 이재은

|책 내용 문의|

도서의 내용에 대해 궁금한 사항이 있으시면, 아이생각(디지털북스) 홈페이지의 게시판을 통해 해결하실 수 있습니다.

아이생각(디지털북스) 홈페이지 | www.ithinkbook.co.kr(www.digitalbooks.co.kr)

E-mail : digital@digitalbooks.co.kr

|각종 문의|

영업관련 hi@digitalbooks.co.kr

기획관련 dgbookplan@digitalbooks.co.kr

전화번호 (02)447-3157~8

우리는 지금 호주로 간다

김세윤 저

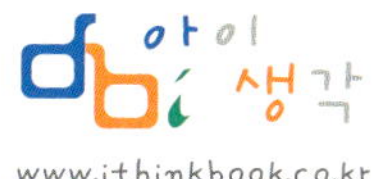

Introduction

책을 쓰면서…

호주의 유학 시장이 개방된 것은 1987년이다. 벌써 햇수로 25년이 되어간다. 그동안 많은 학생들이 호주로의 유학을 계획, 실행했고 필자 역시 그중 한 명이었다.

1997년에 처음 호주에 도착해서 지금까지 15년째 거주하고 있지만 내가 태어나고 자란 나라가 아니기 때문인지 아직도 생활에 적응이 되지 않는 부분이 더 많다.

혼자 타국에 와서 느꼈던 외로움, 두려움. 그것들을 버리기 위해 한국을 생각하니 따라온 향수병. 처음 와서 부족했던 나의 영어실력은 생각하지 않고 호주사람들과의 오해를 차별로 단정지어버린 단순함. 목표를 이루기 위해 노력하며 과감하게 포기할 줄도 알았던 열정들…
이 모든 것들이 15년이 지난 지금 돌이켜 보면 나만이 느낄 수 있는 조그마한 행복이라고 생각한다. 이 조그마한 행복을 나보다 늦게 호주로 오는 사람들에게 나누어 주고 싶었다.

본 도서에 계획했던 내용의 절반도 넣지 못해 아쉬움이 가득하지만 어학연수, 워킹홀리데이비자로 호주로 오는 사람들에게는 조그마한 도움이 되길 빌어본다.
그동안 책을 쓰는데 나보다 더 노력을 해 줬던 최재은 실장님, 최무연 실장님, 김고은 씨에게 진심으로 감사한 마음을 전한다.

그리고 약속한 날짜를 매번 지키지 않아 몇 년은 분명히 늙으셨을 것 같은, 이 책을 기획하신 한수정님, 정말 고맙고 죄송한 마음을 이 자리를 빌어 전해드린다.

저자 김세윤 드림.

CONTENTS

Part 04 호주 숙소 형태 살펴보기

Part 05 호주 현지 적응에 꼭 필요한 생활 길라잡이

Part 06 호주, 여기만 여행해도 알짜!

어학연수의 첫걸음, 연수 국가 선정하기
Australia

THEME 01. 영어연수 외, 아르바이트 가능

호주에서 학생비자 또는 워킹홀리데이비자로 영어연수를 할 때 가장 큰 장점은 합법적인 노동허가, 즉, 다른 나라의 어학연수에서 경험하기 힘든 합법적인 아르바이트가 가능하다는 점이다. 호주에서는 2주에 40시간의 노동을 허용함으로써, 금전문제로 고민할 학생들의 경제적인 부담을 줄일 수 있어 일과 공부, 두 마리 토끼를 잡을 수 있는 기회가 주어진다.

THEME 02. 호주영어의 정확성

호주의 역사가 영국에서부터 시작한 것처럼 호주의 영어도 영국영어에서 왔다.
일반적으로 우리나라 사람들이 호주영어를 어려워하는 이유는 학창시절, 머릿속에 교과서에서 익힌 미국영어를 바탕으로 호주영어를 발음하려고 하기 때문이다. 미국식 영어에 길들여진 우리나라 사람들이 어려워하는 것은 당연지사!
또, 호주영어의 경우 미국영어보다 발음이 훨씬 정확하다.

THEME 03. 영어권 외, 다양한 문화 경험

1768년 영국의 제임스 쿡 선장이 발견한 호주는 본래 영국 죄수들을 안치하는 유배지였다. 처음으로 이곳에 죄수가 보내졌을 때 식물의 종자와 동물, 병사들과 남녀죄수들이 함께 들어왔다. 초기에 이곳에 정착한 그들은 먹을 것이 부족해 굶주림에 시달려야 했지만 농사를 짓고 가축을 기르면서 대륙을 개척해 갔으며 대륙의 뛰어난 자연환경에 감탄을 금치 못했다고 한다.

이후 호주 빅토리아 지역에서 금광을 발견하고 *골드 러시 시대가 열린다. 이로 인해 유럽과 미국인은 물론 중국인까지 이곳으로 이민을 오면서 호주에서는 서서히 다민족, 다문화의 기반이 갖추어지기 시작했다.

Q. 골드 러시란?

A. 새로운 광물 자원이 발견되면서 그곳으로 광물을 채취할 광부들이
   모여드는 현상입니다.

이렇게 발전한 호주는 전 세계에서 가장 많은 인종들로 구성된 다민족 국가로 자리잡았다. 다양한 인종들이 모여 다양한 문화를 이룩한 다민족/다문화 국가, 호주에서는 인종차별이 없이 다양한 문화권의 사람들을 많이 만날 수 있다.

THEME 04. 체계적인 영어교육체계

많은 나라 중에 호주의 영어코스가 학생들에게 인기를 얻고 있는 이유는 무엇보다 정부의 체계적인 관리 덕분이라고 할 수 있다. 호주는 수업규모, 전문자격의 교사, 커리큘럼, 교습 방법 및 자료에 대한 기준을 정하고 유학생 영어연수기관(ELICOS)에 대한 국립인증체계(NEAS)를 가지고 있다.

이 국립인증체계는 사립 및 공립교육기관이 동일하게 준수해야 하는 체계로, 교실의 크기, 교사의 능력, 승인된 교과 과정, 교육 방법 및 자료, 학생 복지 등에 일정한 표준을 정해놓고 유학기관을 관리한다. 이렇듯 모든 학교들을 정부에서 관리하므로 그 수준이 상향 평준화되어 있다.

THEME 05. 유학생의 권리 보호

호주는 영어권 국가 중 유일하게 유학생을 위한 연방교육법을 지정하여 유학생의 권리를 보호한다. 국립인증체계(NEAS)에 의해 인증, 감사를 받음으로써 높은 질적 수준을 유지하고, *유학생 교육 서비스 법률(ESOS)에 의거해 유학생의 학비를 보호해 준다. 만약 학교가 재정적인 이유 또는 그 밖의 이유로 문을 닫았을 경우, 교육 서비스 법률(ESOS)에 의해 유학생의 학비는 보호받을 수 있다.

Q. ESOS는 구체적으로 어떤 법률인가요?

A. ESOS는 'Education Services for Overseas Students'의 약어로 2000년에 만들어진 호주의 유학생 교육 서비스 법률입니다. 호주 정부가 호주 교육 서비스의 소비자인 유학생들을 제도적으로 보호하려는 목적에서 만들었으며 이에 따라 호주 교육기관들은 등록 요건을 충족해야만 유학생을 받을 수 있습니다. ESOS는 다음 두 가지에서 그 성격이 뚜렷이 드러납니다.

1. 학업을 위해 지불한 비용 보호
학교가 재정적인 이유 또는 그 밖의 이유로 문을 닫았을 경우, ESOS에 의해 유학생의 학비는 보호받을 수 있으며 그 보호 대상은 학생비자로 온 학생들만을 기준으로 합니다.

2. 교육기관의 과장 및 허위 정보 제공 불가
유학생들의 입학을 유도하고자 교육기관은 허위나 과장 홍보를 하는 것이 불가합니다.

호주의 영어연수 과정은 크게 6개로 나누어진다.

THEME 01. 일반영어 과정 General English

호주에는 가장 많은 학생들이 배우고 있는 일반영어 과정(General English)이 있다. 이 과정은 업무나 여행을 위한 실제적인 영어를 향상시키는 프로그램이다. 특히 말하기, 듣기와 같은 커뮤니케이션 능력을 공식 및 비공식 상황에 다양하게 적용하여 의사소통 능력 향상에 중점을 둔다.

THEME 02. 대학진학영어 과정 English for Academic Purposes

대학진학영어(English for Academic Purposes) 과정은 유학생들이 영어권 대학 혹은 *TAFE 과정을 이수할 수 있도록 돕는 과정이다. 대학진학영어 과정에서는 주로 Essay(에세이) 쓰는 법, Assignment(과제) 쓰는 법, 프레젠테이션 등을 집중적으로 학습한다.

Q&A

Q. TAFE 과정이란?

A. TAFE는 Technical And Further Education의 약자로, 전문적인 직업과 기술 교육을 하기 위해 호주 정부에서 운영하는 공립교육기관을 말합니다. 일종의 직업전문학교인 TAFE에서는 실무 중심의 교육이 이뤄지며 시행 역사가 100년이 넘습니다. 현재 호주 전역에 약 700여개가 설립되어 있습니다.

THEME 03. 특정한 목적을 위한 영어 과정

특정 목적을 위한 영어 과정으로는 비즈니스영어, 항공영어, 관광영어, TESOL 등과 같은 과정이 마련되어 있다. 이런 과정들은 특별한 전문 분야와 같은 목적을 위한 영어 과정이다.

THEME 04. 영어 시험 준비 과정

영어 시험 준비 과정은 IELTS, TOEFL, Cambridge Certificate와 같은 영어 능력 평가 시험 준비를 돕는 과정이며, 이 시험에 대비하는 유학생들을 준비시킨다.

보통 어학연수생의 경우 일반영어 과정을 통해 영어실력을 향상시킬 수 있다. 또한 호주에서 대학 또는 대학원 진학을 목표로 호주에 온 유학생들도 학교 수업을 듣기에 영어실력이 부족할 때 대학 수업의 기초 단계로 일반영어 과정 또는 대학진학영어 과정을 듣기도 한다.

이렇듯 위와 같은 호주의 *ELICOS 과정은 학생이 어떤 프로그램을 선택하느냐에 따라서 최대 48주까지 수업을 들을 수 있다.

Q&A

Q. ELICOS란?

A. ELICOS는 'English Language Intensive Courses for Overseas Student'의 약자입니다. 즉, 해외 유학생들을 위한 호주 어학연수 집중영어 과정을 뜻합니다.

대부분의 ELICOS기관은 유학생들의 수업 및 호주생활 적응을 돕기 위해 오리엔테이션으로 연수 프로그램을 시작한다. 연수를 시작하기 전에 학생들은 먼저 레벨 테스트를 치르게 된다. 이 결과로 학생들의 수준에 맞는 수업이 정해진다. 각 단계별 수업은 10~12주 정도 진행되고 시험을 통과하게 되면 다음 레벨로 올라간다.

THEME 05. 중고등학교 대비 영어 과정 English for Secondary School Preparation

중고등학교 대비 영어 과정(English for Secondary School Preparation)은 사립 또는 주정부 산하 공립고등학교에 진학하기를 원하는 유학생들을 위한 코스이다.

호주에서 High School로 진학하고자 하는 유학생들은 일반적으로 IELTS 5.5 이상의 영어 점수를 가지고 있어야 한다. IELTS 점수가 없는 경우 이 과정에 입학해서 일정 레벨까지 이수하게 되면 호주 학생들과 같이 수업을 들을 수 있다. 이 과정은 호주에서 High School로의 진학을 목적으로 하는 학생들을 위한 프로그램이기 때문에 ESL과는 성격이 다르다.

여기서 ESL은 호주 High School에 있는 영어수업과목을 말한다. 다른 정규 과정, 예를 들어 수학, 과학 등의 과목을 호주 학생들과 같이 수업을 하지만 영어의 경우 현지 학생들과의 차이를 고려해서 유학생들만 따로 듣게 되는 과정을 말한다. 즉, 호주 High School 정규 과정으로 진학을 하기 위해서는 ESL과 별개로 입학 전에 이 과정을 들어야 한다.

결과적으로 ESL 과정은 High School에서 배우게 되는 과목들 중 일부 과목(수학, 과학 등) 수업을 병행하지만 대부분 영어수업으로 이루어진다. 학생에 따라 개인차이가 있지만 대부분 6개월 정도 이 과정을 거치면 High School 정규 과정으로 진학을 하게 된다.

THEME 06. 스터디투어

스터디투어는 일반적으로 초, 중, 고등학생을 대상으로 프로그램이 진행된다. 이 과정은 개인 또는 그룹에 맞게 편성하였으며 여행을 즐기면서 호주의 여러 환경을 직접 느끼며 영어를 배우는 기회를 제공한다.

초, 중, 고등학교 학생을 대상으로 하는 이 프로그램은 영어연수와 다양한 여가활동을 혼합해서 실시하며 호주의 학생들과 *버디(Buddy) 프로그램을 통해 자연스럽게 호주 학생들과 친해질 수 있는 시간을 갖게 된다.

일반적으로 스터디투어라 함은 초, 중, 고등학생을 대상으로 프로그램이 진행된다고 생각하지만 공무원, 교사, 기업 및 단체 연수 희망자들도 가능하다.

영어 교사들을 위한 프로그램의 경우, 영어 트레이닝과 전문적인 영어교수법을 혼합해서 수업한다. 또 호주 학교의 수업참관과 모의 수업을 통해 실습도 가능하다.

공무원 및 기업 연수의 경우 영어교육과 관련분야의 학습을 같이 배우게 된다. 여기에는 관련분야의 정부기관 또는 산업체 현장 방문 등의 실무 견학도 포함된다.

우리나라보다 77배나 큰 호주로 어학연수를 떠나기 위해서는 가장 먼저 해야 할 일이 있다. 바로 연수자 본인이 호주의 어떤 지역으로 갈 것인지 결정하는 것이다. 이렇게 지역 선정을 먼저 한 후에는 다음과 같은 점들을 고려해야 한다.

1. 지역별 연수기관 선택
2. 연수자 취향에 맞는 기관 선택

호주의 각 지역별 분위기는 다르기 때문에 연수자 취향과 목적에 맞는 지역을 선택하는 것이 중요하다. 예를 들어 호주의 생생한 분위기와 문화를 느끼고 싶다면 시드니, 멜버른, 브리즈번 등의 대도시로, 대도시가 싫거나 대도시보다 저렴한 물가와 쾌적한 환경을 선호한다면 케언즈, 호바트, 애들레이드 등 중소도시를 선택하면 된다.

CHECK

호주 대부분의 영어학교들은 크게 차이는 없습니다. 대형학교들은 여러 도시에 캠퍼스가 있고 학비가 비싸다는 단점은 있지만 캠퍼스에 갖춰진 시설과 교육환경은 매우 좋습니다. 오히려 저렴한 학원을 찾다가 연수자와 맞지 않아 더 손해 보는 경우가 있으니 주의하는 것이 좋습니다. 덧붙여 각 연수학교마다 학비할인 스페셜이 제공되므로 그 기간을 이용하면 저렴하게 등록이 가능합니다.

호주의 지역별 연수 장·단점 살펴보기

THEME 01. 시드니(Sydney)

시드니(Sydney)는 New South Wales 주의 주도이면서 호주에서는 가장 큰 도시이자 가장 발달한 도시로, 문화와 교육의 중심지이다. 또 세계에서 가장 아름다운 항구도시로 이곳에는 누구나 한 번쯤 들어봤을 오페라 하우스가 위치한다. 시드니는 자유와 활력이 넘치며 많은 해변을 지척에 두고 있다.

시드니는 호주에서 가장 크고 오래된 도시답게 한국인 교민이 가장 많이 살고 있어 한국인의 비율이 매우 높다. 또 다양한 직업군들이 있어 한국인 워킹홀리데이 메이커의 비율이 타 도시에 비해 월등히 높으며 다양한 직업군이 있다. 시드니 내에는 호주에서 가장 많은 수의 연수기관과 학교가 있고, 소규모의 저렴한 학교부터 세계적으로 잘 알려진 큰 규모의 어학원까지 그 종류도 다양하다. 그러나 세계에서 비싸기로 유명한 시드니의 물가는 막대한 생활비 지출로 이어진다는 것을 생각해야 한다.

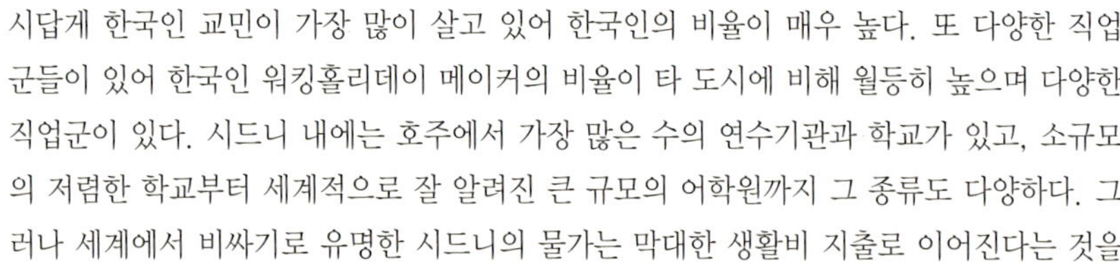

영어연수 지역으로의 장점	영어연수 지역으로의 단점
• 호주에서 가장 큰 대도시 • 많은 학교가 위치해 선택의 폭이 넓다! • 다양한 직업으로 일자리가 많다! • 교통 발달로 주변 이동이 편리 • 다양한 인종 거주	• 높은 한국인 비율 • 월등히 비싼 물가 • 학교 질이 떨어지는 곳도 많음 • 매우 복잡함 • 유흥문화에 빠지기 쉬움

THEME 02. 브리즈번(Brisbane)

Queensland 주의 주도인 브리즈번 (Brisbane)은 호주에서 세 번째로 큰 도시이며 시드니 다음으로 영어연수기관이 두 번째로 많은 도시이다. 이로 인해 시드니와 함께 한국 유학생들이 많이 찾는 곳이기도 하다. 또 수많은 어학연수기관이 생긴 덕분에 연수기관 사이의 경쟁이 치열하게 일어나 좋은 커리큘럼을 갖춘 학교들이 계속해서 생기고 발전하고 있다.

이곳은 도심이 작아 시내 중심가는 인구밀도가 높게 느껴지고 한국인도 더 많게 느껴지지만 도심에서 조금만 벗어나도 한가롭고 이국적인 기분을 느낄 수 있다. 또 타 도시로의 이동이 매우 용이하며 호주에서 가장 좋은 기후조건을 가지고 있다.

브리즈번은 대도시임에도 복잡하지 않아 공부하기 좋은 최적의 조건을 갖추고 있으며 세계적인 관광도시, 골드 코스트 및 호주 사람들이 최고의 휴양지로 생각하는 선샤인 코스트로 이동하기 편리해 주말을 이용해 다녀올 수도 있다.

영어연수 지역으로의 장점	영어연수 지역으로의 단점
• 대도시임에도 복잡하지 않다! • 주변 이동이 편리하고 관광지가 많음 • 저렴한 물가와 학교의 평준화 • 1년 내내 좋은 날씨	• 일자리가 많지 않음 • 한국인 비율이 계속 증가 • 물가 상승

THEME 03. 멜버른(Melbourne)

멜버른(Melbourne)은 Victoria 주의 주도이자, 호주에서 두 번째로 큰 도시로, 매년 11월 둘째 화요일에 열리는 경마경주인 *Melbourne Cup으로도 유명하다.

Q. Melbourne Cup이란?

A. Melbourne Cup 경마경주는 호주 전역에서 관심을 갖는 최대 행사 중 하나입니다. 이 경마대회의 역사는 자그마치 140여년이 넘는다고 하며 초기에는 호주와 뉴질랜드의 말 가운데서 우수한 말들이 이 경기에 참가했습니다. 하지만 지금은 전 세계의 우수한 말들이 참가하여 그 실력을 겨루는 대회가 되었죠.

멜버른은 아름다운 자연과 현대적인 빌딩이 가장 잘 어우러진 도시로, 시티에는 트램(Tram)이라 불리는 전차가 다니고 호주에서 가장 유럽다운 도시이자 가장 보수적인 도시이기도 하다.

멜버른 역시 양질의 교육을 제공하는 우수한 영어학교들이 많지만 대부분 가격이 높은 대학부설 및 전문대부설어학원이 많은 관계로 우리나라 학생들에게는 부담이 되는 도시이기도 하다. 또한 날씨가 변덕스럽고 겨울에는 우리나라와 비슷할 정도로 기온이 내려가므로 건강관리에 신경써야 한다. 하지만 대학 과정을 생각한다면 추천할 만한 도시이다.

영어연수 지역으로의 장점	영어연수 지역으로의 단점
• 좋은 대학이 많아 대학부설학원의 질이 우수 • 세계적으로 유명한 스포츠 행사, 문화 행사 등 다양한 볼거리 제공	• 날씨가 좋지 않음(겨울에 매우 춥다) • 높은 물가 • 인도인, 네팔, 중국인의 비율이 매우 높음

THEME 04. 퍼스(Perth)

호주에서 가장 큰 Western Australia 주의 주도인 퍼스(Perth)는 동쪽에 위치한 대부분의 대도시보다 상대적으로 유럽과 가까운 장점이 있다. 이로 인해 영어학교에 유럽인의 비율이 높다는 것이 큰 장점이다. 이런 이유로 인해 많은 한국 학생이 영어연수를 떠나는 지역이기도 하다. 그럼에도 타 대도시에 비해 한국인 비율은 상대적으로 적다.

하지만 퍼스는 지리적으로 서쪽에 동떨어져 있어서 다른 도시로의 이동이 매우 불편하다. 동부 주요 도시에서 비행기로 4~5시간 정도 소요되며 기차는 약 3박 4일을 예상해야 한다. 타 도시로의 여행을 하는 것보다 한 곳에 오래 머물며 연수를 하고자 하는 학생에게 추천하는 곳이다.

영어연수 지역으로의 장점	영어연수 지역으로의 단점
• 한국인 비율이 낮음 • 저렴한 생활비 • 깨끗하고 조용한 환경 • 영주권 신청 시, 가산점이 가능	• 타 도시로의 이동 불편 • 건조한 날씨 • 상점의 이른 폐점 • 호주 여행 시, 과다한 비용 소모

THEME 05. 애들레이드(Adelaide)

South Australia 주의 주도인 애들레이드 (Adelaide)는 호주에서 가장 좋은 *와이너 리(Winery)가 모여 있는 도시이다.

Q. 와이너리(Winery)란?

A. 와이너리(Winery)는 포도주를 만드는 제조처를 의미합니다. 애들레이드가 와이너리로 유명한 까닭은 호주의 유명 10대 와인 가운데 무려 7가지가 애들레이드 지역에 모여 있기 때문에 그렇습니다.

애들레이드는 도시 규모에 비해 아늑하고 조용한 분위기가 일품이다. 또 역사와 전통이 남아 있어 도시 곳곳에서 그 흔적을 발견할 수 있는 유서 깊은 도시이기도 하다. 퍼스와 마찬가지로 상대적으로 한국인의 비율이 낮다는 장점에 반해 중국을 포함한 아시아 계열 사람들이 많은 것이 단점으로 꼽힌다. 이로 인해 타 도시보다 다양한 나라의 학생들을 만나기는 어렵고, 영어연수학교가 많지 않다는 점도 단점에 속한다.

영어연수 지역으로의 장점	영어연수 지역으로의 단점
• 조용한 환경 • 저렴한 생활비 • 낮은 한국인 비율 • 영주권 신청 시, 가산점이 가능	• 일자리 구하기가 매우 어려움 • 적은 수의 영어학교와 좋지 않은 학교 시설 • 상당히 추운 겨울 날씨

THEME 06. 골드 코스트(Gold Coast)

세계에서 가장 긴 백사장으로 유명한 골드 코스트(Gold Coast)는 호주 제1의 관광도시로, 호텔, 리조트, 레스토랑, 카페, 각종 상점 등 관광객을 위한 다양한 편의시설이 갖춰져 있다. 이로 인해 학생들이 연수 중 파트타임 일자리를 구하기도 수월한 편이다. 특히 대형 학원보다 소규모의 어학원이 많아 장기연수생보다 단기연수생들에게 더 알맞은 도시이다.

영어연수 지역으로의 장점	영어연수 지역으로의 단점
• 겨울에도 따뜻하고 온화한 날씨 • 많은 유럽 관광객 • 해양스포츠를 즐기기 좋은 환경	• 관광도시로 비싼 물가 • 장기연수생은 부적합 • 유흥문화에 노출되기 쉬움

THEME 07. 호바트(Hobart)

타즈매니아 주에 위치한 호바트(Hobart)
는 타 도시와의 이동거리가 단점이지만,
시끄러운 대도시에서 벗어나 타즈매니아
의 아름다운 자연환경을 느낄 수 있다는
장점이 있다. 비교적 물가가 저렴하고 조
용한 분위기에서 공부할 수 있지만, 일자
리가 많지 않고 어학연수기관도 세 군데
밖에 되지 않아 선택의 폭이 좁다. 도시
내에 한국인의 비율은 타 도시에 비해 월
등히 낮지만 일부 어학연수기관에는 한
국 학생이 몰릴 수 있어 학원 내에서 만
나는 한인 비율은 다른 대도시와 비슷할 수 있다.

영어연수 지역으로의 장점	영어연수 지역으로의 단점
• 낮은 한국인 비율 • 조용한 환경 • 저렴한 물가	• 적은 수의 연수기관 • 많지 않은 일자리

호주 연수기관과 영어공부

PART 02

호주 연수기관과 영어공부

STEP 01. 대학부설영어연수기관 VS 사설영어연수기관

STEP 02. 호주의 추천 어학원 살펴보기

STEP 03. 성공적인 연수를 위한 영어 학습 방법

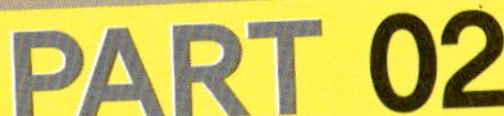

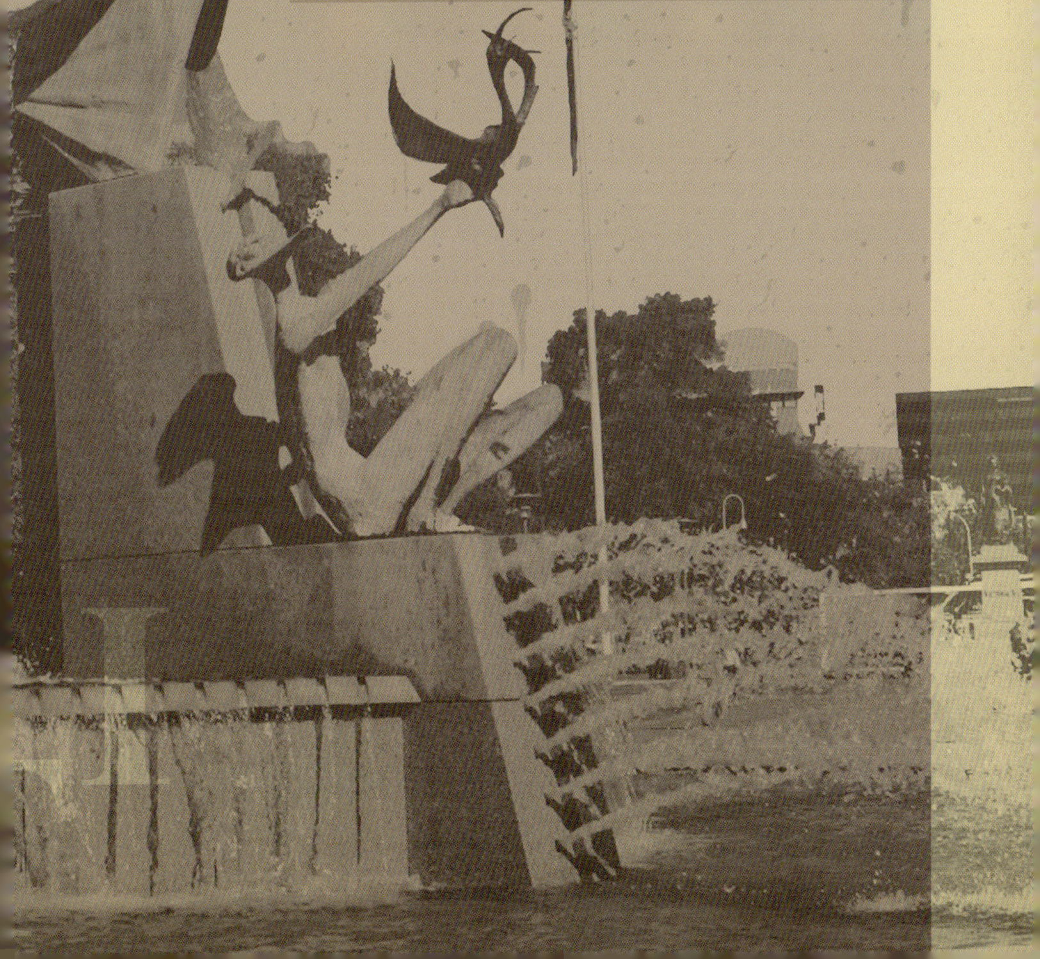

호주의 영어연수기관은 크게 대학부설과 사설로 구분할 수 있다. 대학부설기관과 사설기관은 각각의 특징이 있기 때문에 자신에게 맞는 학원선택이 매우 중요하다.

THEME 01. 대학부설영어연수기관

01 대학부설영어연수기관에서는 어떤 수업이 진행될까?

대학부설영어연수기관의 영어수업은 추후 학사나 석사 과정으로 진학하려는 학생들이 많기 때문에 그에 맞는 진학 준비 프로그램이 짜여 있어 일반사설영어연수기관에 비해 아카데믹하다. 대학부설연수기관에는 회화수업도 있지만 이보다 문법, 읽기, 쓰기 등에 포커스를 맞추는 편이며 수업 수준도 높아 일정 수준의 실력을 가지고 있는 학생들에게 적합하다.

진학하고자 하는 대학교의 부설연수기관에서 공부를 하는 경우, 과정 이수 후 별도의 IELTS 시험 없이 상위 과정으로 진학이 가능하다. 또한 대학수업에 필요한 Essay 쓰는 법, Assignment 하는 법 등, 대학수업에 필요한 실제 영어 기술을 익힐 수 있다. 다만 사설영어연수기관에 비해 학비가 비싼 것은 물론 다양한 장학 제도가 없다는 것이 단점이다.

02 대학부설영어연수기관의 수업이 적합한 학생은?

대학부설영어연수기관의 경우, 이미 충분한 영어 학습을 했고 아카데믹한 수업을 원하는 학생에게 추천한다.

또는 호주의 대학교 캠퍼스를 이용해 보고 싶거나 이미 대학교 입학 허가를 받아 입학 전에 미리 캠퍼스에 적응을 하고 대학 수업에 필요한 영어를 익히고자 하는 학생에게 추천할 수 있다. 물론 대학과 연계가 되어 있는 사설영어연수기관도 있는 경우가 있지만, 해당 대학부설영어연수기관의 레벨만 인정해 주는 대학도 있다. 이 경우는 반드시 해당 대학부설영어연수기관에서 공부를 해야 한다. 또한 한국의 일부 대학교에서는 학생들의 해외연수에 대해 학점인정을 해 주지만 그 대상을 대학부설로 제한해 놓은 경우도 있어 상황에 맞게 선택을 할 수 있다.

THEME 02. 사설영어연수기관

01 사설영어연수기관에서는 어떤 수업이 진행될까?

사설영어연수기관은 대학부설에 비해 비교적 친근하게 영어에 접근할 수 있다는 장점이 있다. 또 대학부설에 비해 실생활에 필요한 실용적인 영어 표현을 익히는데 포커스를 맞추고 있으며 다양한 교재 및 여러 가지 학습방법을 통해 수업을 진행한다. 또한 대학부설 영어연수기관에 비해 다양한 커리큘럼을 자랑한다. 학생들은 레벨이 올라감에 따라 비즈니스영어, IELTS 시험 준비, Cambridge 시험 준비, TESOL 등 다양한 과정을 공부할 수 있다. 또한 대부분의 사설영어연수기관이 수업 이외에 학생들이 호주 문화를 익히거나 학습을 보완할 수 있는 다양한 Activity를 준비하고 있어 더욱 다양한 경험이 가능하다. 무엇보다 대부분의 사설영어연수기관은 다양한 학비 할인 프로모션을 통해 저렴한 비용으로 공부할 수도 있다.

02 사설영어연수기관의 수업이 적합한 학생은?

기초부터 차근차근 시작하거나 영어 학습에 대해 부담을 느끼고 있는 학생들은 대학부설보다 사설영어연수기관에서 영어공부를 시작할 것을 추천한다. 각 레벨별로 차이는 있지만 노래, 게임, 퀴즈 등 다양한 방법을 활용하여 영어에 친숙해지는 단계부터 시작해서 레벨이 올라감에 따라 문법, 쓰기, 말하기 등에 더 중점을 둔 수업이 가능하다. 최근에는 호주 대학들과 연계된 사설영어연수기관이 많아 대학진학 준비도 가능하다.

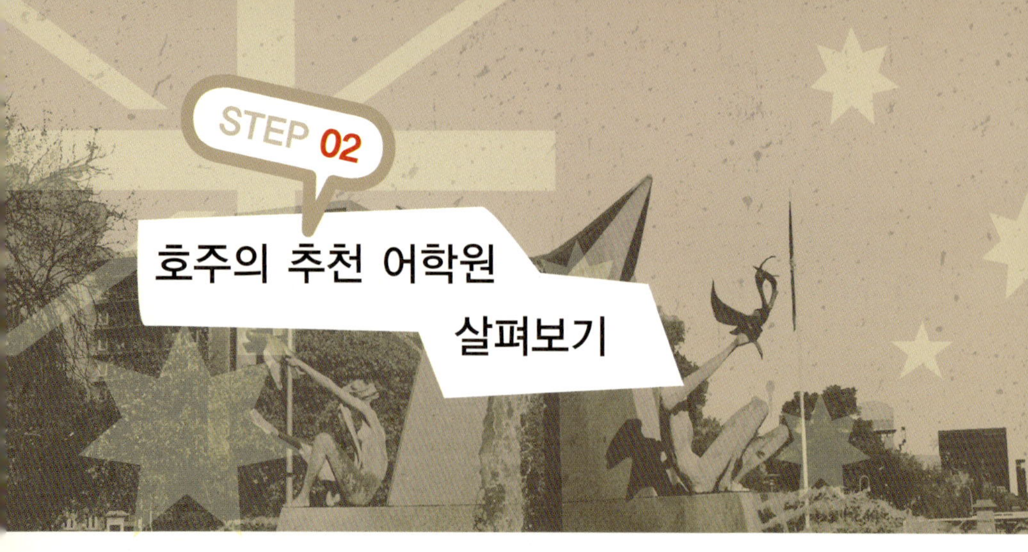

앞서 대학부설연수기관과 사설연수기관의 특징 및 교육 프로그램에 대해 살펴보았다.
지금부터는 호주 내에 있는 다양한 연수기관을 해당 연수기관의 특징과 프로그램을 살펴
보면서 독자 여러분이 자신에게 적합한 어학원을 선택할 수 있도록 소개하고자 한다.
소개할 어학원은 사설과 대학부설기관이 섞여있음을 미리 밝혀둔다.

THEME 01. Embassy CES

01 Embassy CES는?

Embassy CES는 국제교육제공기관인 Study Group에서 운영하고 있는 어학연수 전문기관
이다. 호주, 미국 등 전 세계 20개국에서 센터를 운영하고 있는 Embassy CES는 호주에 시
드니, 브리즈번, 멜버른, 골드 코스트 등 네 지역에 캠퍼스를 운영하고 있다. 현재까지 30
년의 노하우를 바탕으로 50만 명이 넘는 학생들의 성공적인 어학연수를 위해 지금도 노력
하고 있다.
Embassy CES는 일반영어 과정뿐 아니라 호주의 대학진학 프로그램, 직업교육, 영어 시험
대비반 등 매우 다양한 프로그램을 제공하고 있으며 모든 캠퍼스가 최신식 시설인 양방향
교류 화이트보드를 사용하여 수업을 진행하고 있어 학생들의 만족도가 매우 높다.

 **홈페이지 : http://www.embassyces.com**

02 Embassy CES 프로그램 살펴보기
- **일반영어 과정(General English)**
말하기, 듣기, 읽기, 쓰기 능력을 모두 향상시킬 수 있는 가장 인기 있는 과정이다.

① Intensive 28 : 오전 20 Lesson(50분 수업) 일반영어 + 오후 8 Lesson 선택 수업

② Intensive 24 : 오전 20 Lesson(50분 수업) 일반영어 + 오후 4 Lesson 선택 수업

③ Standard 20 : 오전 20 Lesson(50분 수업) 일반영어

• 장기영어 과정(Long Term English)

정해진 기간 동안 연수를 통해 영어실력을 향상시키고 싶은 학생들에게 가장 알맞은 수업
이며, 가장 경제적이고 효과가 높은 과정으로 입학날짜가 정해져 있다.

11주가 1 Term으로 구성이 되어 있으며 22주/33주/44주 과정으로 진행된다. Term과 Term
사이에는 일주일의 방학이 있다.

• 호주대학진학 준비 과정(English for Academic Purposes)

호주 내 34개 대학과 전문대와 제휴되어 이 과정을 이수하면 별도의 영어점수 없이 진학
이 가능해진다.

• 시험대비반(Exam Course)

① ELTS 준비 과정 : Intensive 28 과정으로 운영되며 20 Lesson 또는 8 Lesson을 선택하
여 시험을 준비할 수 있다. 개인지도를 최대화하도록 심화과정으로만 제공하고 있다.

② Cambridge 준비 과정 : FCE, CAE를 대비할 수 있으며 Intensive 28 과정으로 운영된다.
28 Lesson, 20 Lesson 또는 8 Lesson을 선택해서 시험대비를 할 수 있다.

03 Embassy CES 캠퍼스별 특징 보기

• 시드니 캠퍼스

주소	61-65 Oxford Street, Darlinghurst, NSW 2010		
전화	+61-2-9291-9375	팩스	+61-2-9283-3302
학교 특징	· Study Group 소속 학교인 Martin College, Charles Sturt University와 같은 건물을 사용하고 있어 호주 현지 학생들과의 교류가 자연스럽다. · 전교에서 무선 인터넷 가능 · 자율학습센터, 도서관, 대형휴게실, 양방향 교류 화이트보드 사용 · TOEIC 테스트센터		
시설			

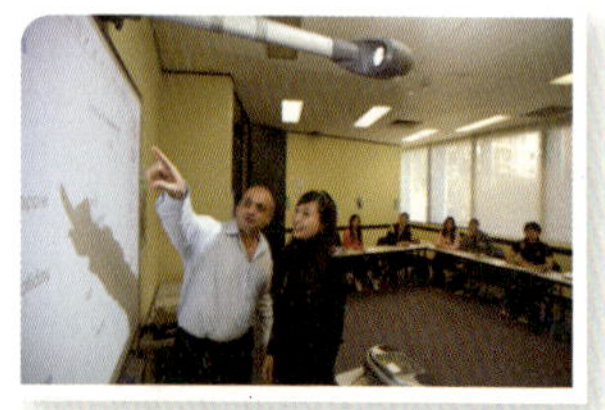

• 멜버른 캠퍼스

주소	399 Lonsdale Street, Melbourne, VIC 3000		
전화	+61-3-9935-7980	팩스	+61-3-9670-3567
학교 특징	· 도심에 자리 잡은 현대식 건물로, Study Group 소속 학교인 Taylors College 와 같은 건물 사용 · 취업지원센터와 무료대학진학상담 · 방과 후 또는 주말에 각종 활동과 다양한 프로그램 제공		
시설			

• 브리즈번 캠퍼스

주소	119 Charlotte Street, Brisbane, QLD 4000		
전화	+61-7-3232-1693	팩스	+61-7-3232-1505
학교 특징	· Study Group 소속 학교인 Martin College와 같은 건물을 사용해 자연스러운 호주 현지 학생과의 교류. · 전교에서 무선 인터넷 가능 · 자율학습센터, 도서관, 대형휴게실, 양방향 교류 화이트보드 사용 · TOEIC 테스트센터		

시설	   

● 골드 코스트 캠퍼스

주소	38 Cavill Avenue, Surfers Paradise, QLD 4217		
전화	+61-7-5592-0998	팩스	+61-7-5592-4230
학교 특징	· Surfers Paradise 해변에서 2분 거리에 위치 · 무선 인터넷 가능 · 도서관, 자율학습센터, 양방향 교류 화이트보드 사용		
시설			

01 ILSC는?

ILSC는 호주의 주요 도시인 시드니와 브리즈번에 위치하고 있다. 이 어학원은 호주에서 가장 엄격한 학생 관리가 이루어지는 곳으로 철저한 Only English 규칙과 체계적인 레벨 테스트, 아카데믹 카운셀링 제도 등으로 학생의 Feedback이 매우 좋은 영어학교다.

기본적으로 4주 단위로 시작일을 정하고 있어 매주 시작하는 다른 어학원과는 달리 조금 더 안정적인 분위기에서 공부할 수 있다는 장점이 있다.

엄격한 학생 관리와 더불어 학생들이 최대한 호주생활을 즐길 수 있도록 다양한 Activity 를 준비하고 있으며 Activity에도 학교 직원이 동행하여 영어사용을 권장한다. 또한 장단기 비즈니스 과정을 함께 운영하면서 학생들이 실제 수출입 프로젝트를 진행하거나, 현지 무역회사에서의 인턴십이 가능하다.

• English Only 규칙

ILSC는 학교뿐만 아니라 English Only Zone까지 정해 철저하게 영어만 사용하도록 권장하고 있다. 특히 엄격한 모국어 사용금지 규정에 따라 모든 학생들이 영어를 접하면서 느낄 수 있는 어려움을 최소화할 수 있도록 환경을 만들어 주고 있어 학생들 스스로 적극적으로 영어 사용에 참여하여 자연스럽고 빠른 영어 향상에 많은 도움을 받을 수 있다. 영어가 아닌 다른 언어를 사용하다가 발각되면 누적 3회 시, 퇴학 조치된다.

• 다양한 Activity

수업시간 외에 선생님들과 진행하는 Conversation Club 및 나라별 발음교정, Music 클럽 외 Talking Contest, Movie Club 등 학생 참여 위주의 Activity를 제공하여 영어실력향상의 시간을 최대화할 수 있도록 지원하고 있다.

또한 주중과 주말에 아름다운 호주의 자연을 경험할 수 있도록 여러 가지 여행활동은 물론, 문화체험 등의 Activity도 저렴한 가격에 참여할 수 있다.

• 다양한 영어와 전문 과정

커뮤니케이션, 비즈니스, 다양한 시험 준비반, Power Speaking 등 레벨에 따른 다양한 방법을 접목한 영어 프로그램뿐 아니라 특별히 부족한 부분에 더욱 집중할 수 있도록 고안된 여러가지 Skill 과정도 마련되어 있어 지루하지 않으면서도 효과적으로 커뮤니케이션 능력을 빠르게 향상시킬 수 있다.

이와 더불어 상급 레벨 학생을 위한 다양한 비즈니스와 Tesol 등의 호주 정부 인증의 Certificate와 Diploma 과정을 단기 또는 장기로 제공하고 있다.

홈페이지 : http://www.ilsc.com.au

02 ILSC 프로그램 살펴보기

• 코어 프로그램(Core Program)

① 일반영어(English Communication Program)

효과적인 커뮤니케이션 능력 함양에 중점을 둔 프로그램으로, 문법과 단어 등을 배우는데 그치지 않고 실제적 의사소통 능력에 중점을 두고 상황에 적용할 수 있는 능력을 키운다.

② Academic Preparation Program

전문대학 또는 대학을 준비하는 학생들을 위한 프로그램으로, 읽기, 쓰기, 문법 그리고 단어 실력을 아카데믹한 토픽을 통해 향상시킨다.

③ Power Speaking

Power Speaking은 문법 기교나 구조보다는 학생들의 능숙하고 유창한 언어구사 능력향상에 중점을 둔 프로그램이다. 이 프로그램은 표현력, 발표력 또한 협상기술에 중점을 두고 학생들의 전반적인 상호 대화 능력을 향상시켜준다.

④ TOEIC Program

토익 시험에 대비하여 문법적인 부분과 토익 시험에 제출되는 단어 및 득점향상을 위한 기술 등에 중점을 두어 토익점수 향상에 목적을 두거나 문법적 리뷰 등 고득점을 위한 다른 기본적인 부분도 기초를 쌓고자 하는 학생들에게 이상적인 프로그램이다.

⑤ Cambridge Program

말하기, 듣기, 쓰기, 읽기, 관용어구 전 분야를 골고루 공부할 수 있다.

⑥ Elective Program

· Assertiveness : 영어로 대화 시에 다양한 표현 방법을 배우며 자신감을 가지고 자신의 의사를 효과적으로 전달할 수 있도록 커뮤니케이션 기술에 중점을 두고 진행하는 프로그램이다.

· Basic Survival : 기초 단계 학생들이 호주에 처음 와서 접할 수 있는 여러 가지 상황에 적극적으로 대처할 수 있도록 상황별 영어를 학습하는 프로그램이다.
은행, 우체국, 식당, 홈스테이 가족들과 대화하기 등 가장 기본적이면서도 모든 학생들이 외국생활 초기에 경험할 수 있는 소재를 바탕으로 구성된다. 또 역할극을 통해 기본적으로 사용되는 단어와 숙어 등을 학습하여 자연스럽게 대화할 수 있도록 돕는다.

· Debating in English : 영어로 토론하기 수업을 통해 학생들은 논리적이고 조리 있게 자신의 의견을 제시하고, 동의 또는 반론할 수 있는 능력을 갖출 수 있게 학습한다. 말하기가 가장 중점적으로 연습되면서 듣기와 필기 능력도 중요하게 다룬다. 논쟁에 참여하는 학생들은 반드시 정보를 읽고 요약해 자신들의 생각을 표현해야 하며 이 과정을 통해 학생들은 유창한 대화실력과 분석적인 사고 능력도 개발한다.

· Functional English : 기초 레벨 학생들을 위해 제공되는 English Communication Program의 보충 과정이다. 말하기, 듣기, 읽기, 쓰기의 가장 기본적이고 중요한 부분들을 기초 문법과 함께 학습하여 기초 레벨 학생들이 탄탄한 기본기를 구축하여 빠른 시간 내에 다음 단계로 향상될 수 있도록 도와준다.

· Cafe Work Skills : 바리스타 과정에서 배우는 다양한 커피에 대한 상식과 함께 직접 실습을 통해 여러 가지 경험이 가능한 수업이다.

· Thinking & Problem Solving Skills : 단순한 언어 학습에서 한 단계 더 나아가 창조적인 생각과 생각의 유연성 그리고 결단력 등을 개발할 수 있는 과정이다. 6가지 종류의 사고방식에 초점을 두고 한 세션에 세 가지 사고법을 학습하여 총 3개월에 거쳐 완성할 수 있는 과정으로, 첫 번째 세션은 정보제공, 창조력 그리고 건설적인 사고를 개발한다. 두 번째 세션은 비평력, 감정 그리고 조직적인 사고를 개발하게 되며 마지막 세션은 두 세션을 통해 학습한 다양한 사고방식을 적용해 문제 상황에서 새롭고 효과적인 해결방안을 찾아내는 연습을 한다.

⑦ Certificate IV in TESOL

호주정부인증의 수료증이 제공되는 과정으로, 호주 대부분의 영어교육기관에서 영어교사로 인정받을 수 있는 높은 수준의 과정이다. 한국 또는 해외에서의 영어교사 또는 영어교육과 관련된 업종에서의 직업을 원하는 학생들에게 적합한 과정이기도 하다.
또 호주정부인증 수료증을 준비함과 동시에 국제적으로 공인된 영어교사들의 영어교육과 관련된 지식을 평가 받는 캠브리지 TKT(Teaching Knowledge Test)도 같이 준비할 수 있다. TKT 응시자를 위해서 시험에 대한 응시요령과 TKT 모의시험이 마련되어 있다.

이 과정은 개별적으로 진행되는 총 6시간의 Teaching 실습시간에 실습 후 멘토 선생님으로부터 실습에 대한 개인지도와 평가를 받게 되어 점차적으로 영어로 영어를 가르치는 능력을 향상시킬 수 있다. 매주 영어교육과 관련된 2가지 과목들에 대해 공부를 하며 이에 대한 평가도 매주 진행되므로 심도 있게 공부할 수 있다.

● 브리즈번 캠퍼스

주소	Level 1, 232 Adelaide Street, Brisbane, QLD 4000		
전화	+61-7-3220-0144	팩스	+61-7-3220-0277
학교 특징	· 학생들의 Feedback이 좋음 · 회화 위주의 수업으로 학생들의 회화실력 향상에 큰 도움 · 강력한 English Only Policy로 영어사용의 극대화 · TOEIC 공식 테스트센터로 TOEIC 정규시험을 볼 수 있다. · 학생들의 출석률에 대해 엄격 · 일반영어 과정에 다양한 선택과목을 결합하여 효율적인 학업스케줄로 수업 · 시드니 또는 미국이나 캐나다 캠퍼스로 이동이 가능 · 다양한 인턴십 프로그램 제공으로 일자리 구하기 용이		
시설			

• 시드니 캠퍼스

주소	Level 7, 190 George Street, Sydney, NSW 2000		
전화	+61-2-9247-1744	팩스	+61-2-9247-1644
학교 특징	· 엄격한 학생 관리 · 1:1 학습 지도를 통한 개별 학습 능률 향상 · 방과 후 워크샵 및 클럽 · 무료 토익 시험 · 매달 프레젠테이션 트레이닝 · Conversation Club · 철저한 English Only Policy		
시설			

THEME 03. GLS(Gold Coast Language Schools)

01 GLS는?

GLS는 최신 시설을 갖춘 현대적인 건물로, 골드 코스트의 비즈니스 핵심 지역인 Southport의 중심가에 위치하고 있다. 좋은 결과를 위해 학생들에게 학습에 필요한 기초를 제공하고 학교생활을 격려하며 그들이 세계의 문화를 제대로 배우고 교류할 수 있는 교육을 한다. 또 오랜 경력과 수준 높은 강사진이 제공하는 다양한 교육 프로그램을

통해 외국의 문화를 이해하고 학생들이 수업 내용을 재미있게 받아들이면서 편안한 분위기가 될 수 있도록 노력한다.

CHECK

GLS의 기타 정보

- 홈페이지 : http://www.gls.qld.edu.au
- 주소 : 1 Nerang Street, Southport, QLD 4215
- 전화번호 : +61-7-5528-1325 / 팩스 : +61-7-5528-0521

---

02 GLS 프로그램 살펴보기

• P.I.E System

학생 개개인의 목표 향상을 위해 만들어진 GLS만의 시스템으로, 매주 시험 및 1:1 상담을 통한 꾸준한 교육 케어 시스템으로 유명하다. 방과 후 추가 English 수업을 통해 학생들의 목표 달성을 위한 자신감을 형성한다.

• English Plus Demi Pair

12주 과정의 프로그램으로, 1주는 가족들과의 적응 기간, 그리고 나머지 11주는 정상적인 Demi Pair 프로그램을 진행한다. 이 프로그램은 호주 가정문화체험의 기회는 물론, 이를 통해 실질적인 영어 습득의 기회도 가질 수 있다. 다만 주중 최대 20시간의 가사 보조 업무를 해야 한다.

이력서 첨삭 서비스로, 영어 면접 사전 연습 등을 통해 취업을 보장해 주는 프로그램이다. 최소 8주 이상의 수업을 등록해야 하며 선택이 가능한 3종류의 직업군 중에서 직업을 선택할 수 있다.

GLS 전체 프로그램 살펴보기

General English, Cambridge Preparation, IELTS Preparation, English Plus Demi Pair
English Plus Child Care, English Plus Aged Care, Work Placement

THEME 04. Sarina Russo Schools Australia

01 SRSA는?

SRSA는 1979년에 설립되어 12층 건물에 약 1,500명 이상의 학생들이 재학 중인 대규모 학교이다. 같은 건물의 전문대 과정에는 호주 학생들도 수강을 하고 있어 외국 학생들은 자연스럽게 호주 학생들과 친구가 될 기회를 접하게 된다.

영어 과정 수료 후 전문대 과정으로 진학이 가능하고, 전문대 과정을 마친 학생들은 호주의 대학교들로부터 학점 인정을 받고 학사 과정으로 진학도 가능하다.

현재 어학원에는 150대의 컴퓨터를 보유하고 있으며 학습지원센터도 운영하고 있다. 또

취업정보센터를 운영하며 파트타임 알선 및 무료 취업 교육을 진행한다. 이 밖에도 개개인의 능력을 고려한 맞춤형 영역별 영어수업은 물론, 영어 과정에서 전문대 과정까지 운영되는 다양한 코스를 갖춰놓고 있다.

SRSA의 기타 정보

- 홈페이지 : http://www.russo.qld.edu.au
- 주소 : 82 Ann Street, Brisbane, QLD 4000
- 전화번호 : +61-7-3221-5100 / 팩스 : +61-7-3221-516

02 SRSA 프로그램 살펴보기

- 일반영어 과정(General English) : 영역별, 수준별 반 배정을 기본으로 한다.
- English for Academic Purpose with IELTS
- Direct Entry English Program(DEEP)
- Bridging English Entry Program(BEEP)
- Cambridge Preparation Program
- 단기 자격증 과정 : 커피 메이킹 코스, RSA 코스, Bar Operation 코스

01 Viva College는?

Viva College는 세계 여러 나라 학생들에게 프로그램을 제공하기 위해 호주정부에 공식적으로 등록된 영어학교다. 초급에서 고급까지 여섯 단계의 영어 과정이 있으며 이 모든 과정은 영어습득에 있어 가장 효과적이라고 입증된 방법으로 진행되고 있다. 또 학생의 학습 목표를 달성하는데 도움을 줄 수 있도록 풍부한 경험과 능력 있는 강사들이 수업을 진행하며, 호주에서 상급학교(TAFE, 대학교, 대학원) 진학에 뜻이 있는 학생들이 목표를 달성할 수 있도록 지도하고 있다.

Viva College는 학생 도서관과 초고속 인터넷 시설 및 넓은 식당, 넓은 휴게실 등 학생의 편의를 위한 시설을 갖추고 있다. 또 여행상담을 받아주기도 하며 한국인 매니저와의 상담도 가능하다.

CHECK

Viva College 기타 정보

- 홈페이지 : http://www.vivacollege.com.au
- 주소 : Level 2, Queen Adelaide Building 90-112 Queen Street, Brisbane, QLD 4000
- 전화번호 : +61-7-3012-8269 / 팩스 : +61-7-3012-8286

02 Viva College 프로그램 살펴보기

- Focus English
- Smart Talk(회화집중반)
- Preparation for EAP
- EAP(English for Academic Purposes)
- IELTS Preparation
- Cambridge Exam Preparation

THEME 06. ICQA(International College of Queensland Australia)

01 ICQA는?

ICQA는 브리즈번 시티에 위치하고 있으며, 브리즈번에서 영어를 배우기 원하는 유학생들에게 다양한 코스를 제공하고 있다. 규모는 작지만 가족적인 분위기로 교사와 학생의 관계가 타 학원에 비해 좋은 편이다. 게다가 저렴한 학비 또한 어학원의 장점으로 부각된다. 이 밖에도 홀리데이 역시 자유로워 자신의 스케줄에 맞춰 공부할 수 있다.

> **CHECK**
>
> ### ICQA 기타 정보
>
> - 홈페이지 : http://www.icqa.com.au
> - 주소 : Level 3 & 4, 372/376 George Street, Brisbane, QLD 4000
> - 전화번호 : +61-7-3211-4488 / 팩스 : +61-7-3211-4266

02 ICQA 프로그램 살펴보기

- General English
- Academic English Course
- IELTS Preparation Course

THEME 07. QAT(Queensland Academy of Technology)

01 QAT는?

QAT는 2006년도에 설립된 신설학원으로, IELTS 시험관으로 구성된 IELTS 대비반은 체계적으로 수업을 가르치고 있으며, 높은 점수를 획득하는데 도움을 주고 있다. 또 방과 후 1:1 수업의 효과까지 누릴 수 있다. 무엇보다 상급학교로의 연계 진학이 가능하며 이곳에서도 한국인 직원과 상담을 할 수 있다.

CHECK

QAT 기타 정보

- 홈페이지 : http://www.qat.qld.edu.au
- 주소 : Level 4, 333 Adelaide Street, Brisbane, QLD 4000
- 전화번호 : +61-7-3002-0888 / 팩스 : +61-7-3002-0808

02 QAT 프로그램 살펴보기

- General English
- IELTS Preparation

01 LEXIS English는?

LEXIS English는 브리즈번 시티뿐만 아니라 호주의 아름다운 비치인 Noosa, Byron Bay, Sunshine Coast, 그리고 Perth에 최첨단 학습 시설과 자연친화적인 캠퍼스를 가지고 있는 학교다. 5개의 캠퍼스를 학생들이 선택할 수 있고 각 캠퍼스간 이동이 가능하며 어느 학교보다 많은 유럽 학생이 공부하고 있다. 또한 매달 정기적인 워크샵을 통해 일자리를 구하는 학생들에게 이력서 작성법과 같은 노하우를 전수하고 매주 잡서포터의 일자리 리스트를 업데이트하고 있다.

CHECK

LEXIS English 기타 정보

- 홈페이지 : http://www.lexisenglish.com
- 주소 : Level 6, 15 Adelaide Street, Brisbane, QLD 4000
- 전화번호 : +61-7-3002-8588 / 팩스 : +61-7-3012-9770

02 LEXIS English 프로그램

- General English
- Cambridge Preparation
- English for Academic Purpose
- Business English
- English OUT & ABOUT
- Private Tuition

01 Navitas English는?

Navitas English(구 ACE)는 호주 내 사설영어연수기관 중 가장 역사가 오래된 기관으로, 호주 전역(Sydney, Brisbane, Cairns, Perth, Darwin)에 캠퍼스가 있다. 기관에서 별도로 운영하는 TESOL센터, ATTC(Australian TESOL Training Centre)는 최고의 Teacher Training Centre로 유명하다. 이 밖에도 학교에는 영어교사 양성을 위한 프로그램이 마련되어 있을 만큼 영어 교육에 있어서 최우수 학교로 손꼽힌다. 그에 따라 수준 높은 교육 프로그램과 실력 있는 강사진이 갖춰져 있어 전문적이고 체계적인 교육이 제공된다.

여기에 학생들을 위해 다양한 참고서적이 준비된 도서관도 갖춰져 있다.

CHECK

Navitas English 기타 정보

- 홈페이지 : http://www.navitasenglish.com
- 주소 : Level 1, 295 Ann Street, Brisbane, QLD 4000
- 전화번호 : +61-7-3229-0350 / 팩스 : +61-7-3229-0850

02 Navitas English 프로그램 살펴보기

- Power English
- Cambridge Preparation
- IELTS Fast Track
- TOEIC Fast Track
- Academic English
- Business English
- English for TESOL
- English for Teaching Children
- English for Teaching Teenagers
- 3 Steps to TESOL

THEME 10. ICTE-UQ (Institute of Continuing & TESOL Education)

01 ICTE-UQ는?

퀸슬랜드 대학(The University of Queensland)은 호주에서 가장 역사가 깊은 대학 중 하나로 대학 안에 속해 있는 영어연수학교는 브리즈번 St Lucia 캠퍼스 내에 현대적인 시설을 갖추고 있다. 이곳은 호주에서 두 번째로 큰 IELTS 시행기관이며 60명이 넘는 풍부한 경험과 지식을 갖춘 직원들이 근무하고 있다. 또한 영어 과정의 학생들에게도 대학의 도서관이 개방되어 학부생과의 교류도 가능하다. 더불어 다양한 국적 비율의 학생도 ICTE-UQ의 또 다른 장점이다.

CHECK

ICTE-UQ 기타 정보

- 홈페이지 : http://www.icte.uq.edu.au
- 주소 : The University of Queensland
- 전화번호 : +61-7-3346-6770 / 팩스 : +61-7-3346-677

02 ICTE-UQ 프로그램 살펴보기

- General English
- English for International Business Communication
- Advanced English Communication Skills
- English for Academic Purposes
- English for Specific Purposes : Bridging English Program
- English for Specific Purposes : TESOL
- English for Specific Purposes : Tourism & Hospitality

THEME 11. GELI(Griffith English Language Institute)

01 GELI는?

Griffith 대학은 호주 브리즈번과 골드 코스트에 총 5개의 캠퍼스를 가지고 있다. 이 중 Griffith 대학부설영어기관인 GELI는 Nathan, Mt. Gravatt과 Goldcoast 캠퍼스에 개설되어 있다. 또한 Griffith 대학은 서울대, 고려대를 비롯한 국내의 우수한 대학들과 자매결연을 맺고, 교수 및 유학생간의 활발한 학점교환 프로그램을 운영한다. Griffith 대학에 진학하기 위한 해외 유학생이 갖추어야 할 영어 자격요건을 GELI에서 이수받는 것도 가능하다. 또 대학부설기관이기 때문에 대학 내의 시설을 이용할 수 있다.

CHECK

GELI 기타 정보

- 홈페이지 : http://www144.griffith.edu.au
- 주소 : Griffith University
- 전화번호 : +61-7-3875-7089 / 팩스 : +61-7-3875-7090

02 GELI 프로그램 살펴보기

- General English
- English for Academic Purposes
- Mixed English and Academic Program
- DEP Preparation
- Direct Entry Program
- English Test Preparation
- Griffith Uniprep
- Aviation English

01 BUELI는?

Bond University 부설영어기관인 BUELI는 호주 최초의 사립대학인 Bond University의 자매기관으로 호주의 가장 유명한 관광명소인 골드 코스트 지역에 위치한다. 이곳에서는 2주에서 50주까지 학생의 계획에 맞도록 융통성 있게 기간 설정이 가능하며 비디오나 컴퓨터를 도입한 다양한 구성의 수업으로 이루어지는 영어수업은 이 기관의 자랑이다.

또 소풍 또는 활동을 통해 실전적 영어 능력을 기르기도 하며 능동적인 프로그램과 어우러져 우수한 강사진과 친절한 직원들이 기관의 퀄리티를 높이는데 한몫하기도 한다.

또 고급 주택가 지역에 위치하고 있어 깨끗한 홈스테이를 구할 수 있으며 한국인 학생의 비율이 적은 것도 장점이다.

CHECK

BUELI 기타 정보

- 홈페이지 : http://www.bond.edu.au/degrees-and-courses/english-language-courses/index.htm
- 주소 : Bond University
- 전화번호 : +61-7-5595-2651 / 팩스 : +61-7-5595-1696

02 BUELI 프로그램 살펴보기

- General English
- Business English
- English for Academic Purpose
- Cambridge Preparation
- University Entrance Program
- English and Golf

THEME 13. Inforum Education

01 Inforum은?

골드 코스트에 위치한 인포럼어학원은 매주 금요일마다 열리는 독자적인 포럼 프로그램으로 유명하다. 이 프로그램은 한주간 학습했던 사항들 중 어려웠던 부분을 점검하고 복습할 수 있는 프로그램으로 학습의 효율을 높이기에 적절하다.

이곳은 100명 이하의 학생들이 공부하며 스탭과 학생들이 가족 같은 분위기를 형성하는 학원이다. 또 타 학원과 달리 금요일에 가장 열심히 영어를 사용한 학생에게 상을 수여하는 방식으로 모국어 사용 금지를 통한 강제 규제보다는 자율적인 영어사용을 장려한다.

> **CHECK**
>
> ### Inforum 기타 정보
>
> - 홈페이지 : http://www.inforum.com.au
> - 주소 : Level 4, 33 Scarborough Street, Southport, QLD 4215
> - 전화번호 : +61-7-5571-2624 / 팩스 : +61-7-5571-2924

02 Inforum 프로그램 살펴보기

- Accelerated General English
- Advance English
- Cambridge Preparation
- IELTS Preparation

THEME 14. UTS-Insearch

01 UTS-Insearch는?

UTS-Insearch는 학생 수 20,000명에 4개의 캠퍼스를 지닌 UTS(시드니 공과대학 – University of Technology Sydney)의 부설학교로 호주에서 가장 큰 규모를 자랑하는 연수학교이자, IELTS 시험주관센터이다. 이곳은 1987년부터 세계 여러 학생들에게 UTS 진학의 기회를 제공하고 있으며 현재는 호주의 뛰어난 교육기관 중 하나로 전 세계에서 인정을 받고 있다.

이곳의 UTS의 학부 또는 석사 과정 진학을 위한 DEEP 과정은 영어 과정 우수성에 타 대학들도 높이 평가하고 있다. 또 Insearch의 영어 및 아카데미 프로그램들은 대학의 학부 과정으로 편입 가능한 프로그램이다.

CHECK

Inserach 기타 정보

- 홈페이지 : http://www.insearch.edu.au
- 주소 : G/F 10 Quay Street, NSW 2000
- 전화번호 : +61-2-9218-8688 / 팩스 : +61-2-9281-9875

02 Insearch 프로그램 살펴보기

- General English
- Academic English Pathway (AEP)
- IELTS Preparation
- DEEP (Direct Entry English Program)

THEME 15. CET(Centre of English Teaching)

01 CET는?

시드니 대학교는 4만 명의 학생을 유치하고 있으며 은행, 우체국, 카페, 서점, 약국과 의료 서비스를 갖춘 미니 도시와 같은 캠퍼스다. 이 시드니 대학에 부속되어 있는 CET(Centre of English Teaching)는 양질의 교육 내용과 교육 시설의 우수성으로 호주 내 최고의 영어 교육기관 중 하나로 평가된다. 대학교에 부속되어 있는 덕분에 시드니 대학의 모든 시설은 CET 학생들도 모두 이용 가능하다는 장점이 있다. 또 시드니 대학으로 진학을 원하는 학생들에게 IELTS 없이 Direct Entry Test에 합격하면 대학으로 진학할 수 있는 자격이 부여되기도 한다.

CHECK

CET 기타 정보

- 홈페이지 : http://www.sydney.edu.au/cet
- 주소 : The University of Sydney
- 전화번호 : +61-2-9036-7900 / 팩스 : +61-2-9351-0710

02 CET 프로그램 살펴보기

- General English
- IELTS Preparation
- English for Academic Purposes (EAP)
- Cambridge Preparation
- Intensive Academic Writing
- Advanced Skills for Academic Success

THEME 16. Greenwich College

01 Greenwich College는?

Greenwich College는 2005년 시드니에 설립되었으며 다양한 국적의 학생들, 다양한 언어 구사가 가능한 친절한 교직원들과 함께 다양한 교육 프로그램을 가지고 있다. 이 학교는 영어교사 양성코스(TESOL/TECSOL)로 잘 알려진 학교이다.

또 13명의 IELTS 시험 감독관을 보유한 강사진이 배치되어 있으며 중국, 일본, 한국, 폴란드, 포르투갈, 스페인 직원이 상주하고 있다.

CHECK

Geenwich College 기타 정보

- 홈페이지 : http://www.greenwichcollege.com.au
- 주소 : Level 3, 127 Liverpool Street, Sydney, NSW 2000
- 전화번호 : +61-2-9264-2223 / 팩스 : +61-2-9264-2224

02 Greenwich College 프로그램 살펴보기

- General English
- IELTS Preparation
- Cambridge Preparation
- Certificate IV in TECSOL
- Certificate IV in TESOL
- Certificate IV in EAP

THEME 17. Monash University English Language Centre

 **Monash University English Language Centre는?**

호주 멜버른의 모나쉬 대학교 부설 영어센터는 호주의 선도적인 Group of Eight 대학교들 중 하나인 모나쉬 대학교에서 운영하는 전문영어학교이다. 이곳에서는 높은 수준의 다양한 교육 과정이 제공되며 대학 캠퍼스 내에 위치하여 훌륭한 시설이 보유되어 있다. 또 능력 있는 전문 교사진의 관심과 배려 속에서 안심하고 영어공부에 몰두할 수 있다.

CHECK

Monash University English Language Centre 기타 정보

- 홈페이지 : http://www.monash.edu/englishcentre
- 주소 : Monash University Caulfield Campus
- 전화번호 : +61-3-9627-4852 / 팩스 : +61-3-9903-4418

02 Monash University English Language Centre 프로그램 살펴보기

- General English
- English Language Bridging Program
- IELTS Preparation
- English for Academic Purposes

 AMES는?

AMES는 멜버른 시내 중심부에 위치한 영어교육기관으로, 이민자들의 삶을 지원하기 위한 목적으로 설립되어 호주정부에서 운영하고 있다. 이곳에서는 다양한 문화 융화와 발전, 지식의 교류 등에 가치를 두고 교육내용을 발전시키기 위해 애쓰고 있다. 또 멜버른 TAFE, 대학과 Pathway가 되어 있어 진학이 가능하며 공부에 전념할 수 있는 수준 높은 시설과 분위기가 갖춰져 있어 학업에만 몰두할 수 있다.

CHECK

AMES 기타 정보

- 홈페이지 : http://www.ames.net.au
- 주소 : Level 1, 255 William Street, VIC 3000
- 전화번호 : +61-3-9926-4768 / 팩스 : +61-3-9926-4770

02 AMES 프로그램 살펴보기

- General English
- English for Academic Purposes
- IELTS Preparation
- English for TESOL Learners
- English for TECSOL Learners

멜버른 대학교의 부설영어연수기관으로 1986년부터 유학생들을 위한 영어 과정을 제공해 오고 있다. 이는 호주에서 가장 오래된 영어 과정 중의 하나이다.

또 대학교 학사 과정으로 편입이 가능하다.

Hawthorn Melbourne 기타 정보

- 홈페이지 : http://www.hawthornenglish.com
- 주소 : 442 Auburn Road, Hawthorn VIC 3122
- 전화번호 : +61-3-9810-3218 / 팩스 : +61-3-9810-3242

01 Hawthorn Melbourne 프로그램 살펴보기

- General English
- High School Preparation
- IELTS Preparation
- English for Business
- EAP
- Intensive Academic Preparation
- Cambridge Preparation

 UCELI는?

University of Canberra의 부설영어학교인 UCELI는 캔버라 유일의 공식 IELTS 시험센터로 수준 높은 교육을 제공하고 있다. 역시 대학부설기관이므로 캔버라 대학교 내 모든 시설 이용이 가능하다.

CHECK

UCELI 기타 정보

- 홈페이지 : http://www.canberra.edu.au
- 주소 : University Drive, Bruce, ACT 2617
- 전화번호 : +61-2-6201-2982 / 팩스 : +61-2-6201-5089

02 UCELI 프로그램 살펴보기

- General English
- English Access English
- Pre-Access English Course

01 CELUSA는?

CELUSA는 남호주대학교 부설어학센터로, 영어어학교육 및 각종 어학시험 주관센터로서 국제적으로 공인받은 기관이다. 이곳은 의사소통 능력향상에 교육의 중점을 두고 있으며 특히 듣기와 말하기 능력을 강조하여 따로 라디오와 비디오를 이용한 수업이 많다. 또 외부에서 강사를 초청해 듣기훈련도 강화하고 있다. 이 밖에 자료 및 개별학습센터(RILC)가 준비되어 있어 학생들의 연수생활을 돕고 있기도 하다.

CHECK

CELUSA 기타 정보

- 홈페이지 : http://www.unisa.edu.au/celusa
- 주소 : Frome Road, Adelaide, SA5000
- 전화번호 : +61-8-8302-2343 / 팩스 : +61-8-8302-1557

02 CELUSA 프로그램 살펴보기

- General English

THEME 22. IELI(Intensive English Language Institute)

 IELI는?

Flinders University의 부설영어기관인 IELI는 다양한 영어 프로그램이 준비되어 있으며 그중에서 일반영어 과정은 체계적인 학습 커리큘럼에 따라 6단계로 나누어져 있다.
어학원은 일주일에 25시간의 수업으로 구성되어 있고, 각 레벨은 10주 단위로 구성되어 있으나 본인의 실력에 따라 레벨을 빨리 올릴 수도 있다.

CHECK

IELI 기타 정보

- 홈페이지 : http://www.ieli.com.au
- 주소 : Sturt Road, Bedford Park, SA 5042
- 전화번호 : +61-8-8201-5084 / 팩스 : +61-8-8201-5086

IELI 프로그램 살펴보기

- General English
- English for Academic Preparation
- English for Health study
- English for Health and OET
- English for Business and IT

THEME 23. SACE(South Australian College of English)

01 SACE는?

1987년에 설립된 SACE는 호주 애들레이드 시티에 위치해 있으며, 애들레이드 사설영어 학교 중 가장 큰 규모의 영어학교이다. 다양한 국적 비율과 적은 한국인 비율이 특징으로 Speaking 위주로 학습을 하고자 하는 학생들에게 또 애들레이드 공식 TOIEC 센터로써 인기가 높다. 이곳은 Uni SA, Flinders University, TAFE SA, ICHM 입학을 위한 영어 과정을 제공하며 애들레이드 외에 호바트 그리고 Whitsundays에 캠퍼스가 있다.

> **CHECK**
>
> **SACE 기타 정보**
>
> - 홈페이지 : http://www.southaustralia.collegeofenglish.com.au
> - 주소 : Level 1, 47 Waymouth Street, Adelaide, SA 5000
> - 전화번호 : +61-8-8410-5222 / 팩스 : +61-8-8410-5661

02 SACE 프로그램 살펴보기

- General English
- Working holiday, Work Experience/Internship
- Academic English
- Cambridge Preparation
- English+Sport and Culture
- Teacher Training

THEME 24. PICE(Perth International College of English)

01 PICE는?

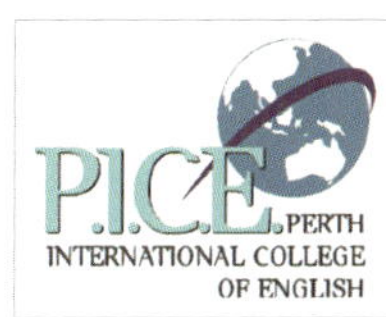

1997년에 개원하여 퍼스 중심부의 현대적인 건물 안에 위치하고 있는 PICE는 체계적인 프로그램과 TESOL 자격증을 소지한 우수한 교사진이 갖춰져 있다. 또 학생들의 만족도가 높고 유럽 학생 비율이 높은 편이다.

PICE 기타 정보

- 홈페이지 : http://www.pice.com.au
- 주소 : 100 Murray Street, Perth, WA 6000
- 전화번호 : +61-8-9221-2295 / 팩스 : +61-8-9221-1792

02 PICE 프로그램 살펴보기

- General English
- Academic English
- English for Business
- IELTS Preparation
- Cambridge Preparation
- Demi Pair Program

01 Milner College는?

Milner College는 1984년에 설립된 사설영어연수학교로 호주에서 두 번째로 긴 역사를 가지고 있으며 다양한 국가의 학생들이 재학하고 있어 좋은 국적 비율을 가지고 있다. 매년 Cambridge First Certificate 과정의 90%가 넘는 합격률을 자랑하며 50% 이상의 비율로 유럽 학생들을 유치하고 있다. 이곳은 학생 시설로써, 무료 헬스클럽과 어학실습실, 학습교재 등을 갖춘 Self Access Centre를 무료로 사용할 수 있다. 또 캠브리지 코스는 학교가 자랑하는 수준 있는 코스이기도 하다.

CHECK

Milner College 기타 정보

- 홈페이지 : http://www.milner.wa.edu.au
- 주소 : 379 Hay Street, Perth, WA 6000
- 전화번호 : +61-8-9325-5444 / 팩스 : +61-8-9221-2392

02 Milner College 프로그램 살펴보기

- General English
- Cambridge Preparation
- IELTS Preparation
- TESOL Course

THEME 26. CELT(Centre for English Language Teaching)

01 CELT는?

모래 벽돌로 지어진 건축물과 근사한 교정을 자랑하는 UWA의 넓은 캠퍼스는 호주에서 가장 아름다운 대학 캠퍼스의 하나로 인정받고 있다. UWA 영어교육센터인 CELT는 친근하고 협조적인 환경에서 수준 높은 영어교육 과정을 제공함으로써 본 대학의 전통을 그대로 반영하고 있다.

CELT는 각종 과제와 활동, 프로젝트 등을 통해 학생들에게 영어 사용 기회와 생생한 호주 생활을 체험할 수 있는 교수법을 시도하고 있다.

CHECK

CELT 기타 정보

- 홈페이지 : http://www.celt.uwa.edu.au
- 주소 : 35 Hackett Drive, Crawley, WA 6009
- 전화번호 : +61-8-6488-3539 / 팩스 : +61-8-6488-1077

02 CELT 프로그램 살펴보기

- General English
- Academic English
- Business English
- Cambridge Preparation
- IELTS Preparation
- TOEFL, TOEIC Preparation
- English Language and Academic Internship Program
- English Language Pathways

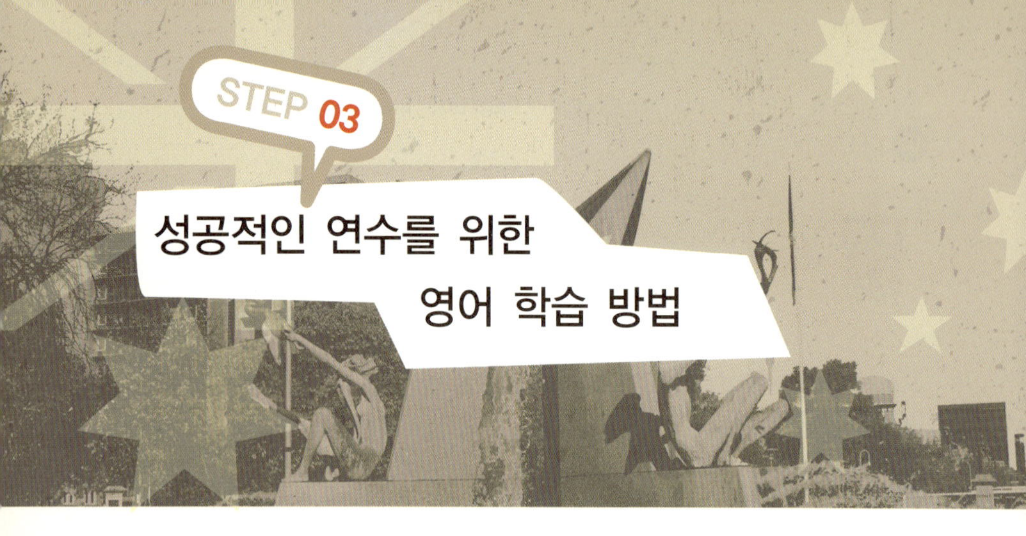

THEME 01. 신문과 뉴스를 이용한 영어 공부

어느 나라에서든 표준어와 더불어 격식 있는 표현을 구사하는 TV 뉴스는 영어를 배우는데 좋은 도구로 사용된다. 그러나 막상 뉴스를 접하면 많은 내용을 놓칠 수밖에 없다. 이로 인해 자막을 켜 놓고 뉴스를 본다 해도 결국에는 나오는 자막만 읽는 사태가 발생한다.

이를 방지하기 위해 추천하는 방법이 바로 신문을 이용하는 것이다. 신문(인터넷 신문도 좋다)을 읽고 오늘 무슨 일이 있었는지 큰 사건들만 먼저 파악한 후 뉴스를 보게 되면 매우 효과적이다. 특히나 신문기사는 시간에 맞춰야 하는 뉴스보다 훨씬 자세히 나와 있어서 이해하기도 쉽다.

THEME 02. 영화와 외화 드라마를 이용한 영어 공부

01 영화와 외화 드라마 공부의 실체

딱딱하고 어려운 내용의 신문이나 뉴스보다는 오히려 지루하지 않은 영화나 드라마로 영어에 친숙하게 접근하니 영어실력도 쑤욱 올라가리라 생각했을 것이다. 하지만 이 방법은 여러 사람들의 귀를 솔깃하게 하는 방법으로 많은 분들이 시도했다가 포기한 방법일지도 모르겠다.

처음 호주에 오기 전, 챙겨왔던 외장하드에는 한국에서 담아온 프렌즈, 히어로즈, CSI, 24 등과 같은 미드와 외화로 가득했다.(이 시기에 어지간한 미드는 다 봤던 것 같다.)
실제로 볼 때는 한글자막도 보고 영어자막도 같이 봤었다. 그러나 그렇게 열심히 봤음에도 불구하고 영어가 늘지 않았다. 영어실력이 왜 늘지 않았을까 지금 생각해 보면 영어책을 보는 것보다는 더 시간이 잘 가기도 했고, 무엇보다 질리지 않으니 스스로 영어공부를 한다는 합리화로 인한 것은 아닌지 생각한다.

결론적으로 이렇게 아무 생각 없이 미드나 외화를 보는 것은 영어실력향상에는 전혀 도움이 되지 않는다는 것을 알게 되었다. 그 이유를 살펴보면 다음과 같다.

하나. 그냥 다음 내용이 궁금해서 반복학습없이 내용만 숙지한다!
둘. 화면에 빠져서 듣기훈련이 되지 않는다!

1년 넘게 열심히 미드를 보면서 느낀 가장 큰 두 가지의 문제점이었다.
기왕 보는 것, 더 재미있는 것을 찾게 되고 한 편을 보고 나면 다른 편을 보게 되니 드라마를 보기만 하는 상황이 이어졌다. 따라서 계속해서 새로운 것만 보게 되니 영어실력향상에 아무런 도움이 되지 않았던 것이다.

영어자막과 같이 봐도 새로운 단어를 그냥 한 번 찾아보고 다음 편으로 넘어가 버리니 그 단어도 머릿속에 남지 않았다. 또한 예쁜 배우들, 아름다운 배경 등 시각적인 면에 더 집중을 하다 보니 듣는 것은 더 어려웠다.

02 영화와 외화 드라마로 공부할 때는 듣기에 집중하라!

결국 영화나 드라마를 이용해 공부할 때의 해결책으로, 보는 것이 아니라 듣는 것으로 방법을 바꿨다.
먼저 오디오 추출 프로그램을 이용하여 소리만 추출해 동영상에서 MP3 파일로 음악을 듣는 것처럼 들었다. 따지고 보면 영화나 드라마로 영어공부를 한다는 것 역시, 듣기 훈련 및 표현력 향상에 초점을 맞추는 것이다. 결과적으로, 이 두 가지 모두 드라마를 보는 것과는 전혀 관계가 없지 않은가?

이렇게 듣기만 하는 경우의 장점은 뭐니뭐니해도 영어에만 집중을 할 수 있다는 것이다. 그리고 마냥 컴퓨터 앞에 앉아서 미드를 보며 시간을 보내는 것이 아니라 운동을 하면서 듣거나, 학교 가는 길, 집으로 돌아오는 길에도 들을 수 있어 시간절약에도 굉장히 효율적이다.

03 어떤 미드를 볼지 신중하게 고를 것!

미드용 MP3 파일을 들을 때의 단점이라면 시각적인 요소가 반드시 필요한 드라마의 경우. 듣는 것으로 무슨 상황인지 이해되지 않는 것이다. 또한 대사에서 좋은 표현을 배우기 위해서는 그만큼 대화가 위주인 미드를 봐야 한다. 따라서 어떤 미드를 골라서 들을 것인지 고르는 것도 굉장히 중요하다.

경험상 듣기에 적합했던 미드 몇 가지를 소개하자면 다음과 같다.

• 처음 시작은 쉬운 시트콤으로 시작한다

일단 처음 시작할 때는 난이도가 쉬운 시트콤류가 제일 좋다. 따라서 일상적인 표현을 배울 수 있는 프렌즈 또는 How I met your mother 등을 추천한다.

특히 오래된 작품임에도 프렌즈는 최근에도 호주 TV에서 방영할 만큼 다양한 표현을 배울 수 있는 주옥(?)같은 미드라고 할 수 있다.(How I met your mother의 팬들께는 죄송하지만 프렌즈의 아류작 정도로 생각하면 될 듯하다.)

• 미드를 볼 때도 수준 있는 표현을 쓰는 드라마로 고르자

미드를 보다보면 스토리의 배경과 등장인물의 수준에 따라 대화의 종류가 많이 달라진다. 또 의학이나 과학용어가 난무하는 미드는 이해하기 힘든 것은 물론, 표현을 배우기에는 부적합하다. 그렇다고 프렌즈 같은 시트콤만 듣기에는 뭔가 쉽고 심심한 느낌이 있다.

실제 우리나라 드라마를 보더라도 시트콤과 의사, 변호사가 나오는 드라마는 대사수준이 많이 다르듯이 미드를 볼 때도 격식 있는 표현을 쓰는 드라마를 보는 것이 더 좋다. 그렇다면 나름대로의 수준(?)을 갖춘 드라마는 어떤 것이 있을까?

① Boston Legal

제목에서 알 수 있듯이 보스턴에 있는 대형 로펌회사 변호사들의 이야기를 다룬 드라마이다. 보통 한 편당 3가지 정도의 에피소드를 포함하고 있다.

스토리 자체가 변호사들이 변론하는 것을 다루기 때문에 처음부터 끝까지 대화를 쉬지 않는데다 따로 영상을 보지 않아도 어떤 상황인지 이해할 수 있다.

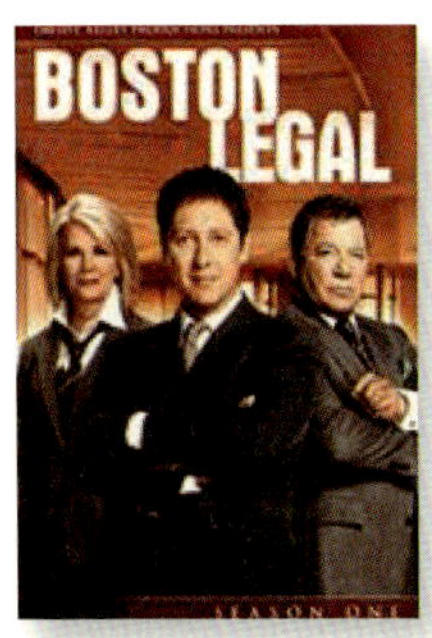

CHECK http://boston-legal.org/episodes.shtml#transcripts에서 해당 드라마의 전체 스크립트를 볼 수 있습니다.

② The West Wing

백악관의 대통령과 보좌관들의 이야기를 다룬 정치 드라마이다.

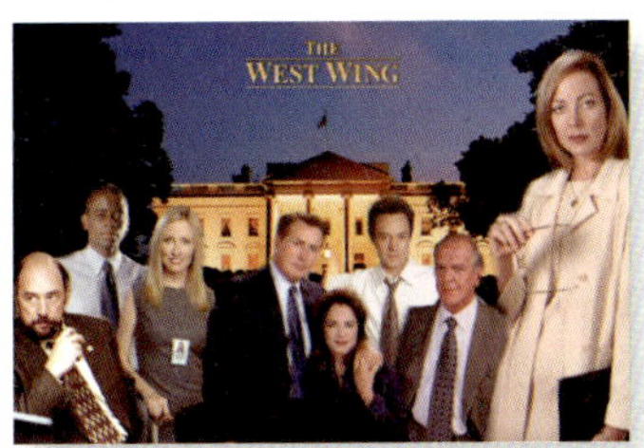

이렇게 드라마에서 추출한 MP3 파일을 약 1년 정도 꾸준히 듣다보면 영화나 미드를 자막 없이 보는데 무리 없는 수준에 이르게 된다.

이 밖에도 이코노미스트 오디오 파일도 추천하는 공부 도구이다. 세계 전반의 정치, 경제 비즈니스, 과학, 문화 등의 소식을 알 수 있고 생전 처음 듣는 단어가 마구 쏟아져 공부를 하고 싶게 만들어 준다.

04 미드 청취 후 반드시 후(後) 관리가 중요하다!

여기서 가장 중요한 것은 드라마를 본 이후 반드시 리뷰를 해야 한다는 것이다. 미드를 듣고 난 뒤에 그냥 지나쳐 버리면 단순히 듣기 훈련이 되지만 듣고 나서 영상, 자막과 함께 시청하거나 스크립트를 보면서 듣고 난 후의 모르는 단어와 유익한 표현들을 따로 정리하고 공부해야 한다.

이렇게 한 번 리뷰하면 다음부터는 그저 듣는 것만 반복해도 자동적으로 그 단어와 표현까지 복습이 된다.

THEME 03. 원어민과 대화로 실력 향상하기

"호주에 왔는데 원어민이라고는 학교 선생 밖에 없고, 괜히 왔나봐."
"호주에 온 지 1년이 다 되어 가는데 영어가 안 늘어."
"학원 선생님 말은 다 들리는데 학원 밖에만 나가면 안 들려."

길거리를 걷다보면 아무리 한국 사람이 많다고 하는 호주지만 그래도 호주 사람들이 더 많다. 그런데 어떤 이유로 원어민을 만나서 대화할 기회가 없을까?

대부분의 유학생들은 학원에서의 시간을 끝내고 학원 친구들과 어울려 시간을 보내거나 집에 들어가는 생활을 반복한다. 그러다보니 1년이 아니라 2년이 지나도 영어는 그 자리이고 영어가 지겨워진다.

현지인 학원 선생님은 우리 수준에 맞게 천천히 말해주고, 단어도 쉬운 단어를 써 준다. 그러니 학원 밖으로 나가면 현지인들이 말하는 빠른 속도와 슬랭에 전혀 들리지 않는 것이다. 이런 막막한 상황 속에서는 어떻게 해야 할까?

01 원어민 친구를 사귀어야 한다.

먼저 현지인 친구를 만드는 게 급선무다!

필자의 경우 취미생활을 이용해서 호주 친구들을 사귀었다. 다른 한국 친구는 봉사활동을 통해서 호주 친구를 만났고, 또 다른 한국 친구는 종교생활을 통해 호주 친구를 만났다.

호주생활이 심심해지고 향수병이 찾아오는 가장 큰 이유는 외로움이다. 외로움을 달래줄 친구들을 찾지만 자꾸 한국 친구들을 만나 술만 마시게 되는 상황이 이어지는 것이다.

외로움을 덜어줄 한국 친구들도 좋지만 기왕 영어를 배우러 호주까지 온 것이라면 외국인 친구들과 호주 친구들을 사귀는 것이 더 좋지 않을까 생각한다.

02 인터넷 동호회로 현지인 친구 사귀기

하지만 학원이라도 다니지 않으면 외국인 친구를 사귀기는 힘들고, 또 학원을 다녀도 호주 친구를 만나기는 쉽지 않다. 이때 추천하는 방법은 인터넷 동호회를 활용하는 방법이다.

호주 사람들이 인터넷을 많이 사용하지 않아 우리나라 네이버 카페나 싸이월드 클럽처럼 인터넷 동호회 활동이 왕성하지는 않다. 대신 수많은 인터넷 동호회가 넷상에서의 활동보다 오프라인 모임에 초점이 맞춰져 있다.

• 추천하고 싶은 사이트는 Facebook과 meet up.

Facebook이야 워낙 많은 사람들이 알고 있으니 설명은 생략하고 meet up이란 사이트를 소개해 볼까 한다.

① meet up

이곳에서는 전 세계 수많은 동호회를 검색할 수 있다.

이름처럼 같은 관심사를 가진 사람들의 만남을 위한 사이트이기 때문에 오프라인 활동 위주의 웹사이트이다. 또 호주뿐만 아니라 전 세계적으로 이용되고 있는 사이트이고 브리즈번으로 검색하면 약 250여개의 공개모임이 검색되며 호주의 다른 지역에도 많은 모임이 있다.

② ESL

meet up 가운데서 외국인 친구, 호주 친구도 사귀고 영어 공부도 하고 싶은 사람들에게 추천해 주고 싶은 모임은 ESL(English as a Second Language)이다.

 홈페이지 : http://www.meetup.com/esl-432

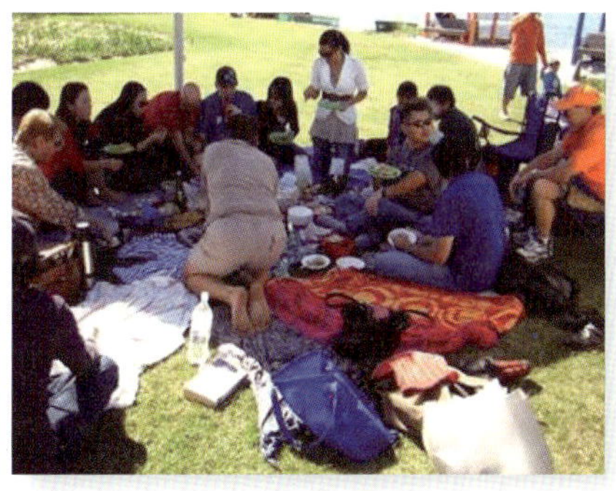

이 모임은 1년 전만 해도 다른 나라에서 태어나 호주에서 살고 있는 네이티브 스피커들의 친목모임 같은 느낌이었다.

보통 6~7명 정도의 소규모 모임에서 나 이외의 한국 사람은 본적이 없었고 모임 매니저가 바뀐 뒤로 인터내셔널 학생과 워커들을 위한 영어공부모임이 되어버렸다.

지금은 20명, 많게는 30명도 넘는 인원이 매주 화요일과 목요일 모여서 영어로 대화하거나 같이 공부한다. 즉, 가끔 파티도 하면서 소풍과 캠핑을 통해 영어를 배우기 위한 사람들의 친목모임이라고 생각하면 된다.

이제는 입소문이 많이 나서 한국인들도 많이 오는 편이고 일본, 유럽, 러시아 등등 다양한 국가의 친구들을 만날 수 있으며 매니저를 비롯한 외국 친구를 만나고 영어공부를 도와주는 몇몇의 호주 친구들도 만날 수 있다.

굉장히 오픈된 모임이기 때문에 혼자서 가보는 것도 적극 추천한다.

③ The Brisbane Japanese Language and Culture Meetup Group

다음은 The Brisbane Japanese Language and Culture Meetup Group이다.

이 모임은 브리즈번에 살고 있는 일본어와 일본문화에 관심 있는 사람들의 모임이다. 굉장히 활성화되어 있는 모임이고 일본어를 배우고 싶은 사람에게 적극 추천하는 모임이다.

일본인들뿐만 아니라 전 세계 곳곳의 친구들을 만날 수 있고 유창한 일본어를 구사하는 호주 친구들도 많이 만날 수 있다. 이곳에서는 일본에서 영어강사로 일하며 여행하던 것이 계기가 되어 일본을 좋아하게 되었거나 아시아 문화에 관심이 많은 호주인들과 네이티브 일본인들이 주를 이루며 다른 아시아권 친구들과 유럽 친구들도 만날 수 있는 곳이다.

하지만 공통 관심사는 영어가 아니라 일본어이다. 그러나 일본어가 서툰 사람을 위해 무조건 일본어로 대화를 하지는 않는다. 참여자 입장에서는 영어로 일본어를 배운다고 보면 된다. 일본뿐만 아니라 검색해 보면 독일, 스페인, 핀란드 등 다른 나라 친구들을 만나 문화와 언어를 배울 수 있는 모임이 많이 있다.

 **홈페이지 :** http://www.meetup.com/Japanese-Brisbane

THEME 04. 영어공부 중, 슬럼프는 어떻게?

대부분의 학생들은 6개월~1년의 기간 동안 영어를 완벽하게 끝내겠다는 생각을 하고 호주에 오게 된다.

필자 역시 호주에 도착하자마자 우리나라와는 완전히 다른 환경과 그 전까지 경험하지 못했던 것들을 경험하며 호주에서 많은 현지인 친구들을 사귀게 될 것이라고 생각했다. 또 그렇게 되면 단기간에 영어실력을 향상시킬 수 있을 것이라는 생각을 했었다.

그러나 언어라는 것이 단번에 해결이 되는 것이 아님을 알게 되었다. 현실적으로 언어라는 분야는 반복학습과 꾸준히 사용함을 원칙으로 해야 그 실력을 향상시킬 수 있는데 이것이 단기간에 될 리가 없다. 그러다보니 실력을 단기간에 향상시켜야 한다는 지나친 목표는 부담감으로 찾아오고 어느새, 슬럼프로 찾아오게 되는 것이다.

그렇다면 대부분의 학생들의 경우 어떤 단계를 거치게 되는 것일까?

01 영어 울렁증, 남 얘기가 아냐!

연수생들에게 가장 먼저 찾아오는 증상은 영어패닉 상태다. 공항에 내린 순간부터 들리는 소리는 분명히 영어 같은데 도대체 무슨 말인지 알아들을 수 없는 사태가 발생한다. 영어학교에 가서도 선생님이 무슨 말을 하는지 모르겠고, 글을 읽어도 무슨 내용인지 전혀 이해되지 않는 이 상태가 2~4주 정도 지속된다.

그러나 시간이 좀 지나고 영어학교 선생님들이나 다른 친구들과도 친해지고 생활에 적응이 되는 순간부터 갑자기 영어가 들리는 것 같고, 내가 말을 하면 상대방도 알아듣는 것 같은…본인이 스스로를 생각해도 너무나 자랑스럽고 대견한 생각이 드는 시점이 오게 된다.

02 영어실력의 정체 단계?

이제 한 단계 상승한 영어실력이 슬슬 정체기를 맞는다. 더 쉽게 말해 금방 늘 것 같은 영어가 어느 순간 갑자기 정체되는 시기가 찾아온다. 자신도 모르는 새, 본인의 한계를 인지하기 시작하면서 머리에서는 말이 마구 떠오르는데 입이 떨어지지 않고, 입에서 중얼거리며 말을 하는 나조차도 무슨 말을 하고 있는 것인지 헷갈리기 시작하는 상태가 찾아오는 것이다.

이 같은 경우는 주로 자신의 영어실력에 자신을 가지고 있다가 현지인과 대화를 하다가 느끼는 경우가 많다.

이 시기부터는 어느 주제로 대화를 하던지 대답이 똑같아지기 시작하면서 쓰던 단어만, 쓰던 문장만 쓰게되며 또 영어가 부담스러워지기 시작한다.

03 드디어 본격 슬럼프 신공 폭발!

영어실력의 정체기가 길어지면서 본인 안에 내재되어 있어 짜증과 불만이 터져나오는 시기가 시작된다.

수업시간에 들어가고 싶지도 않고, 중학교 때 배웠던 다 알고 있는 것 같은 내용을 왜 내가 배워야 하는지에 대한 불평불만도 늘어간다. 이렇듯 수업에 대한 불만이 쌓이게 되니 수업을 하는 영어학교 선생님들을 자신의 잣대로 평가를 하기에 이른다.

'저 선생은 발음이 이상해.' - (외국인이 원어민에게 발음이 이상하다고 하다니….)
'저 선생은 가르치는 방식이 틀렸어.' 등등

영어로 대화해봐야 말도 잘 통하지 않는 다른 외국 친구들보다 한국 사람들이 그리워진다. 같은 학원의 한국 학생들과 어울리며 호주의 밤 문화가 이렇게도 재미가 없다는 것에 짜증을 내며 한국의 드라마 및 예능 프로를 꼬박꼬박 챙겨본다. 또 비싼 돈을 내고 호주까지 왜 왔는지 자신도 모르게 된다.

이렇듯 슬럼프의 증상이 극에 달하다가……

이를 극복하지 못한 이들 가운데 증상이 심한 이들은 한국으로의 귀국을 택하고 마는 것이다.

그렇다면 찾아온 슬럼프를 어떻게 극복할 수 있을까?

첫째, 영어학교는 무조건 출석한다.

학생비자로 온 경우라면 말할 것도 없이 가장 중요한 사항이기도 하다. 학교 결석은 학교를 가지 않게 되는 순간부터 게을러지며 영어공부가 멀어지게 되는 악순환으로 이어진다.

둘째, 최소한 그날 배운 것은 바로 복습해 자기 것으로 만든다.

복습이라는 것은 누구나 할 수 있는 가장 쉬울 듯한 방법이면서 가장 어려운 일이기도 하다. 가급적 영어공부 시에는 여러 가지의 다양한 책을 보는 것보다 하나의 책으로 공부하며 복습하고 반복하는 것이 가장 좋다. 왜냐고? 영어는 무조건 반복 또 반복이 기본 공부법이니까!

셋째, 쉬운 책으로 기본부터 다시 시작하자.

우리가 처음 말을 배울 때를 생각하면 가장 이해가 빠를 듯싶다. 남들 눈을 의식하지 말고 다시 영어와 친해지자. 쉬운 책을 보면서 그 안의 모든 것을 내 것으로 만든다면 그것이 바로 본인의 영어실력에 피가 되고 살이 될 것이다.

넷째, 반드시 새로운 목표를 설정해 본다.

목표가 흐려지면 당연히 방황하게 된다. 무조건 책을 본다고 해서 내가 얼마나 실력이 늘었는지는 알 수 없다. 이때 시험 대비나 상위 과정 진학 등 새로운 목표를 설정해 보면 공부하기에도 더 수월해 진다.

비록 비용이 들어가기는 하지만 호주에서 IELTS 시험 또는 Cambridge 시험을 준비한다면 본인의 실력 측정은 물론, 한국으로 돌아가거나 호주에서 대학을 진학할 때도 취득한 영어시험성적으로 사용할 수 있어 여러모로 이득이 된다.

마지막으로 체력이 자산!

무조건 건강을 챙겨야 한다. 타국에 와서 아픈 것 만큼 서러운 것도 없다. 가족처럼 챙겨주는 사람이 없이 오로지 혼자 생활해야 하므로 평소에도 항상 건강에 신경을 써야 한다. 또 영어공부 역시 본인의 체력을 기본으로 하는 것이기 때문에 건강은 필수, 또 필수다!

탑승수속안내
搭乗手続案内・登機手續審南
Check-in Information
출국부터 호주 입국까지
Australia
GRIFFITH UNIVERSITY
QUEENSLAND CONSERVATORIUM

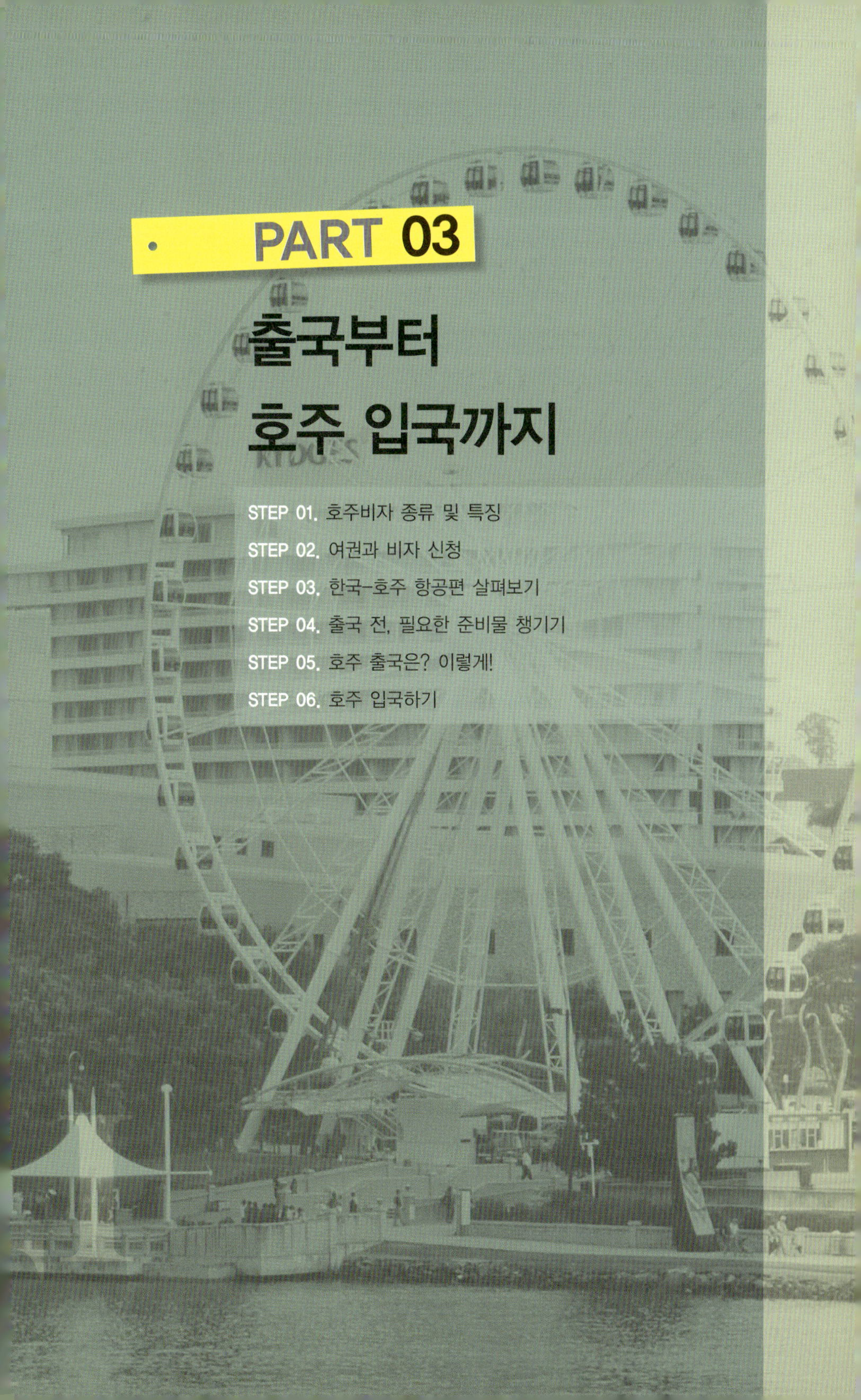

PART 03

출국부터 호주 입국까지

STEP 01. 호주비자 종류 및 특징
STEP 02. 여권과 비자 신청
STEP 03. 한국-호주 항공편 살펴보기
STEP 04. 출국 전, 필요한 준비물 챙기기
STEP 05. 호주 출국은? 이렇게!
STEP 06. 호주 입국하기

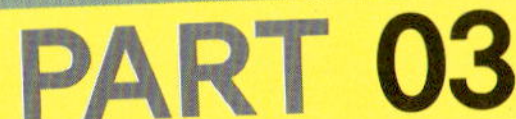

THEME 01. 학생비자(Student Visa)

학생비자는 학업이 주목적인 비자이다. 영어연수를 포함한 대학 과정 등을 주목적으로, 학업 기간에 따라 비자 기간이 결정된다. 일반적으로 관광비자는 최대 3개월, 워킹홀리데이비자로는 최대 4개월까지 공부를 할 수 있지만 학생비자는 그 이상의 기간도 합법적으로 공부를 할 수 있다. 대부분의 영어연수기관은 장기로 등록하는 학생들을 위해 추가적으로 학비할인을 해 주고 있으며 이에 따라 학생비자를 원하는 학생들은 본인의 스타일에 맞는 좋은 학교를 상대적으로 저렴하게 갈 수 있는 장점이 있다.

01 법적 보호로 든든한 학생비자

학생비자는 호주정부에서 관리하며 모든 학생비자 소지자들에게 제공하는 교육 및 연수는 ESOS Act 2000(유학생 교육 서비스 법률)을 통해 국가적으로 법적 보호를 받는다. 이 법규는 교육기관들이 호주 전역에서 동일한 기준에 맞는 교육, 시설 및 서비스를 유학생들에게 제공하도록 요구하고, 호주 학생들에게 제공되는 것과 동일한 수준의 교육을 유학생들에게 제공하도록 한다. 또한 유학생들을 위한 수업료 및 재정적인 보증을 제공하고 학생비자로 호주에 온 유학생들의 권익을 보호하는 것이다.

02 학생비자의 의무, 보험

모든 호주 학생비자 소지자는 호주에서 머무는 기간만큼 의무적으로 유학생보험(OSHC-Overseas Student Health Cover)에 가입을 해야 한다. 이는 비자 신청 시에 보험 제출이 의무화되어 있으며 보험 가입 없이는 비자 승인이 불가하다. 보험에 가입하게 되면 호주의 영주권자, 시민권자와 거의 동일한 의료 혜택을 받을 수 있다.

03 학생비자, 이런 점이 좋아졌다!

학생비자의 신청은 한국에서, 그리고 호주 현지에서도 가능하며 신청을 위해서는 등록한 학교의 모든 학비를 미리 지불해야 한다. 그러나 2012년 7월 1일부터는 영어연수 기간이 25주 이상인 경우에 한해 학비를 나눠서 지불할 수 있다. 또 2주에 40시간까지의 합법적인 노동허가를 받아서 본인의 의지에 따라 공부를 하며 생활비를 충당할 수 있다는 특징이 있다. 방학 기간에는 Full-time으로 일할 수 있다.

단, Subclass 574 비자, 석사 및 박사 과정의 비자 소지자는 제한 없이 일을 할 수 있습니다. 말씀드린 2주 40시간은 월요일부터 시작하며, 두 번째 주 일요일까지 해당합니다.

예전

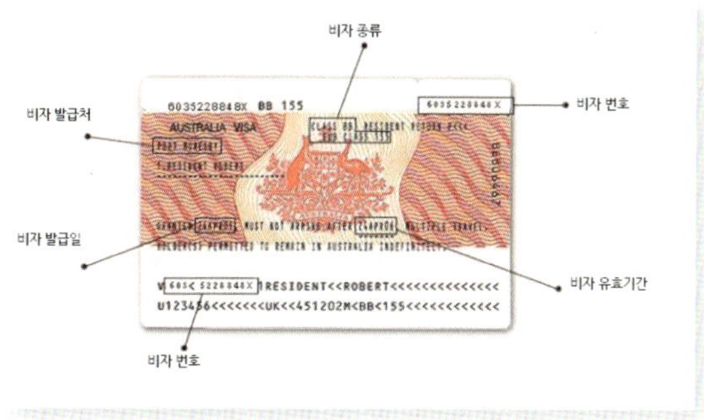

최근

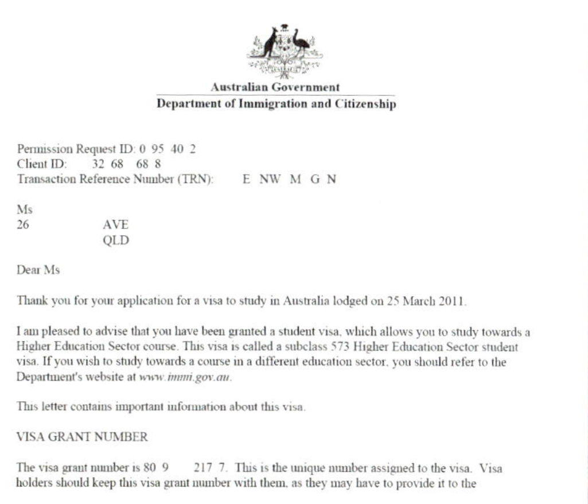

Australian Government
Department of Immigration and Citizenship

Permission Request ID: 0 95 40 2
Client ID: 32 68   68 8
Transaction Reference Number (TRN):   E NW M G N

Ms
26   AVE
                QLD

Dear Ms

Thank you for your application for a visa to study in Australia lodged on 25 March 2011.

I am pleased to advise that you have been granted a student visa, which allows you to study towards a Higher Education Sector course. This visa is called a subclass 573 Higher Education Sector student visa. If you wish to study towards a course in a different education sector, you should refer to the Department's website at *www.immi.gov.au.*

This letter contains important information about this visa.

VISA GRANT NUMBER

The visa grant number is 80 9   217 7. This is the unique number assigned to the visa. Visa holders should keep this visa grant number with them, as they may have to provide it to the

호주비자 신청 후 승인 Mail을 확인하자!

예전에는 여권에 직접 붙이는 Paper Visa였으나 요즘은 여권에 붙이는 것이 아니라 모두 전자식 비자로, 비자가 승인이 되면 E-Mail로 승인 Mail이 옵니다.

• 최소 3개월 이상 학교 등록하기

호주 유학을 위한 학생비자는 3개월 이상 학교 등록 시, 신청할 수 있으며, 학생비자를 발급할 수 있는 학교, 즉, *CRICOS에 등록되어 있는 학교에 등록해야 비자를 받을 수 있다.

Q&A

Q. CRICOS란?

A. Commonwealth Register of Institutions and Courses for Overseas Students의 약어로, 호주 정부에 등록된 외국인을 위한 교육 과정과 기관을 관리하는 공인코드입니다.

CHECK

학생비자에도 등급이 있다!

- 학생비자는 Sub Class로 구분됩니다.
- 어학원 ELICOS(Sub Class 570)
- 조기유학 : 초/중/고(Sub Class571)
- 전문대 : Certificate I, II, III, IV 코스, Vocational graduate certificate 또는 Vocational graduate diploma 코스 포함(Sub Class572)
- 대학 : 학사/석사(Course work) (Sub Class573)
- 대학원 이상 : 석사(Research)/박사(Sub Class 574)

• 출석률 80% 유지하기

학생비자 소지자는 출석률 80% 이상을 유지하며, 80% 미만이 될 경우, 학교에서 이민성에 통보하게 되며, 이민성에서 인터뷰 후, 중대한 사유가 아니라면 대부분 학생비자가 취소된다. 만약 비자가 취소되면 28일 안에 출국해야 하며 남은 학비는 환불되지 않는다.

• 거주지 변경 시, 학교에 통보하기

호주 학생비자 소지자는 호주 도착 후 7일 이내에 머물고 있는 집주소를 등록한 학교에 알려야 한다. 학업 기간 중 머무는 곳이 변경되면, 변경 후 7일 이내에 변경된 주소를 학교에 통보하는 것이 원칙이다.

CHECK

왜 변경된 거주지를 학교에 통보해야 할까?

영어연수기관에 재학 중인 학생비자 소지자의 경우 80% 이상의 출석률을 맞춰야 하며 전문대와 대학 및 대학원에 재학 중인 학생비자 소지자의 경우 성적관리에 신경을 써야 합니다. 예를 들어 출석률에 문제가 있거나 성적에 문제가 있다면 학교에서는 학생과의 면담을 통해 문제를 해결할 수 있습니다. 그러나 학생과의 연락이 되지 않는다면 학교에서는 바로 이민국 측으로 리포트를 보내야 하며 이럴 경우 학생비자를 취소당할 수도 있습니다. 이러한 이유 때문에 반드시 변경된 연락처를 학교에 통보해야 하는 것이죠.

THEME 02. 워킹홀리데이비자 Working Holiday Visa

01 워킹홀리데이비자 신청 및 자격

워킹홀리데이비자는 12개월간 호주에서 영어공부, 여행 및 일을 할 수 있는 비자로, 대한민국 국적의 만 18세 이상~30세 미만이라면 신청할 수 있다. 단, 비자 신청과 승인 레터를 받을 때까지 호주 밖에 거주해야 하며 이전에 워킹홀리데이비자를 신청하고 호주에 입국한 적이 없어야 한다. 워킹홀리데이비자 신청 과정에서 신청자는 자금 증명을 요구받을 수도 있다.

> **CHECK**   자금 증명을 요구받는 경우는 어떻게 해야 할까?
>
> 호주의 비자 심사는 동일한 조건의 사람이더라도 심사관의 재량에 따라 비자 발급 결과가 달라질 수 있습니다. 즉, 심사관이 특정 사람을 판단할 때 자료가 필요하다고 생각하는 경우 자금증명을 포함한 다른 여러 가지들을 요구할 수 있다는 것이죠. 요청을 받을 때 구체적인 요구사항을 전달받게 되므로 이에 맞춰 준비를 한다면 크게 문제없이 비자를 발급받을 수 있습니다.

02 워킹홀리데이비자 입국 유효 기간

해당 비자의 승인 후, 12개월 이내에 호주 입국이 가능하며, 호주 입국 후, 12개월간의 유효 기간을 가진다. 워킹홀리데이비자는 신청 당시 나이가 만 30세 미만이면, 호주 입국 시, 만 30세가 넘어도 비자는 유효하다. 또한 워킹홀리데이비자 기간 동안은 제한 없이 호주 밖으로 출·입국이 가능하다.

다만 비자 승인 후, 호주 입국을 하지 않은 상태에서 12개월이 지났다면, 비자는 자동 취소되며 비자 신청비는 환불되지 않는다. 다시 워킹홀리데이비자를 받고 싶다면 비자 신청비를 내고 재신청이 가능하다.

03 워킹홀리데이비자 유의사항

• 한 곳에서 6개월 이상 일할 수 없다.

한 고용주 밑에서 6개월 이상 일할 수 없으며, 자원봉사의 경우도, 한 기관이나 한 곳에서 6개월 이상 활동할 수 없다.

• 신체검사에 따라 달라지는 공부 기간

비자 신청을 위한 신체검사 시, X-Ray 흉부검사(5만 원)만 하게 되면, 호주에서 4주 이상 공부를 할 수 없으며, X-Ray 및 신체검사를 같이 하게 되면 17주 미만으로 공부할 수 있다.

워킹홀리데이비자를 가지고 있는 외국인 학생을 고용하는 것은 일손이 부족한 호주 농장이나 공장에도 이득이 되는 일이다. 호주 정보는 원활한 직업 시장의 순환을 위해 다양한 정보를 제공하고 있다. http://jobsearch.gov.au/harvesttrail에 접속하면 유용한 정보를 얻을 수 있다.

THEME 03. 세컨 워킹홀리데이비자

01 세컨 워킹홀리데이비자 신청 자격

먼저 첫 번째 워킹홀리데이비자 기간에 3개월간 호주의 외곽 지역에서 호주 이민성에서 지정한 일(Specified Work)을 해야 한다. 외곽 지역은 우편번호(Post Code)로 구분할 수 있다. 세컨 워킹홀리데이비자 역시 신청 당시 신청자의 나이가 만 30세 미만이어야 하고, 호주 입국 시, 만 30세가 넘어도 비자는 유효하다.

또 호주 세컨 워킹홀리데이비자를 신청하기 위해 하는 일들은 무급도 가능하며 봉사활동이나 *우프(WWOOF)를 해도 비자 신청이 가능하다.

Q&A

Q. 우프(WWOOF)란?

A. Willing Worker On Organic Farm의 약어로, 농약을 사용하지 않고 기르는 유기 농장일을 돕는 것을 의미합니다. 이때 노동 시간은 하루에 4~6시간 정도로, 호주 곳곳에 위치합니다.

02 일해야 하는 3개월 계산하기

3개월이란 기간은 Day로 계산하면 약 88일이다. Part-time Worker 또는 Casual Job인 경우 실제로 일을 한 날만 계산하면 비자 신청이 가능하며 Full-time Worker는 일을 중간에 쉬어도 처음 일한 날짜부터 계산하면 된다. 즉, 주말이나 천재지변에 의해 일을 하지 않아도 일한 날짜에 포함이 된다.

Q&A

Q. Part-time Worker, Casual Job과 Full-time Worker이란?

A. 우선 Part-time과 Full-time은 정규직에 해당합니다. 다만 Part-time은 정해진 일정 시간만을 일하는 것이고 Full-time은 8시간, 하루 내내 일하는 것입니다. Casual은 아르바이트에 해당하는 개념으로, 일한 시간에 따라 급여를 받는 것입니다. 즉, 8시간 내내 Full-time으로 일한다 해도 시간에 따라 돈을 받는다면 이는 Casual에 해당합니다. 덧붙이자면 정규직과 아르바이트 차이이기 때문에 어쩌면 Casual이 Part-time과 Full-time보다 더 많은 돈을 벌 수도 있겠습니다만 각 직업과 상황에 따라 잘 판단해야 하겠습니다.

03 세컨 워킹홀리데이비자 직업군

다음에 포함된 일을 해야만 세컨 워킹홀리데이비자 신청이 가능하다.

• 세컨 워킹홀리데이비자 신청 가능 직업군

직업군	영문명
과수원 과일 수확	Picking fruits on an orchard
농장 사료주기와 방목일	Feeding and herding cattle on a farm
말/종마 사육	Horse breeding and stud farming
건축물 조경	Landscaping the grounds of a construction / house suite
새 건물의 내/외부 페인팅	Painting the interior / exterior of new buildings
환경보호일(재산림일 포함)	Conservation and environmental reforestation work
식물재배 및 동물원일	Zoo work involving plant or animal cultivation
건설현장에 펜스 세우기	Erecting fences on a construction site
건설현장에 골격 세우기	Scaffolding

• 세컨 워킹홀리데이비자 신청 불가능 직업군

직업군	영문명
배/보트 건조	Ship/boat building
광산회사 사회과학서비스 직업	Performing specialized social science services(such as anthropological and archaeological assessments) for mining companies
도시계획 또는 건축일	Town planning or architecture
농장 유모일	Working as a nanny on a farm
와인시음을 제공하는 셀러도어일	Working as a cellar door providing wine tasting
건설현장에서의 재료 제조 (콘크리트 굳히는 일 등)	Manufacturing materials used on a construction site(such as concrete or steel)
광산 요식/요리사일	Cooking / catering on a mine site
광산 청소담당	Cleaning the interior of mine complexes or buildings

• 세컨 워킹홀리데이비자 신청 가능한 일자리 지역 우편번호

세컨 워킹홀리데이비자의 신청 가능 지역은 호주 외곽 지역의 우편번호로 구분되며, 해당 우편번호는 다음과 같다.

주/State	우편번호/Postcode
Australian Capital Territory	The Australian Capital Territory 지역은 포함 안 됨
New South Wales	2311 to 2312 2328 to 2411

New South Wales	2420 to 2490 2536 to 2551 2575 to 2594 2618 to 2739 2787 to 2898 Note: Sydney, Newcastle, the Central Coast and Wollongong 지역은 포함 안 됨
Northern Territory	모든 Northern Territory 지역은 포함됨
Queensland	4124 to 4125 4133 4211 4270 to 4272 4275 4280 4285 4287 4307 to 4499 4510 4512 4515 to 4519 4522 to 4899 Note : the Greater Brisbane area and the Gold Coast 포함 안 됨
South Australia	모든 South Australia 지역은 포함됨
Tasmania	모든 Tasmania 지역은 포함됨
Victoria	3139 3211 to 3334 3340 to 3424 3430 to 3649 3658 to 3749 3753 3756 3758 3762 3764 3778 to 3781 3783 3797 3799 3810 to 3909 3921 to 3925 3945 to 3974 3979 3981 to 3996 Note : Melbourne metropolitan area는 포함 안 됨

　　우리는 지금 호주로 간다

Western Australia	6041 to 6044 6083 to 6084 6121 to 6126 6200 to 6799 Note : Perth and surrounding areas는 포함 안 됨

04 세컨 워킹홀리데이비자 승인

호주 내에 거주하고 첫 번째 워킹홀리데이비자 소지 상태에서 세컨 워킹홀리데이비자를 신청했다면, 비자 기간은 첫 번째 워킹홀리데이비자를 받고 호주에 입국한 날부터 2년간 유효하다.

또 호주 내에 거주하고 워킹홀리데이비자가 아닌 다른 비자를 소지하면서 세컨 워킹홀리데이비자를 신청했다면, 세컨 워킹홀리데이비자가 승인된 날짜로부터 12개월간 유효하다.

이와 달리 호주 밖에서 비자 신청을 했다면, 첫 번째 워킹홀리데이비자와 마찬가지로 비자 승인 후, 12개월 이내에 호주에 입국해야 하며, 입국 후 12개월간 비자가 유효하다.

05 세컨 워킹홀리데이비자 유의사항

첫 번째 워킹홀리데이비자 조건과 같이 한 고용주 밑에서 6개월 이상 일을 할 수 없지만 처음 워킹홀리데이비자 당시 일했던 고용주 밑에서 다시 6개월간 일할 수 있다.

해당 비자는 최대 4개월간(17주) 공부를 할 수 있으며, 신체검사를 받은지 12개월 미만이라면 신체검사가 면제되지만 12개월이 안 됐다면 검사 요청이 들어올 수 있다. 이 밖에도 개개인에 따라 자금증명 요구가 들어올 수 있으며 비자가 만기되었다면 출국해야 한다. 만약, 더 머물고 싶다면 관광비자를 제외한 다른 비자로 변경이 가능하다.

06 농장과 워킹홀리데이 및 세컨 워킹홀리데이

호주에서 워킹홀리데이를 준비하는 학생들이라면 농장이나 공장에서 일하는 계획을 한 번쯤 세워봤을 것이다. 일반적으로 워킹홀리데이 1년 비자로 생활하던 대부분의 학생들이 호주에서 좀 더 머무르기로 계획을 변경한다. 평생에 딱 한 번, 만 30살 이하에만 발급받을 수 있는 워킹홀리데이비자 1년의 기간이 만료된 이후에 1년 동안 호주에 머무를 수 있는 방법 중 하나가 세컨 워킹홀리데이비자를 발급받는 것이다.

우선 세컨 워킹홀리데이비자를 발급받기 위해서는 첫 번째 워킹홀리데이비자 1년 중 88일간 호주정부가 인정하는 지역에서 일을 해야 한다. 이민성에 88일의 의무를 다했다는 증명을 할 때는 고용주에게 받은 페이 슬립, 세금 환급기간에 고용주가 발행한 Group certificates 또는 Payment summaries, 세금 환급 후 세무서에서 받은 Tax returns, 고용주가 작성해 주는 Employer references 또는 Employment verification, 일하는 동안 주급 통장으로 사용했던 통장의 Bank statement 중 하나를 증명서로 제출해야 한다. Employment verification은 이민성 홈페이지에서 다운받을 수 있으니 다른 증명이 힘든 경우에는 서류를 다운받아 고용주에게 작성해 주기를 요청할 수도 있다.

88일의 의무 기간은 특정 지역에서 머무르는 날짜가 아니라 일하는 날짜라는 것을 기억해야 한다. 궂은 날씨 또는 개인적인 사정으로 일을 하지 못하면 첫 번째 워킹홀리데이비자가 만료되기 전까지 그 의무 기간을 채우지 못하는 상황이 발생할 수도 있기 때문이다.

사실, 현재 한국 20대 청년들 중 농촌지역 봉사활동이 아니고는 농사일을 해본 경험을 가진 학생들은 많지 않을 것이다. 그만큼 농작물에 대한 지식도 부족하리라고 생각한다. 대부분의 농장은 시급과 능력제를 병합하여 임금을 지불한다. 그러므로 농장 지역에 머무르고 있는 동안 농작물이 풍부하여 시간당 많은 양의 수확을 하는 것이 중요하다. 농장에서 생활하는 것은 생각보다 생활비 지출이 크다. 도시가 형성되지 않은 농장 지역에는 쉐어룸보다는 캐러밴을 빌려 생활한다. 정착한 농장에 수확량이 많지 않은 경우 생활비용만 지출하며 농장주가 부를 때까지 대기만 해야 하는 경우도 있으므로 사전 조사가 중요하다. 농장으로 이동을 계획하기 전에, 이동하는 지역의 작물 등을 먼저 조사하는 것이 좋다. 다음은 농장의 월별 지역 작물에 대해 요약해 놓은 것이다.

• 2월~4월

주	지역	작물
사우스 오스트레일리아	Limestone Coast / Riverland / Clare Valley / Adelaide Hills / Fleurieu Peninsula / Barossa Valley	포도, 감귤
	Adelaide Hills / Riverland / Limestone Coast	사과, 배
타즈매니아	Burnie / Meander Valley / Devonport Tamar Valley / Huon Valley	야채, 베리류(딸기, 크랜베리, 블루베리 등) 사과
	Huon Valley	베리류 (딸기, 크랜베리, 블루베리 등)
빅토리아	Yarra Valley / Shepparton Echuca / Shepparton	사과, 핵과(매실, 복숭아 등), 배
	Yarra Valley / Mildura / Robinvale / Swan Hill	포도, 감귤
	Mornington Peninsula	포도, 딸기
뉴 사우스 웨일즈	Bathurst / Orange / Tumut	사과
	Sydney Basin	사과, 핵과, 야채
	Narromine / Wentworth / Leeton / Griffith	감귤
뉴 사우스 웨일즈	Griffith / Mudgee / Hunter / Tooleybuc / Wentworth / Leeton	포도
	Griffith / Swan Hill / Leeton	핵과

퀸즐랜드 남부	Boonah / Gatton / Laidley	야채
	Caboolture	딸기 모종 심기
	Childers	아보카도 / 망고
	Chinchilla / St George	메론
	Gayndah / Gin Gin	감귤
	Sunshine Coast	생강, 파인애플
	St George	포도
퀸즐랜드 북부	Stanthorpe	사과, 야채
	Atherton / Dimbulah / Mareeba	아보카도
	Atherton / Innisfail / Mareeba / Tully	바나나
	Dimbulah / Mareeba	망고, 포포(Paw Paw)
	Mareeba	감귤

• 4월~6월

주	지역	작물
뉴 사우스 웨일즈 북부	Dubbo / Narromine / Narrabri / Moree / Mungindi / Wee Waa	목화
	Ballina / Byron Bay / Coffs Harbour	아보카도, 마카다미아
퀸즐랜드 북부	Bundaberg / Gin Gin	아보카도, 감귤
	Bundaberg / Boonah / Gatton / Laidley	야채
	Caboolture	베리류
퀸즐랜드 북부	Childers	토마토
	Mundubbera / Gayndah	감귤
	Sunshine Coast	파인애플
	Stanthorpe	사과, 야채
퀸즐랜드 북부	Ayr / Bowen	메론, 야채
	Atherton / Mareeba	아보카도
	Atherton / Innisfail / Mareeba / Tully	바나나
	Atherton	커스터드 사과
퀸즐랜드 북부	Dimbulah / Mareeba	포포(Paw Paw)
	Mareeba	감귤
뉴 사우스 웨일즈	Sydney Basin	원예, 야채, 잔디
	Ballina / Byron Bay / Coffs Harbour	아보카도, 바나나, 마카다미아

	Bundaberg / Childers / Gin Gin	아보카도
	Mundubbera / Gayndah / Gin Gin	감귤
퀸즐랜드 남부	Bundaberg / Boonah / Gatton / Laidley	야채
	Caboolture / Sunshine Coast	딸기
	Childers	토마토
	Stanthorpe	사과, 배, 포도나무 가지치기
	Ayr / Bowen	야채
퀸즐랜드 북부	Atherton / Mareeba / Innisfail	바나나, 커스타드 사과
	Dimbulah / Mareeba	포포(Paw Paw), 감귤

• 9월~11월

주	지역	작물
뉴 사우스 웨일즈	Bundaberg / Childers / Gatton / Laidley	야채
	Caboolture / Sunshine Coast	딸기, 파인애플
퀸즐랜드 남부	Childers	아보카도
	Emerald	메론
	Stanthorpe	핵과, 야채
	Ayr / Bowen	메론, 야채
퀸즐랜드 북부	Atherton / Innisfail / Mareeba / Tully / Dimbulah	바나나, 포포(Paw Paw)
	Darwin / Katherine	망고, 메론
서호주 북부	Kununurra / Carnarvon	바나나, 메론, 야채

• 12월~1월

주	지역	작물
타즈매니아	Burnie / Meander Valley / Devonport	야채, 베리류
	Tamar Valley / Huon Valley	체리, 베리류
	Bundaberg / Childers	망고
퀸즐랜드 서부	Bundaberg / Childers / Gatton / Laidley	야채
	Childers / Gin Gin	아보카도, 감귤
	Chinchilla / St George	메론
퀸즐랜드 서부	St George	포도
	Stanthorpe	핵과, 야채,
퀸즐랜드 북부	Ayr / Bowen	망고
	Atherton / Innisfail / Mareeba / Tully	바나나

퀸즐랜드 북부	Dimbulah	망고, 리치
	Dimbulah / Mareeba	포포, 감귤, 파인애플
서호주 북부	Carnarvon	바나나, 메론, 야채
서호주 남부	Albany / Mount Barker	딸기
	Perth Hills	핵과, 사과, 배
	Mount Barker	체리
	Denmark / Manjimup	블루베리, 야채
뉴 사우스 웨일즈 북부	Byron Bay / Coffs Harbour	블루베리, 바나나

마지막으로 세컨 워킹홀리데이비자를 받기 위해 일을 하러 도시를 떠나게 되는 경우 반드시 한국에 계신 부모님 또는 친구들에게 연락을 하자. 일하는 곳에 도착해서 이메일 또는 전화로 연락을 하겠다는 생각으로 그냥 외곽 지역으로 떠나는 경우가 있다. 호주의 외곽 지역은 인터넷이 안 되는 지역도 있고, 핸드폰 연결이 불가능한 지역도 있다. 도시를 떠나기 전에 꼭 한국에 계시는 부모님 또는 친구들에게 연락을 하고 떠나도록 한다.

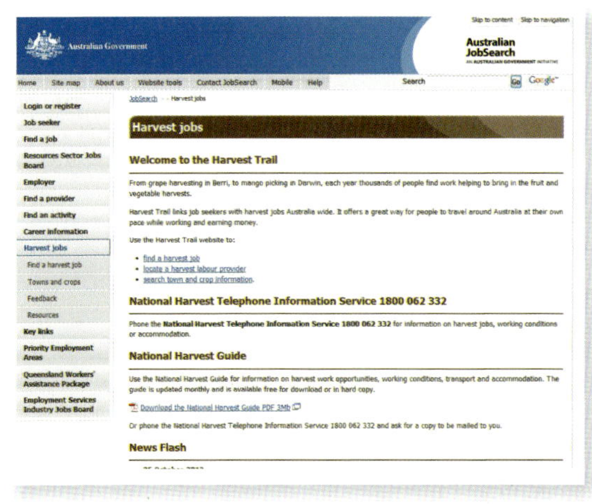

07 호주 현지에서 일을 한다면 꼭 필요한 택스 파일 넘버

호주에서 경제활동을 하는데 가장 필요한 것이 택스 파일 넘버(Tax File Number, TFN)로, 현지에서 개인의 세금 등록 번호를 받는 것이다.

호주에서 일을 하게 되면 고용주는 직원에게 임금을 줄뿐만 아니라, 연금과 함께 호주 세무서에 세금을 지불해야 하므로 일을 시작하면서 TFN을 고용주에게 제출한다. 1년 동안의 수입이 $18,200을 넘지 않는 경우 모든 세금을 환급받을 수 있으므로 7월부터 10월까지의 세금 환급 기간을 놓치지 말아야 한다.

TFN은 호주의 세무서인 Australian Taxation Office(ATO) 홈페이지(www.ato.gov.au)에서 신청할 수 있다. 그렇다면 지금부터 홈페이지에서 TFN을 신청하는 방법을 살펴보자.

01 홈페이지 메인 화면의 왼편에서 사진의 순서대로 메뉴를 선택한다.

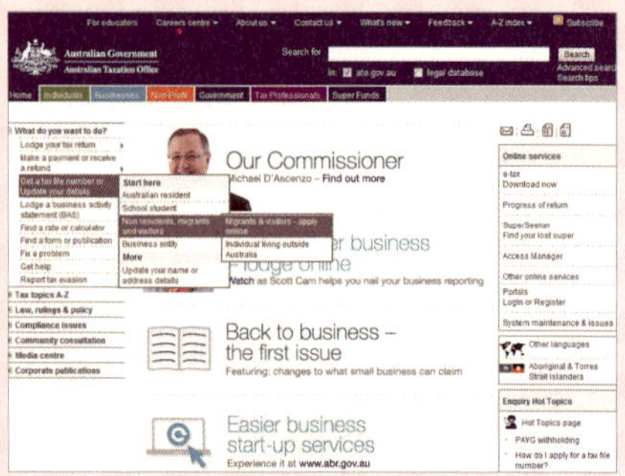

02 다음 화면에서는 그림에서 보라색으로 선택된 [Permanent migrants or temporary visitors – Apply online]을 클릭하여 신청을 시작한다.

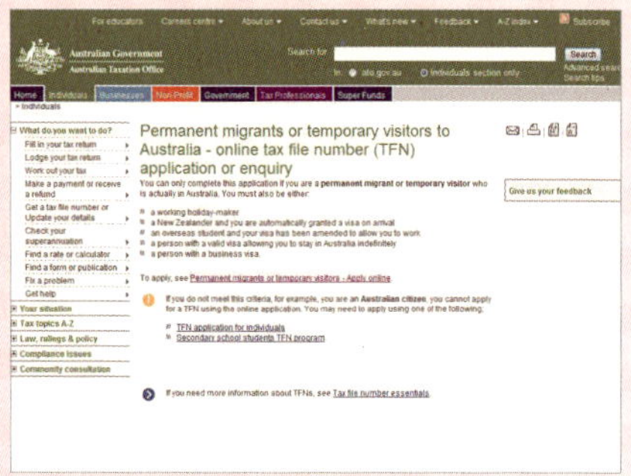

03-1 다음 화면은 TFN에 대한 간략한 설명이다. 호주 국적이 아닌 경우, 현재 가지고 있는 비자의 조건이 호주 내에서 일하는 것을 허락해야 TFN을 신청할 수 있다고 설명하고 있다. 그러므로 가디언 비자인 경우에는 TFN을 신청할 수 있는 자격이 되지 않는다.

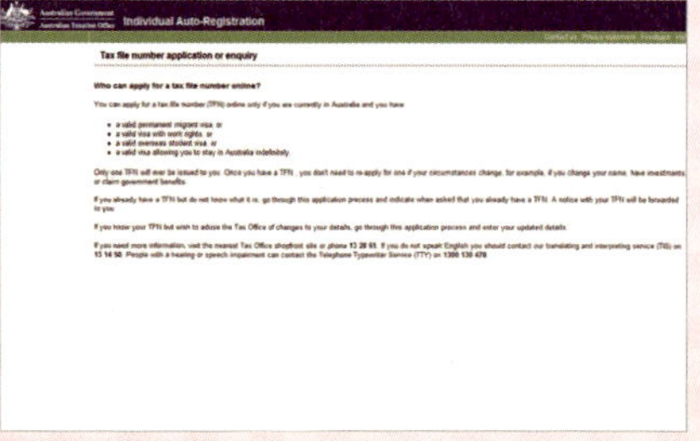

03-2 본격적으로 TFN 신청을 시작하기 전 개인 정보 수집에 대한 동의를 해야 한다. 동의하는 경우 [Next]를 누르고 다음 페이지로 넘어가도록 한다.

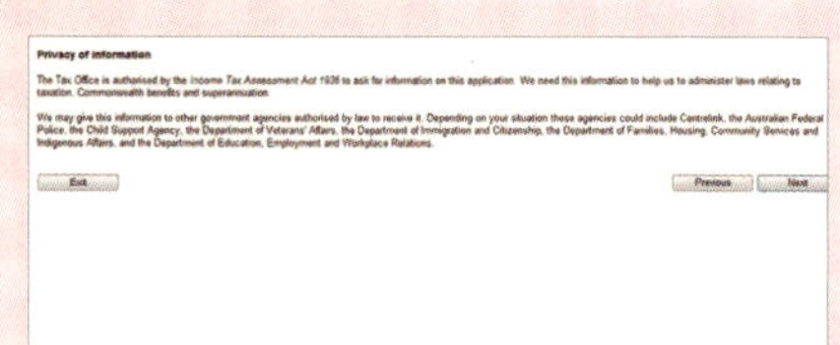

04 다음 내용은 TFN을 신청하는 것이 맞는지 확인하고 있다. [Next]를 눌러 다음을 진행한다.

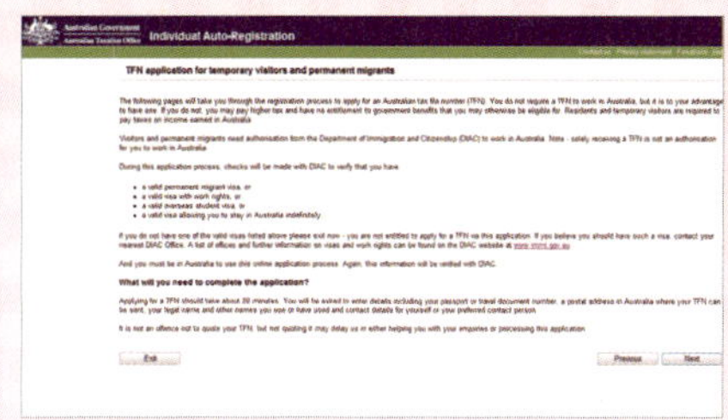

05 여권정보를 등록해야 한다. 여권번호를 입력하고 다음 항목에는 여권을 발급한 국가를 선택하도록 한다. 한국의 경우 [Republic of Korea]를 선택하면 된다. 마지막 항목은 이전에 호주를 방문한 적이 있는지 묻고 있으므로 [예] 또는 [아니오]를 선택하고 [Next]를 누른다.

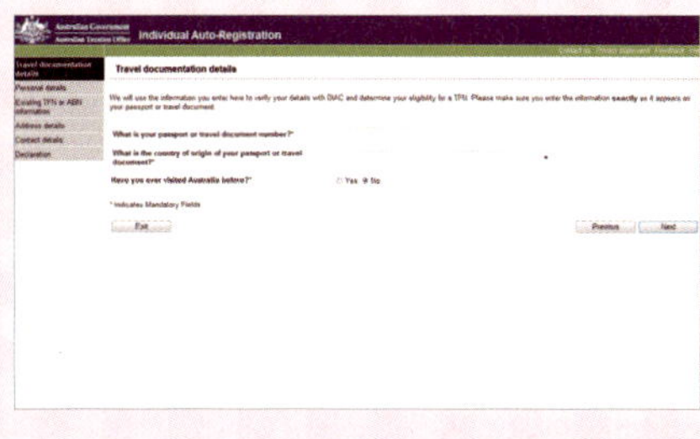

06 개인 정보를 입력하는 페이지이다. [Title]은 보통 [Mr / Miss / Ms] 중에 선택한다. [Surname or family name]은 '성'을, [First given name]은 이름을 여권과 동일하게 입력한다. [Other given name]은 여권에 명시된 이름과 다르게 사용하는 이름이 있는 경우 입력한다. [Other given name]을 입력한 경우 'Are you, or have you been known by any other names?'라는 질문에 [Yes]라고 대답해야 한다. 다음 질문은 생일이다. 호주의 날짜 기입방법은 일/월/년 순이라는 것을 유념해야 한다. 예를 들어 1992년 1월20일인 경우 20/01/1992 가 된다. 다음 질문에는 남자인 경우 Male, 여자인 경우 Female에 체크를 한다. 다음 내용은 기혼자에게만 해당하므로 배우자가 있는 경우 배우자의 정보를 입력한다.

07 기존에 TFN을 보유하고 있는지를 묻고 있다. 위에서부터 TFN 또는 ABN 신청서를 제출한 적이 있는지, TFN 또는 ABN을 발급받은 적이 있는지, 있다면 기존에 가지고 있던 TFN 또는 ABN이 무엇인지를 묻고 있다. ABN은 사업체에게 발급되는 세금 등록 번호이다.

지금 신청하는 것이 처음이라면 [No]라고 대답하면 된다. 아래 두 항목은 호주에서 세금환급을 신청한 적이 있는지, 호주에 재산을 소유하고 있거나 사업을 하고 있는지 묻고 있다. [Yes] 또는 [No]라고 대답한 후 [Next]를 누른다.

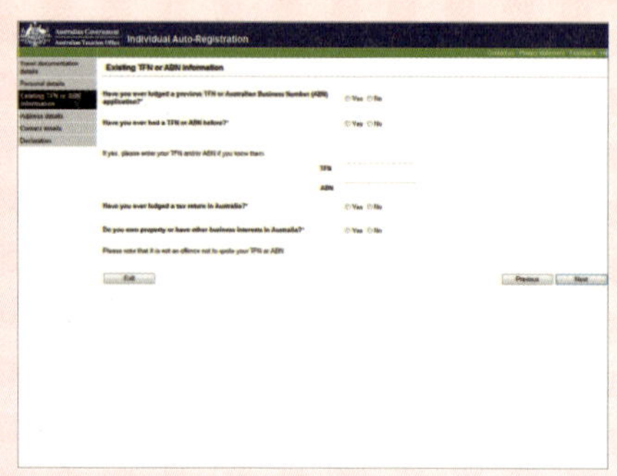

08 호주 내 거주지의 주소를 적는다. Town 또는 Suburb는 동네 이름이다. TFN은 온라인으로 신청하고 바로 발급되는 것이 아니다. 신청 후 한 달 이내로 우편으로 번호가 발송되니 정확한 주소를 입력해야 한다. 위에 적은 주소로 우편을 받을 거라면 'Is your current home address the same as your postal address?'라는 질문에 [Yes]를 선택하고 아니면 [No]라고 대답하고 우편을 받을 주소를 아래에 다시 기입한다. 차후에 호주 세무서에 문의사항이 있는 경우 본인 확인을 위해 주소를 물어보는 경우가 많으니 TFN 신청 시, 입력한 주소를 잘 기억하고 있어야 한다.

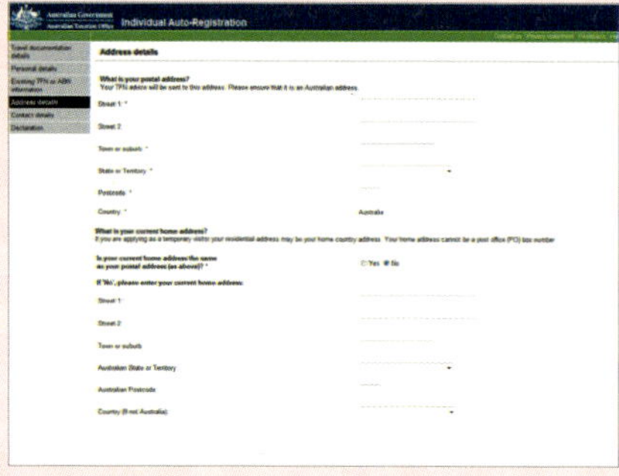

09 다음은 전화번호와 이메일 주소를 물어보고 있다. 제일 위에 Yes / No 질문은 ATO가 필요 시, 본인 이외에 호주에 거주하고 있는 다른 친구나 친척과 연락하기를 원하는가? 이다. [Yes]를 선택하는 경우 아래 옵션 창에서 그 이유를 선택한다. 아래 [Contact name]에 연락 받는 사

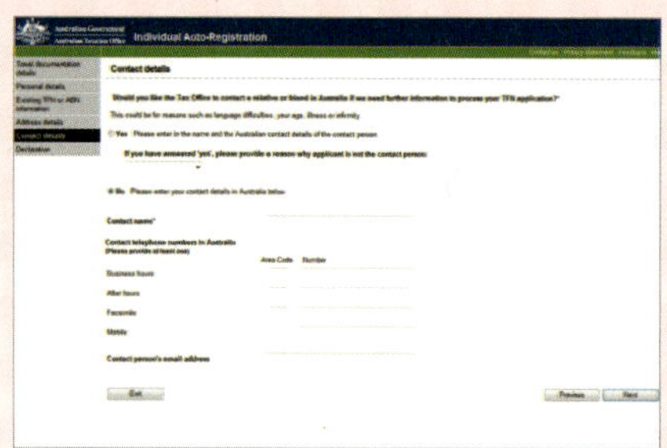

람의 이름을 기입한다. 전화번호는 회사
번호, 집 전화 번호, 팩스, 휴대폰 중 한가
지만 입력하면 된다. 마지막으로 이메일
주소를 입력한다. ATO는 거의 모든 경우
전화보다는 이메일을 통해 연락하므로 자
주 사용하는 이메일 주소를 정확히 입력
해야 한다.

10 모든 정보를 거짓말 없이 정확하
게 입력했다는 것을 확인하는 단계이므로
[Submit]을 눌러 완료하도록 한다.

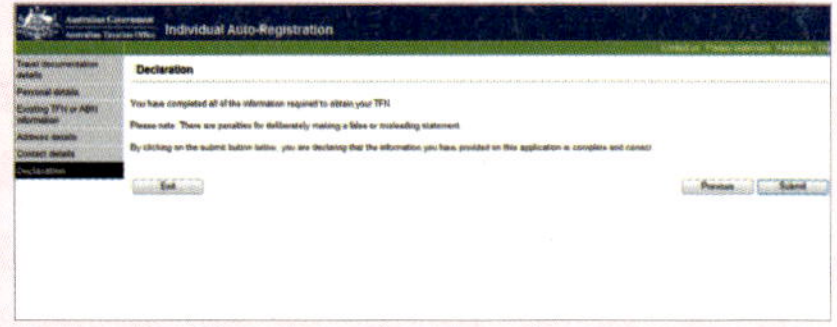

11 ATO에서는 정식 TFN이 발급되기
전에 임시번호를 발급한다. 정식 TFN을
받기 전에 일을 시작하게 되었다면 고용
주에게 이 임시번호를 제출해도 된다. 하
지만 TFN이 발급되면 정식번호를 다시
제출해야 한다.

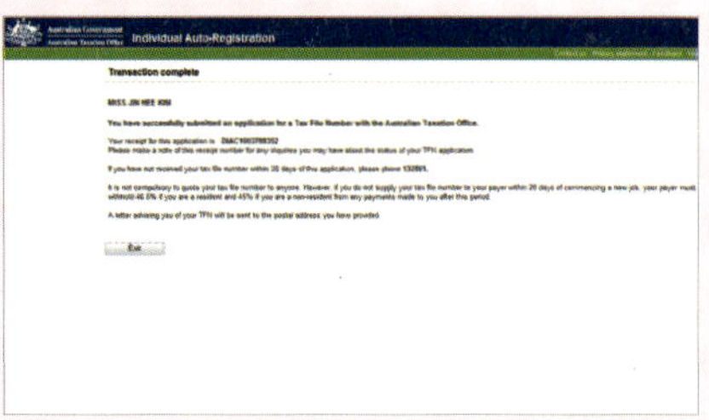

호주 관공서의 일 처리는 한국처럼 빠르거나 깔끔하지 않다. 그러므로 만약을 대비하여
관공서에서 받은 서류는 보관하는 것이 좋다.

또 ATO에서 받은 편지뿐만 아니라 세금 환급 기간에 Tax return을 신청하려면 고용주에
게 받는 Pay summary도 보관하라. 세금 환급 신청 시, 1년 동안 내가 받은 총수입과 이에
따라 고용주가 지불한 세금의 총합도 알고 있어야 하기 때문이다. 6월이 되면 모든 고용
주는 법에 따라 직원들에게 PAYG라는 것을 발급하여 총임금과 세금을 알려주지만 중간에
주소가 변경되거나 일하던 사업체가 문을 닫는 경우 등 만일에 대비하여 한 달에 한 번 받
는 Pay summary를 가지고 있는 것이 좋다.

THEME 04. 관광비자(E-VISA, ETA)

01 관광비자 신청 자격

대한민국 국적이라면, 3개월간 호주에서 머물 수 있는 관광비자, E-VISA(ETA)가 발급된다. E-VISA는 대부분 항공권 발급과 함께 자동으로 발급되며, 관광비자로 호주에 입국할 때는 반드시 출국할 수 있는 항공권이 있어야 하니 반드시 왕복항공권을 구입해야 한다. E-VISA는 반드시 호주 밖에서만 받을 수 있으며, 비자 신청비는 무료이다.

02 관광비자 특이사항

관광비자는 3개월간 여행하는 것뿐만 아니라, 12주간 호주 내에서 공부를 할 수 있다. 단, 학업 기간이 12주 미만이어야 한다. 또 관광비자는 호주 내에서 일을 할 수 없으며, 자원봉사일 역시 제한적으로만 가능하다.

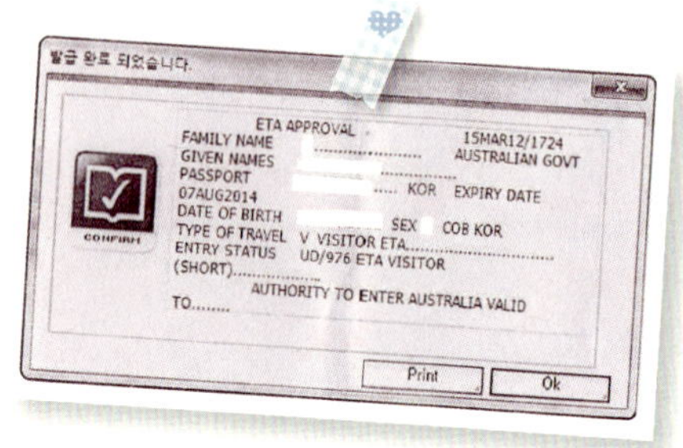

THEME 01. 여권 종류와 구비 서류

여권의 종류는 사진부착형식에 따라, 여권의 성격에 따라 그 종류가 구분된다. 여권의 각 형태를 살펴보고 출국자의 특성과 목적에 알맞은 여권을 선택해 구비서류를 준비하여 신청하는 것이 좋다.

01 여권의 종류

각 여권의 종류를 간략하게 살펴보면 다음과 같다.

사진부착형식	
전자여권	**사진부착식여권**
• 사진전자인쇄식 • 여권에 IC칩으로 정보기록	• 사진부착식 • 사증란을 이용해서 정보기록
2008년 이후부터 사진부착식여권 대신 전자여권 형태로 발급하고 있다.	

여권의 성격에 따른 구분		
일반여권	**거주여권**	**판용, 외교관여권**
일반적으로 우리가 가지고 있는 여권	영주권 취득자, 해외 장기 거주자 소지 여권	공무원 등이 공무상 국외 여행하는 경우에 발급되는 여권

일반여권	
단수여권	**복수여권**
여권 유효 기간 내에 한 번의 입출국 가능	여권 유효 기간 내에 입출국의 제한이 없음

일반적으로 일반여권은 유효 기간 내에 해외입출국 제한이 없는 복수여권으로 발급을 하면 된다.

 구비서류 및 수수료

여권을 신청할 때 준비되어 있어야 할 서류는 5가지이다. 구청에 비치되어 있는 여권발급 신청서, 6개월 이내 촬영한 여권용 사진 1매와 사진이 부착되어 있는 신청자 본인 신분증(운전면허증도 가능), 병역관계가 있는 사람이라면 병역관련서류와 수수료를 준비하면 된다.

	기간	수수료
단수여권	1년	20,000원
복수여권	5년 미만	15,000원
	5년	35,000원
	–	47,000원
	5년 이상~10년	55,000원
여행증명서	–	12,000원
기타 사항 변경	–	5,000원

03 **전국 여권 발급처**

• **서울특별시**

발급처	주소	문의전화
강남구청 민원여궈과	서울시 강남구 학동로	02-2104-2266~7
강동구청 민원여권과 (강동구의회)	서울시 강동구 성내로	02-479-0130
강북구청 민원여권과	서울시 강북구 도봉로	02-901-6272
강서구청 민원여권과	서울시 강서구 화곡로	02-2600-6120
관악구청 민원여권과	서울시 관악구 관악로	02-880-3201
광진구청 민원여권과	서울시 광진구 자양로	02-450-1450~1
구로구청 민원여권과	서울시 구로구 가마산로	02-860-2219
금천구청 민원여권과	서울시 금천구 시흥대로	02-2627-2435~7
노원구청 민원여권과	서울시 노원구 노해로	02-2116-3282~4
도봉구청 민원여권과	서울시 도봉구 마들로	02-2289-8751
동대문구청 민원여권과	서울시 동대문구 천호대로	02-2127-4688
동작구청 민원여권과	서울시 동작구 장승배기로	02-820-9274
마포구청 민원여권과	서울시 마포구 월드컵로	02-3153-8481~4
서대문구청 민원여권과	서울시 서대문구 연희로	02-330-8612
서초구청 OK 민원여권과	서울시 서초구 남부순환로	02-2155-6350~3
성동구청 민원여권과	서울시 성동구 고산자로	02-2286-5248
성북구청 미원여권과	서울시 성북구 보문로	02-920-4400

송파구청 민원여권과	서울시 송파구 올림픽로	02-2147-2330
양천구청 민원여권과	서울시 양천구 목동동로	02-2620-4359~66
영등포구청 민원여권과	서울시 영등포구 당산로	02-2670-3151~3
외교통상부 여권과	서울시 종로구 사직로	02-720-4956
용산구청 민원여권과	서울시 용산구 녹사평대로	02-2199-6580
은평구청 민원여권과	서울시 은평구 은평로	02-351-6432
종로구청 민원여권과	서울시 종로구 삼봉로	02-2148-1902~8
중구청 민원여권과	서울시 중구 창경궁로	02-3396-4790
중랑구청 민원여권과	서울시 중랑구 봉화산로	02-2094-0603

● 인천광역시

발급처	주소	문의전화
강화군청 민원지적과	인천광역시 강화군 강화읍	032-930-3051
계양구청 민원여권과	인천광역시 계양구 계산새로	032-450-6713
남구청 민원여권과	인천광역시 남구 독정이로	032-880-7384
남동구청 민원봉사과	인천광역시 남동구 소래로	032-453-2290
동구청 민원봉사과	인천광역시 동구 금곡로	032-770-6330
부평구청 민원여권과	인천광역시 부평구 부평대로	032-509-6331~3
서구청 민원봉사과	인천광역시 서구 서곶로	032-560-4986
연수구청 민원지적과	인천광역시 연수구 원인재로	032-810-7795~8
인천광역시청 시민봉사과	인천광역시 남동구 정각로	032-440-2470
중구청 민원지적과	인천광역시 중구 신포로	032-760-7550~0603

● 부산광역시

발급처	주소	문의전화
강서구청 민원봉사과	부산광역시 강서구 낙동북로	051-970-4021
금정구청 민원봉사과	부산광역시 금정구 중앙대로	051-519-4231~7
기장구청 민원봉사과	부산광역시 기장군 기장읍	051-709-4261
남구청 민원여권과	부산광역시 남구 못골로	051-607-4871~7
동구청 민원봉사과	부산광역시 동구 구청로	051-440-4732
동래구청 민원여권과	부산광역시 동래구 명륜로	051-550-4781
부산광역시청 시민봉사과	부산광역시 연제구 중앙대로	051-888-3566
부산진구청 민원여권과	부산광역시 부산진구 시민공원로	051-605-6204~7
북구청 민원봉사과	부산광역시 북구 낙동대로	051-309-4291

사상구청 종합민원과	부산광역시 사상구 학감대로	051-310-4481
사하구청 민원여권과	부산광역시 사하구 낙동대로	051-220-4812
서구청 민원봉사과	부산광역시 서구 구덕로	051-240-4281~7
수영구청 민원여권과	부산광역시 수영구 남천동로	051-610-4681~4
연제구청 민원여권과	부산광역시 연제구 연제로	051-665-4281
영도구청 민원봉사과	부산광역시 영도구 태종로	051-419-4701~3
중구청 민원봉사과	부산광역시 중구 중구로	051-600-4612
해운대구청 민원여권과	부산광역시 해운대구 중동2로	051-749-5611

• 광주광역시

발급처	주소	문의전화
광산구청 민원봉사과	광주광역시 광산구 광산로	062-960-8219
광주광역시청 시민소통과	광주광역시 서구 내방로	062-613-2965~8
남구청 민원봉사과	광주광역시 남구 제석로	062-650-7378
동구청 민원봉사과	광주광역시 동구 서남로	062-608-2391~2
북구청 민원봉사과	광주광역시 북구 우치로	062-410-6244
서구청 민원봉사과	광주광역시 서구 경열로	062-360-7416

• 대구광역시

발급처	주소	문의전화
달서구청 종합민원과	대구광역시 달서구 학산로	053-667-3241
달성군청 종합민원과	대구광역시 달성군 논공읍	053-668-2312
대구광역시청 시민봉사과	대구광역시 중구 공평로	053-803-2891
동구청 민원봉사과	대구광역시 동구 아양로	053-662-2081
북구청 민원봉사과	대구광역시 북구 옥산로	053-665-2270
서구청 종합민원과	대구광역시 서구 국채보상로	053-663-2314
수성구청 OK민원팀	대구광역시 수성구 달구벌대로	053-666-4651~2

• 대전광역시

발급처	주소	문의전화
대덕구청 민원지적팀	대전광역시 대덕구 대전로	042-608-6251
대전광역시청 시민협력과	대전광역시 서구 둔산로	042-600-2379
동구청 민원봉사과	대전광역시 동구 중앙로	042-250-1383
서구청 민원봉사과	대전광역시 서구 둔산서로	042-611-6174

| 유성구청 구민봉사실 | 대전광역시 유성구 대학로 | 042-611-2994 |
| 중구청 민원봉사과 | 대전광역시 중구 중앙로 | 042-606-6242 |

• 울산광역시

발급처	주소	문의전화
동구청 민원봉사과	울산광역시 동구 봉수로	052-209-3908~9
북구청 민원지적과	울산광역시 북구 산업로	052-219-7285
울산광역시청 자치행정과	울산광역시 남구 중앙로	052-229-2592

• 경기도

발급처	주소	문의전화
가평군청 민원봉사과	경기도 가평군 가평읍	031-580-2133
경기도청 언제나민원실	경기도 수원시 팔달구 효원로	031-249-3177
경기도청 북부청사 기획행정실	경기도 의정부시 청사로	031-850-2252~8
고양시 일산동구청 여권민원실	경기도 고양시 덕양구 고양시청로	031-909-9000
과천시청 민원봉사과	경기도 과천시 관문로	02-3677-2139
광명시청 민원지적과	경기도 광명시 시청로	02-2680-6453
광주시청 민원지적과	경기도 광주시 행정타운로	031-760-2802
구리시청 민원봉사과	경기도 구리시 아차산로	031-550-2308
군포시청 민원봉사과	경기도 군포시 청백리길	031-390-0137
김포시청 시민봉사과	경기도 김포시 사우중로	031-980-2700
남양주시청 여권민원팀	경기도 남양주시 경춘로	031-590-8711~7
동두천시청 민원봉사과	경기도 동두천시 방죽로	031-860-2687
부천시청 민원여권과	경기도 부천시 원미구 길주로	032-320-3000
성남시청 민원여권과	경기도 성남시 중원구 성남대로	031-729-2381
시흥시청 민원지적과	경기도 시흥시 시청로	031-310-2158
안산시청 자치행정과	경기도 안산시 단원구 화랑로	031-481-2983
안성시청 토지민원과	경기도 안성시 시청길	031-678-3284~5
안양시청 시민봉사과	경기도 안양시 동안구 시민대로	031-8045-2586~7
양주시청 민원봉사과	경기도 양주시 부흥로	031-8082-5408
양평군청 종합민원과	경기도 양평군 양평읍	031-770-2042
여주군청 민원봉사과	경기도 여주군 여주읍 세종로	031-887-2163
연천군청 고객지원과	경기도 연천군 연천읍 연천로	031-839-2134
오산시청 민원토지과	경기도 오산시 성호대로	031-371-4711

용인시청 민원여권과	경기도 용인시 처인구 중부대로	1577-1122
의왕시청 민원봉사과	경기도 의왕시 시청로	031-345-2317
이천시청 민원봉사과	경기도 이천시 부악로	031-644-2123
파주시청 민원봉사과	경기도 파주시 시청로	031-940-5801
평택시청 민원토지관리과	경기도 평택시 경기대로	031-8024-2823~4
포천시청 민원과	경기도 포천시 중앙로	031-538-3137
하남시청 종합민원과	경기도 하남시 대청로	031-790-6764
화성시청 민원봉사과	경기도 화성시 시청로	031-369-3533

• 강원도

발급처	주소	문의전화
강릉시청 민원지적과	강원도 강릉시 강릉대로	033-640-5623, 5628
강원도청 총무과	강원도 춘천시 중앙로	033-249-2272
고성군청 고객봉사과	강원도 고성군 간성읍	033-680-3258
동해시청 고객봉사과	강원도 동해시 천곡로	033-530-2284
삼척시청 민원봉사과	강원도 삼척시 중앙로	033-570-3761
속초시청 민원봉사과	강원도 속초시 중앙로	033-639-2065
양구군청 민원봉사과	강원도 양구군 양구읍	033-480-2200
양양군청 민원봉사과	강원도 양양군 양양읍	033-670-2185
영월군청 민원봉사과	강원도 영월군 영월읍	033-370-2243
원주시청 민원과	강원도 원주시 시청로	033-737-2492
인제군청 민원봉사과	강원도 인제군 인제읍	033-460-2031
정선군청 민원봉사과	강원도 정선군 정선읍	033-560-2247
철원군청 민원봉사과	강원도 철원군 갈말읍	033-450-4771
태백시청 민원봉사과	강원도 태백시 태붐로	033-550-2059
평창군청 민원봉사과	강원도 평창군 평창읍	033-330-2243
홍천군청 허가민원과	강원도 홍천군 홍천읍	033-430-2266
화천군청 민원봉사과	강원도 화천군 화천읍	033-440-2241
횡성군청 종합민원실	강원도 횡성군 횡성읍	033-340-2491
환동해출장소 기획총괄과	강원도 강릉시 주문진읍	033-660-8312

• 충청도

발급처	주소	문의전화
계룡시청 시민봉사과	충남 계룡시 장안로	042-840-2811
공주시청 시민봉사과	충남 공주시 봉황로	041-840-8185
괴산군청 민원과	충북 괴산군 괴산읍	043-830-3482
금산군청 종합민원실	충남 금산군 금산읍	041-750-2271
논산시청 원스톱민원과	충남 논산시 시민로	041-730-3243
단양군청 민원봉사과	충북 단양군 단양읍	043-420-2451
당진시청 민원처리과	충남 당진시 시청1로	041-350-3528~9
보령시청 허가민원과	충남 보령시 성주산로	041-930-3884
보은군청 민원과 (보은읍사무소)	충북 보은군 보은읍	043-540-3053
부여군청 민원봉사과	충남 부여군 부여읍	041-830-2075
서산시청 민원처리과	충남 서산시 관아문길	041-660-2725
서천군청 열린민원실	충남 서천군 서천읍	041-950-4362
세종시청 세종민원실	세종특별자치시 조치원읍	044-211-3261~4
아산시청 민원위생과	충남 아산시 시민로	041-540-2809
영동군청 민원과	충북 영동군 영동읍	043-740-3110
예산군청 민원봉사과	충남 예산군 예산읍	041-339-7159~60
옥천군청 종합민원과	충북 옥천군 옥천읍	043-730-3125
음성군청 종합민원과	충북 음성군 음성읍	043-871-3238
제천시청 민원지적과	충북 제천시 내토로	043-641-4923
증평군청 민원과	충북 증평군 증평읍	043-835-3416
진천군청 종합민원과	충북 진천군 진천읍	043-539-3081
천안시청 종합민원실	충남 천안시 서북구	1577-3900
청양군청 민원봉사실	충남 청양군 청양읍	041-940-2142
청주시 흥덕구청 민원봉사과	충북 청주시 흥덕구	043-200-8127
충주시청 종합민원실	충북 충주시 으뜸로	043-850-5416~8
충청남도청 총무과	대전광역시 중구 중앙로	042-220-3078
충청북도청 자치행정과	충북 청주시 상당구	043-220-2734~6
태안군청 민원봉사과	충남 태안군 태안읍	041-670-2243
홍성군청 종합민원실	충남 홍성군 홍성읍	041-630-1249

발급처	주소	문의전화
강진군청 민원팀	전남 강진군 강진읍	061-430-3374
고창군청 민원봉사과	전북 고창군 고창읍	063-560-2200
고흥군청 종합민원실	전남 고흥군 고흥읍	061-830-5892
곡성군청 민원과	전남 곡성군 곡성읍	061-360-8323
광양시청 민원지적과	전남 광양시 시청로	061-797-2248
구례군청 민원봉사과	전남 구례군 구례읍	061-780-2701
군산시청 민원봉사과	전북 군산시 시청로	063-450-4150
김제시청 민원소통과	전북 김제시 중앙로	063-540-3247
나주시청 종합민원과	전남 나주시 시청길	061-339-8786~7
남원시청 민원과	전북 남원시 시청로	063-620-6101
담양군청 민원봉사과	전남 담양군 담양읍	061-380-3235
목포시청 민원봉사실	전남 목포시 양을로	061-270-3384
무주군청 민원봉사과	전북 무주군 무주읍	063-320-2243
보성군청 민원봉사과	전남 보성군 보성읍	061-850-5257
부안군청 종합민원실	전북 부안군 부안읍	063-580-4247
순창군청 민원봉사과	전북 순창군 순창읍	063-650-1282
여수시청 민원지적과	전남 여수시 시청로	061-690-2190
영광군청 종합민원과	전남 영광군 영광읍	061-350-5247
영암군청 종합민원과	전남 영암군 영암읍	061-470-2249
완도군청 민원봉사과	전남 완도군 완도읍	061-550-5356
익산시청 종합민원과	전북 익산시 인북로	063-859-5359
임실군청 민원봉사과	전북 임실군 임실읍	063-640-2303
장성군청 민원봉사과	전남 장성군 장성읍	061-390-7735
장수군청 민원과	전북 장수군 장수읍	063-350-2661
장흥군청 민원처리과	전남 장흥군 장흥읍	061-860-0243
전라남도청 종합민원실	전남 무안군 삼향읍	061-286-2315~8
전라북도청 국제협력과	전북 전주시 완산구	063-280-2252
정읍시청 종합민원과	전북 정읍시 충정로	063-539-5347
진도군청 민원봉사과	전남 진도군 진도읍	061-540-3333
진안군청 민원봉사과	전북 진안군 진안읍	063-430-2247
함평군청 민원봉사과	전남 함평군 함평읍	061-320-3262
해남군청 종합민원과	전남 해남군 해남읍	061-530-5242
화순군청 종합민원과	전남 화순군 화순읍	061-379-3460

발급처	주소	문의전화
거제시청 민원지적과	경남 거제시 계룡로	055-639-3186
거창군청 민원봉사과	경남 거창군 거창읍	055-940-3298
경산시청 종합민원과	경북 경산시 남매로	053-810-5677
경상남도청 종합민원실	경남 창원시 의창구	055-211-6114
경상북도청 새마을봉사과	대구광역시 북구 연암로	053-950-2253
경주시청 시민봉사과	경북 경주시 양정로	054-779-6936
고령군청 민원과	경북 고령군 고령읍	054-950-6143
고성군청 종합민원실	경남 고성군 고성읍	055-670-2157
구미시청 민원실	경북 구미시 송정대로	054-480-5635
군위군청 민원봉사과	경북 군위군 군위읍	054-380-6141
김천시청 종합민원처리과	경북 김천시 시청1길	054-420-6396
김해시청 허가민원과	경남 김해시 김해대로	055-330-4808
남해군청 종합민원실	경남 남해군 남해읍	055-860-3004
문경시청 종합민원실	경북 문경시 당교로	054-550-6105
밀양시청 민원봉사과	경남 밀양시 밀양대로	055-359-5223
봉화군청 종합민원과	경북 봉화군 봉화읍	054-679-6242
사천시청 민원지적과	경남 사천시 용현면	055-831-2981
산청군청 민원과	경남 산청군 산청읍	055-970-6366
상주시청 민원봉사팀	경북 상주시 상산로	054-537-7736
성주군청 민원봉사과	경북 성주군 성주읍	054-930-6141~2
안동시청 종합민원실	경북 안동시 퇴계로	054-840-6881
양산시청 민원지적과	경남 양산시 중앙로	055-392-2431~3
영덕군청 종합민원처리과	경북 영덕군 영덕읍	054-730-6144
영양군청 민원봉사과	경북 영양군 영양읍	054-680-6142
영주시청 민원과	경북 영주시 시청로	054-639-6547
영천시청 민원과	경북 영천시 시청로	054-330-6142
예천군청 종합민원과	경북 예천군 예천읍	054-650-6921
울릉군청 자치행정과	경북 울릉군 울릉읍	054-790-6147
울진군청 민원실	경북 울진군 울진읍	054-789-6633
의령군청 민원봉사실	경북 의령군 의성읍	055-570-2150
의성군청 민원과	경북 의성군 의성읍	054-830-6143
진주시청 민원봉사과	경남 진주시 동진로	055-749-2115

창녕군청 민원봉사과	경남 창녕군 창녕읍	055-530-1324
창원시 마산합포구청 민원지적과	경남 창원시 마산합포구	055-220-4117~8
창원시 진해구청 민원지적과	경남 창원시 진해구	055-548-4177
청도군청 민원과	경북 청도군 화양읍	054-370-6142
청송군청 민원봉사과	경북 청송군 청송읍	054-870-6147
칠곡군청 민원봉사과	경북 칠곡군 왜관읍	054-979-6282
통영시청 민원지적과	경남 통영시 통영해안로	055-650-4815
포항시청 새마을평생학습과	경북 포항시 남구	054-270-2906
하동군청 민원과	경남 하동군 하동읍	055-880-2077
함안군청 민원봉사과	경남 함안군 가야읍	055-580-2231
함양군청 민원과	경남 함양군 함양읍	055-960-5131
합천군청 종합민원실	경남 합천군 합천읍	055-930-3197

• 제주도

발급처	주소	문의전화
서귀포시청 종합민원실	서귀포시 중앙로	064-760-2128
제주특별자치도청 자치행정과	제주시 문연로	064-710-2173

04 여권 사진 유의사항

여권 사진은 가로 3.5cm, 세로 4.5cm 크기의 6개월 이내 촬영된 사진만 허용된다. 이때 사진의 바탕색은 흰색으로 된 것을 기준으로 다음과 같은 몇 가지 규칙을 지켜야 한다.

• 사진 품질

사진은 복사하거나 포토샵으로 수정된 사진, 훼손되거나 초상화 사진 및 즉석사진과 개인 촬영 디지털 사진도 불가하다.

• 사진 속 얼굴 비율

사진 속에 나타나는 얼굴이 지나치게 확대되거나 혹은 축소 또는 인물의 윗부분이 잘리거나 아랫부분이 잘리는 경우 불가하다.

• 사진 속 얼굴 방향과 어깨선

사진 속의 얼굴과 시선은 정면을 바라보고 있어야 하며 한쪽으로 기울어지거나 위아래를 바라보고 있는 사진 역시 여권사진으로 부적합하다. 인물의 양어깨가 나오되, 나란히 위치하고 있어야 한다.

• **눈동자와 표정처리**

빛에 의해 눈동자에 적목현상이 나타나거나 컬러렌즈 착용도 여권사진에는 부적합하다. 이 밖에도 자연스러운 표정처리를 해야하며 입을 벌리거나 지나친 웃음과 윙크 등은 불가하다.

• **의상과 머리 모양 및 액세서리 착용**

촬영 대상자는 제복 의상 착용이 금지되어 있으며 종교인에 한해 종교의상과 공무여권 신청 시에는 제복 착용이 허용된다. 머리 모양은 귀 부분이 노출되어 얼굴 윤곽이 드러나야 하고 모자와 머플러 착용으로 얼굴이 가려지는 사진은 불가하다. 덧붙여 선글라스나 착용한 안경으로 인해 눈이 가려지는 사진도 불가하다. 안경을 쓸 때는 가급적 얇은 테의 안경을 쓰도록 한다.

• **배경과 조명**

야외를 배경으로 촬영하거나 배경에 그림자와 반사가 없는 배경에서 사진을 찍되 초점이 명확하고 얼굴에 그림자 현상이 없도록 조절한 조명에서 사진을 촬영하도록 한다.

05 여권 신청 절차

여권을 신청하기 위한 모든 서류가 갖춰졌다면 다음 단계는 여권 신청의 절차다. 지금부터는 종로구청을 예로 들어 여권 신청 절차를 이미지를 통해 알아보도록 한다.

01 여권 신청이 가능한 구청으로 거주지 근처에 있는 종로구청을 찾았다. 바로 이곳이 종로구청의 입구!

02 종로구청에서는 제1별관 종합민원
실로 들어가면 된다.

03 4층으로 가면 이미지와 같이 크게
여권 발급 절차 안내에 대한 설명이 표로
붙어 있다.

04 발급 신청서를 받아서 책상 위에
있는 보기를 따라 작성하면 된다.

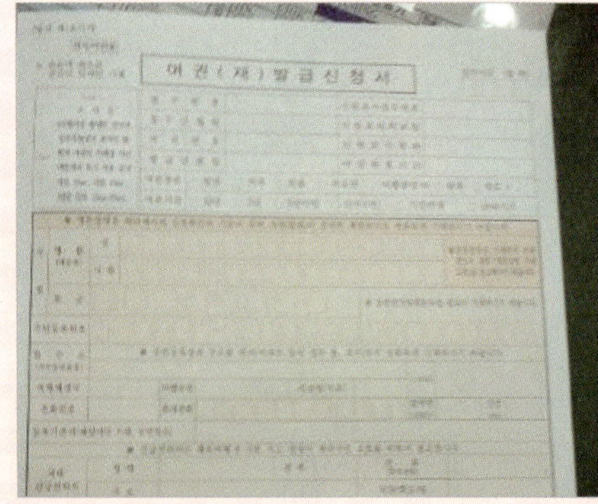

여권 발급 신청서

[별지 제1호서식]

(앞 쪽) 전자여권

※ 검은색 펜으로 굵은선 안에만 기재

여 권 (재) 발 급 신 청 서

접수시군 □□□□

접 수 번 호		신 원 조 사 접 수 번 호	
접 수 연 월 일		신 원 조 사 회 보 일	
여 권 번 호		신 원 조 사 결 과	
발 급 연 월 일		여 권 유 효 기 간	

사 진
- 6개월이내 촬영한 천연색 정면사진(귀가 보여야 함)
- 흰색 바탕의 무배경 사진
- 색안경과 모자 착용 금지
- 가로 35㎜, 세로 45㎜
- (얼굴 길이: 25㎜~35㎜)
- ← 35㎜ →
- 45㎜

여권종류	□ 일반 □ 거주 □ 관용 □ 외교관 여행증명서(□ 왕복 □ 편도)
여권기간	□ 10년 □ 5년 □ 5년미만 □ 단수 □ 기간연장 재발급

※ 영문성명은 해외에서의 신원확인 기준이 되며 변경이 엄격히 제한되므로 정확하게 기재하시기 바랍니다.

성명

영문 (대문자)	성		※영문성명은 기재하기 전에 반드시 뒷면「영문성명 기재요령」을 참고하시기 바랍니다.
	이 름		
한 글			※ 남편 성(영문대문자)은 필요시 기재하시기 바랍니다.

주민등록번호 □□□□□□ - □□□□□□□

현 주 소 (주민등록표상)	※ 주민등록상의 주소를 번지(아파트 등의 경우 동, 호수)까지 정확하게 기재하시기 바랍니다.

| 여행 예정국가 | | 여행목적 | | 직장명(직위) | | e-mail | |
| 전화번호 | | 휴대전화 | | 혈액형 (ABO) | 신장 (cm) |

등록기준지(본적지)

※ 긴급연락처는 해외여행 중 각종 사고 발생 시 재외국민 보호를 위하여 필요합니다.

| 국내 긴급연락처 | 성 명 | | 관 계 | | 전 화 (휴대전화) | ( ) |
| | 주 소 | | | 직장(학교)명 | |

※ 여권명의인의 나이가 만18세 미만인 경우에는 법정대리인(부모·친권자 또는후견인)의 인적사항을 기재하시기 바랍니다.

| 법정대리인 | 성 명 | | 관 계 | |
| | 주민등록번호 | □□□□□□ - □□□□□□□ | |

이 신청서에 기재한 내용은 사실과 다름이 없으며, 「여권법」 제9조에 따라 여권발급을 신청합니다.
※ 여권 발급에 필요한 사항을 확인하기 위한 행정정보 공동이용 서비스의 이용에 동의합니다.(예 , 아니오)

신청인(여권명의인) 성명(한글)___________ (한자)___________ 서명___________

년 월 일

외 교 통 상 부 장 관 귀 하

※ 해외거주 중 재외공관에서 신청시에는 추가로 아래 사항을 기재하시기 바랍니다.

거주지주소					(영 수 필 증)	(납 입 필 증)
영주권	번 호		거주지	입국일자	특기사항	
	취득일			체류자격	심사란	접수자 / 심사자 / 발급자

※ 작성하시기 전에 뒷면에 기재된 유의사항 및 영문성명 기재요령을 읽어보시기 바랍니다. 210㎜×297㎜(보존용지 120g/㎡)

여권 비용과 국제교류기여금?

일반적으로 여권 비용에는 여권 발급 수수료와 국제교류기여금이 포함되어 함께 계산됩니다. 복수여권의 경우, 순수 여권 발급 수수료는 40,000원이지만 국제교류기여금으로 15,000원이 부과됩니다. 국제교류기여금은 해외여행자들이 여권을 발급받을 때 단수여권에 5,000원, 거주여권에 7,500원, 복수여권에 15,000원이 각각 부과되어 국제교류기금 조성에 사용되고 있습니다. 결제 시에는 카드 결제도 가능하며 이럴 때는 40,000원 그리고 15,000원 두 번 결제하면 됩니다.

06 대기표를 받고 신청자 순서가 되면
작성한 신청서를 담당직원에게 제출하면
서 신청한다.

07 신청서를 내고 지문을 찍으면 여권
신청 접수증을 준다. 여기에 찾으러 오는
날짜, 시간을 같이 적어준다.

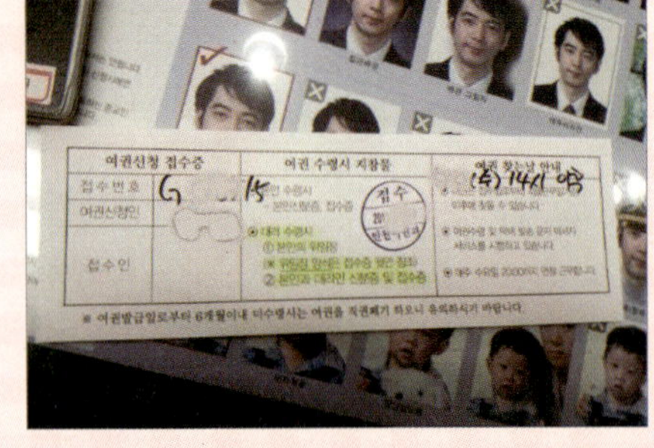

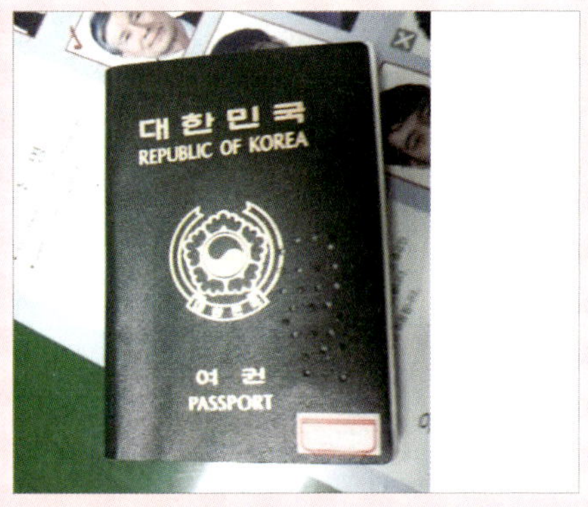

08 만약 이전에 신청한 여권이 있다면 기존 여권은 저렇게 구멍을 내서 폐기처분한다.

THEME 02. 비자 신청하기

01 학생비자 및 관광비자 신청

학생비자의 경우 연수자가 사전에 등록한 유학원에서 모든 절차를 도와준다. 또한 관광비자의 경우 항공권을 구입하면 자동으로 E-VISA(ETA, 관광비자) 비자가 발급되기 때문에 특별히 신경 쓸 부분은 없다.

02 워킹홀리데이비자 신청

호주 워킹홀리데이비자는 인터넷으로 비자 신청을 한 후에 각 지정 병원에 가서 신체검사를 받고 E-Mail 혹은 이민국 웹사이트를 통해서 승인 여부를 확인할 수 있다.

 호주 이민국 사이트(www.immi.gov.au)에 접속하여 [Visas, Immigration and Refugees] 항목에서 [Applications, Forms and Booklets]를 클릭한다.

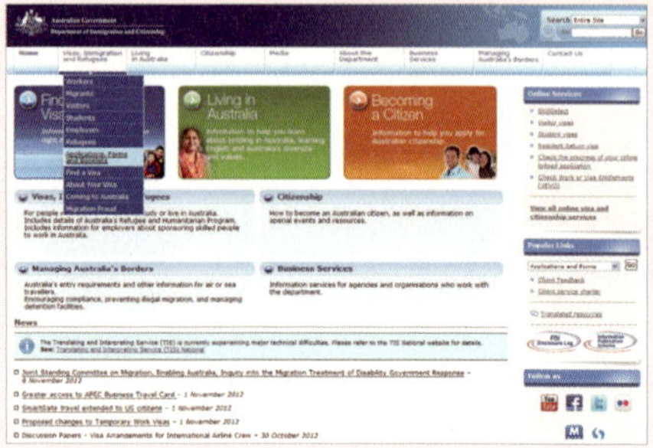

 [Applications, Forms and Booklets]를 클릭한 후 아래 항목에서 [Outline Applications]를 클릭한다.

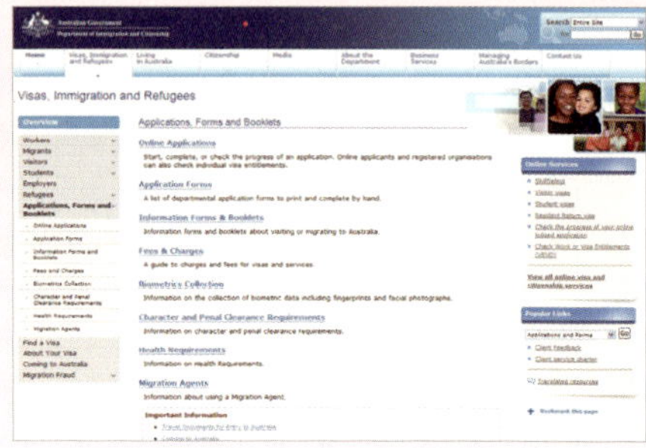

 이어서 나타나는 항목들 가운데 [Working Holiday Online Applications]를 클릭한다.

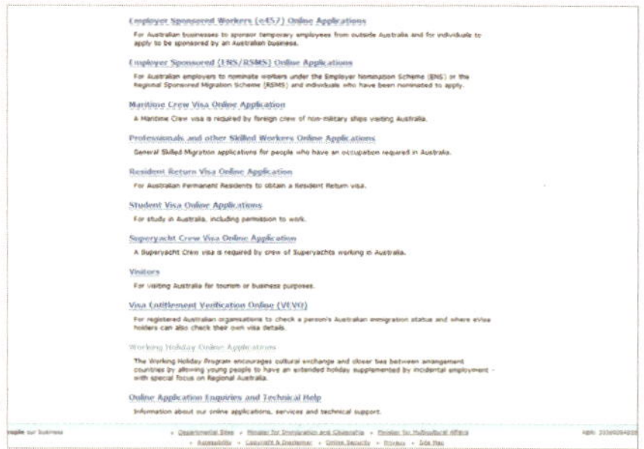

 우측 스크롤바를 내려 보면 [Start an application]의 [Link] 항목에서 [First Working Holiday Visa]를 클릭한다.

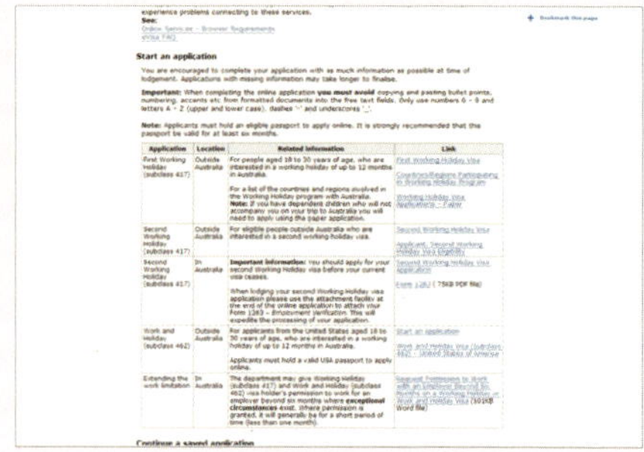

04 [First Working Holiday Visa]를 클릭하면 다음과 같은 새 화면으로 전환된다. 여기에서 [I have read and agree to the ternms and conditions] 버튼을 클릭한다.

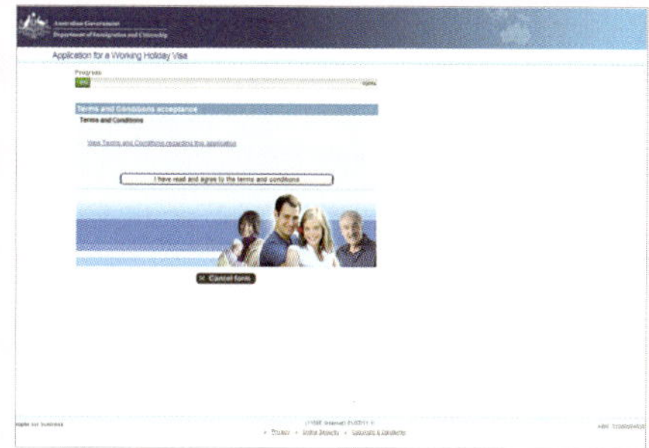

05 이 화면은 호주의 가치 및 법률, 기타 사회생활을 존중할 것을 다짐받는 내용이 담겨 있다. 이어서 하단의 [Next] 버튼을 클릭한다.

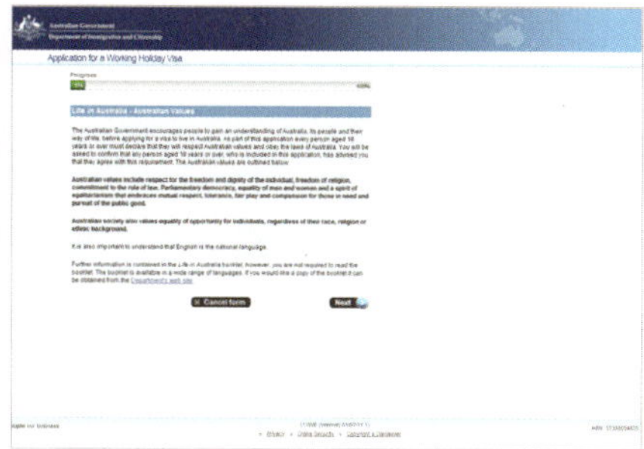

06 다음에 나타나는 화면은 본격적으로 개인정보를 입력하는 화면이다. 해당 항목을 꼼꼼하게 작성한 후 [Next] 버튼을 클릭한다.

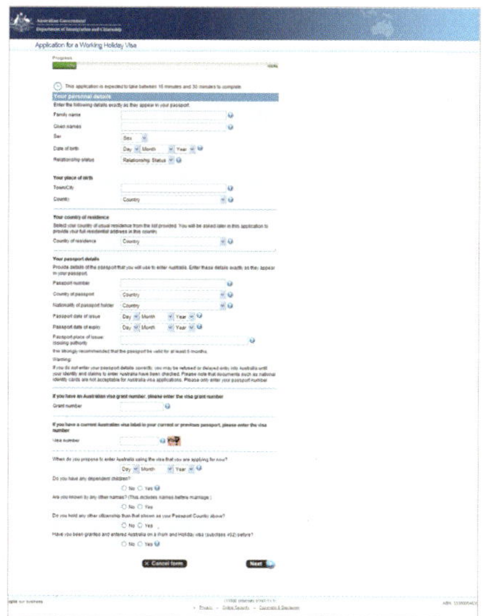

Your personal details

Enter the following details exactly as they appear in your passport.

Family name   ①

Given names   ②

Sex   Sex ③

Date of birth   Day / Month / Year ④

Relationship status   Relationship Status ⑤

Your place of birth

Town/City   ⑥

Country   Country ⑦

Your country of residence

Select your country of usual residence from the list provided. You will be asked later in this application to provide your full residential address in this country.

Country of residence   Country ⑧

Your passport details

Provide details of the passport that you will use to enter Australia. Enter these details exactly as they appear in your passport.

Passport number   ⑨

Country of passport   Country ⑩

Nationality of passport holder   Country ⑪

Passport date of issue   Day / Month / Year ⑫

Passport date of expiry   Day / Month / Year ⑬

Passport place of issue/ issuing authority   ⑭

It is strongly recommended that the passport be valid for at least 6 months.

Warning:

If you do not enter your passport details correctly, you may be refused or delayed entry into Australia until your identity and claims to enter Australia have been checked. Please note that documents such as national identity cards are not acceptable for Australia visa applications. Please only enter your passport number.

If you have an Australian visa grant number, please enter the visa grant number ⑮

Grant number

If you have a current Australian visa label in your current or previous passport, please enter the visa ⑯ **number**

Visa number

When do you propose to enter Australia using the visa that you are applying for now? ⑰

Day / Month / Year

Do you have any dependent children? ⑱

○ No ○ Yes

Are you known by any other names? (This includes names before marriage.) ⑲

○ No ○ Yes

Do you hold any other citizenship than that shown as your Passport Country above? ⑳

○ No ○ Yes

Have you been granted and entered Australia on a Work and Holiday visa (subclass 462) before? ㉑

○ No ○ Yes

 우리는 지금 호주로 간다

① Family Name : 성(스펠링 및 띄어쓰기도 여권과 동일해야 한다.)

② Given Names : 이름(스펠링 및 띄어쓰기도 여권과 동일해야 한다.)

③ Sex : 성별(Male은 남자, Female은 여자)

④ Date of Birth : 생년월일(호주는 일/월/년으로 우리나라와는 반대로 날짜입력을 한다.)

⑤ Relationship status : 결혼 여부(결혼한 기혼자는 Married/하지 않은 미혼자는 Never Married)

●Your place of birth

⑥ Town / City : 태어난 도시

⑦ Country : 국가(KOREA, SOUTH)

●Your country of residence(거주 국가)

⑧ Country of residence : KOREA, SOUTH

●Your passport details(여권 정보) 항목

⑨ Passport number : 여권번호

⑩ Country of passport : KOREA, SOUTH

⑪ Nationality of passport holder(여권 소지자의 국적) : KOREA, SOUTH

⑫ Passport date of issue : 여권발급일

⑬ Passport date of expiry : 여권만료일

⑭ Passport place of issue/ issuing authority : 여권발행관청을 묻는 것으로, 'Ministry of foreign affairs and trade'를 입력한다.

⑮ If you have an Australian visa grant number, please enter the visa grant number
호주비자 승인번호를 갖고 있다면 입력한다. 예전에 받은 비자의 전산승인번호를 입력하고 없다면 패스한다.

⑯ If you have a current Australian visa label in your current or previous passport, please enter the visa number
예전 또는 현재 여권에 호주비자라벨을 갖고 있다면 전산승인비자번호를 입력하고 없다면 그냥 패스한다.

⑰ When do you propose to enter Australia using the visa that you are applying for now?
지금 신청하는 비자를 사용해서 호주에 언제쯤 입국하고자 하는지를 묻는 것으로, 정확하지 않아도 되므로 예상 입국 날짜를 입력한다.

⑱ Do you have any dependent children?
워킹홀리데이를 인터넷으로 신청하는 경우에는 부양 자녀가 없어야 하므로 [No]에 체크한다. 만약 부양 자녀가 있다면 Paper비자로 대사관에 직접 신청해야 한다.

⑲ Are you known by any other names? (This includes names before marriage.)

혹시 다른 이름이 있는지를 묻는 질문으로, 외국은 결혼 후에 성이 바뀌는 경우가 있으니 그런 경우가 아니라면 [No]에 체크한다.

⑳ Do you hold any other citizenship than that shown as your Passport Country above?

위에 기입한 여권국가 외에 다른 시민권(국적)을 갖고 있는지를 묻는 것으로 다른 나라 시민권을 가지고 있지 않다면 [No]에 체크한다.

㉑ Have you been granted and entered Australia on a Work and Holiday visa (subclass 462) before?

이전에 워킹홀리데이비자를 승인받고 호주에 입국한 적이 있는지를 묻는 것이다. 처음 워킹홀리데이를 신청하는 것이므로 [No]에 체크한다.

07 이 화면은 지금까지 입력한 부분을 확인하는 부분이다. 따라서 신청자 본인이 입력한 정보가 모두 정확하다면 [Yes]에 체크하고 하단의 [Next] 버튼을 클릭한다.

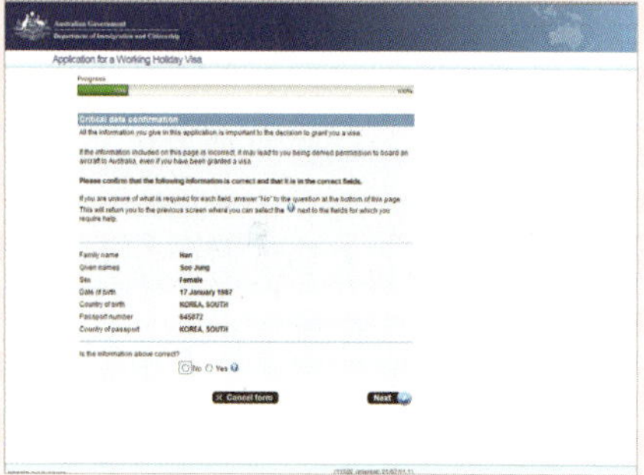

08 다음은 직업과 학력을 입력하는 곳이 나온다. 이 부분 역시 전부 기입한 후에 하단의 [Next] 버튼을 클릭한다.

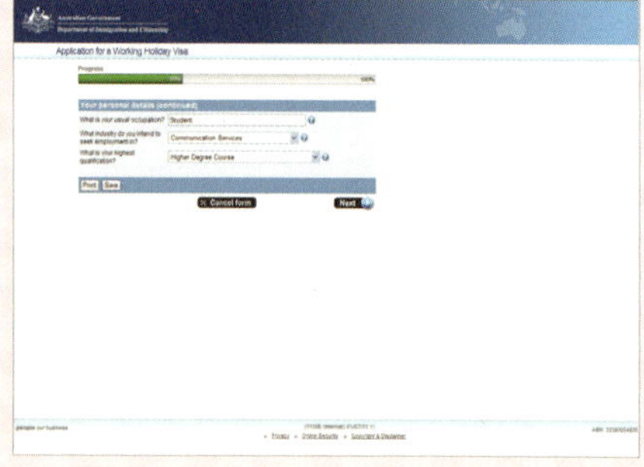

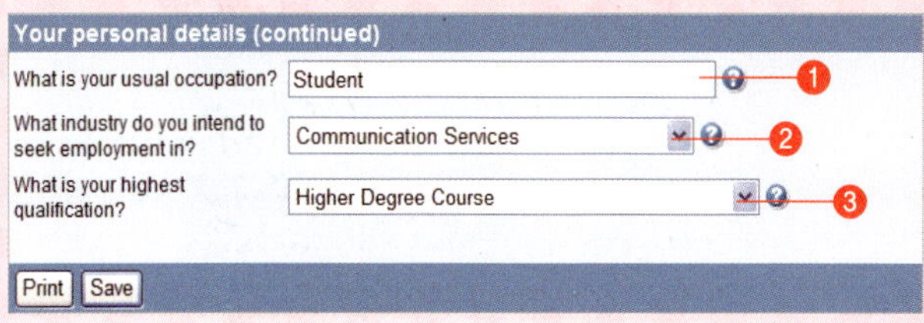

① What is your usual ocupation?(직업)

　Student(학생) / Office worker(회사원) 등 자신의 직업을 입력.

② What industry do you intend to seek employment in?

　(호주에서 어떤 분야의 일을 찾고자 하는가?)

- Agriculture, Forestry and Fishing : 농업/임업/어업

- Mining : 광업

- Manufacturing : 제조업

- Electricity, Gas and Water supply : 전기, 가스, 수도 공급

- construction : 건축

- Wholesale Trade : 도매업

- Retail Trade : 소매업

- Accommodation, Cafes and Restaurants : 숙박업/카페/식당

- Transport and Storage : 운송/저장

- Communication Service : 통신 서비스

- Finance and Insurance : 재무/보험

- Property and Business Service : 부동산/경영

- Government Administration and Defense : 정부 행정/국방

- Education : 교육

- Health and Community Services : 보건/지역사회 활동

- Cultural and Recreational Services : 문화/휴양 서비스

- Personal and Other Services : 개인/기타 서비스 활동

③ What is your highest qualification?(최종 학력이 무엇인가?)

- Higher Degree Course(학사 이상 과정)

- Degree Course(학사 학위)

- Diploma Course(준학사 학위)

- Technical or Training Certificate(기술 훈련 수료증)

- College Degree(전문대 학위)

- Senior High School Degree or Certificate(고등학교 졸업)

- Junior High School Degree, Certificate or Report(중학교 졸업)

- Other(기타)

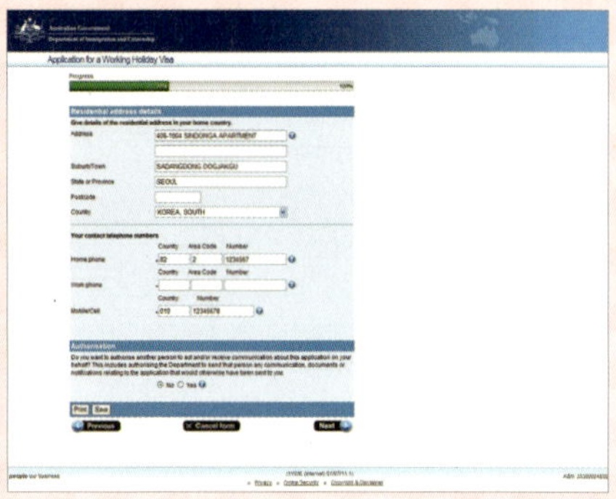

09 다음은 주소 및 연락처를 입력하는 화면이 나타난다. 이 부분을 다 입력한 후에 하단의 [Next] 버튼을 클릭한다.

🔍 주소 및 연락처 기입 세부사항 살펴보기

① Address : 주소를 작은 단위부터 큰 단위로 쓰면 되고 영문 스펠링은 틀려도 크게 관계 없다. 만약 잘 모르겠다면 포털 검색창에 '영문주소입력'을 검색해서 도움을 받는다.

② 전화번호 : 국가번호(82) – 지역번호(0제외) – 나머지 번호

③ Authorisation(대리인 지정) : 피치 못할 사정으로 본인이 직접 이민성과 메일로 연락을 주고 받을 수 없는 경우 대리인을 지정하면 본인 E-Mail이 아닌 그 대리인의 E-Mail로 연락을 받을 수 있다. 특별한 경우가 아니라면 No에 체크하고 본인이 직접 비자 관리를 하는 것이 좋다.

10 본인이 입력한 정보들을 확인한 후 추가 내용을 입력하는 화면이 나타난다. 이 부분에서도 입력을 마쳤다면 하단의 [Next] 버튼을 클릭한다.

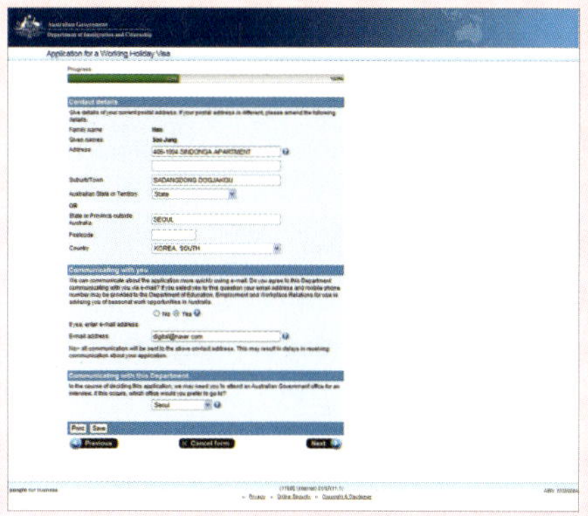

11 다음은 학업 및 질병 관련 사항을 입력하는 화면이다. 여기에서는 가급적 [No]를 체크하는 것이 좋으며 여기까지 확인했다면 하단의 [Next] 버튼을 클릭한다.

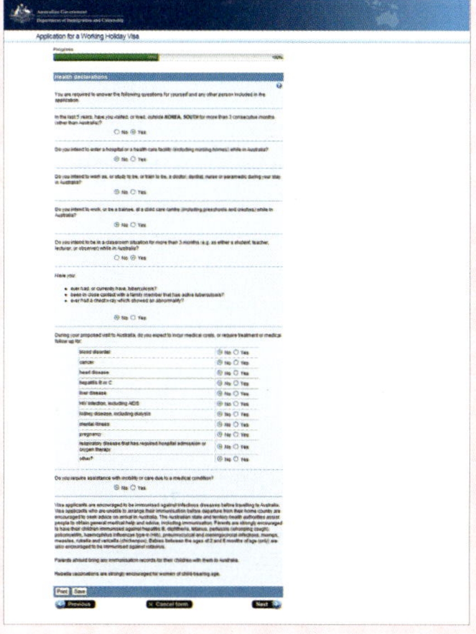

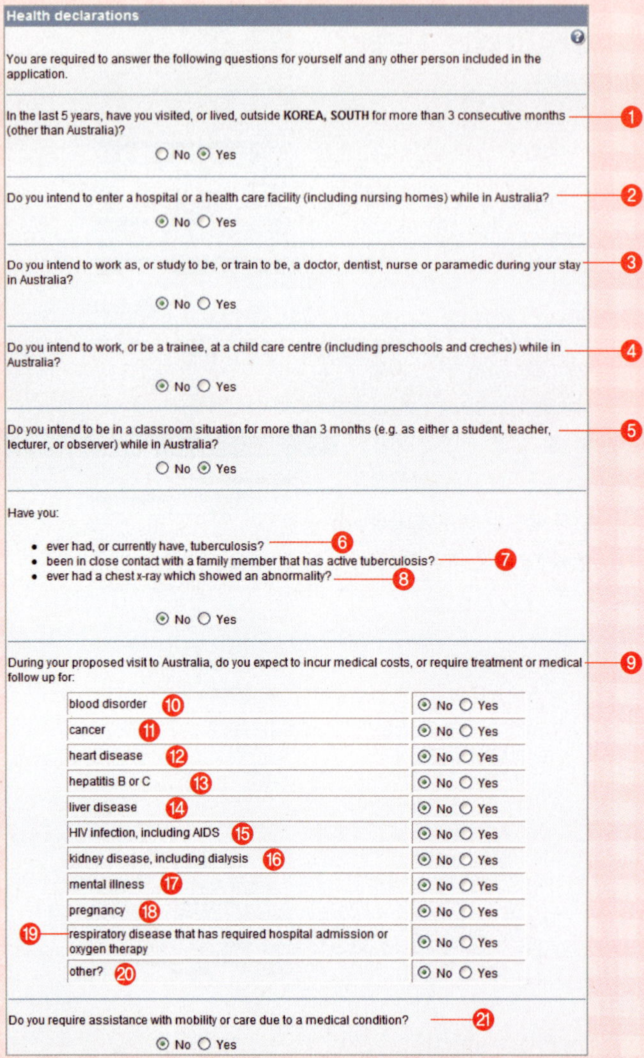

① 지난 5년간 호주와 한국을 제외한 다른 국가에서 3개월 이상 지낸 적이 있습니까?

② 호주에 머무는 동안, 호주의 병원이나 기타 보건 관련(Nursing home 포함)에서 일할 계획이 있습니까?

③ 호주에 머무는 동안 의사, 치과의사, 간호사, 응급 의료원 등으로 근무하거나 관련 교육을 받을 계획이 있습니까?

④ 호주에 머무는 동안 미취학 아동 보육 센터(유치원, 탁아소 등)에서 직원, 훈련생, 학생으로 일

할 계획이 있습니까?

⑤ 호주에 머무는 동안, 3개월 이상 학생, 교사, 강사 등으로 교육 시설에 다닐 계획이 있습니까?

　(즉, 3개월 이상 공부할 예정이 있습니까?)

●Have you 항목

⑥ 결핵을 현재 앓고 있거나, 과거에 앓은 경험이 있습니까?

⑦ 결핵을 앓고 있거나, 앓았던 사람과 가깝게 접촉한 적이 있습니까?

⑧ X-Ray 검사에서 비정상으로 결과가 나온 적이 있습니까?

⑨ 호주에 머무는 동안 다음과 같은 의학적 비용 발생, 치료, 추가 진료 등이 예상됩니까?

⑩ 혈액 이상

⑪ 암

⑫ 심장병

⑬ B형 / C형 간염

⑭ 간 질환

⑮ HIV 감염(AIDS 포함)

⑯ 신장병(투석 포함)

⑰ 정신병

⑱ 임신

⑲ 병원 치료가 필요한 호흡기 질환 / 모든 종류의 수술

⑳ 기타 건강 관련 사항

㉑ 호주나 기타 해외국가에서 '이동 시, 도움' 혹은 보호가 필요합니까?(휠체어 사용 등)

　(그 아래 내용은 비자 발급 시, 안내되는 일반적인 내용이다.)

> **CHECK** 호주에 오기 전에, 특히 호주 보육 센터나 학교에 다니는 경우에는 예방 접종 증명서를 가지고 올 것을 권합니다. 또 소아마비, 파상풍, 홍역, 풍진, 디프테리아, 백일해, 뇌수막염, B형 간염 등의 예방 접종 역시 권유됩니다.

11-1 다음 화면은 위의 질문 내용 중에서 '해외에서 3개월 이상 체류한 적이 있는지'에 대한 질문에 [Yes]를 체크한 사람들에게 해당되는 내용이다. 3개월 이상 해외에 체류한 경험이 있는 분들은 비자 진행에 큰 영향을 미치지는 않으니 솔직하게 기록하면 된다. 여기에서는 [Add Details] 버튼을 클릭한다.

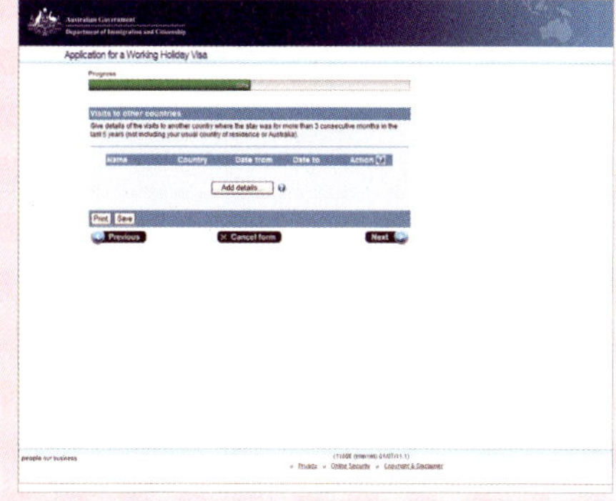

11-2 자세한 정보를 입력하는 화면이 나타난다. 본인이 머물렀던 국가를 선택하고 그 국가에 머물렀던 기간을 입력한 후 [Ok] 버튼을 클릭한다.

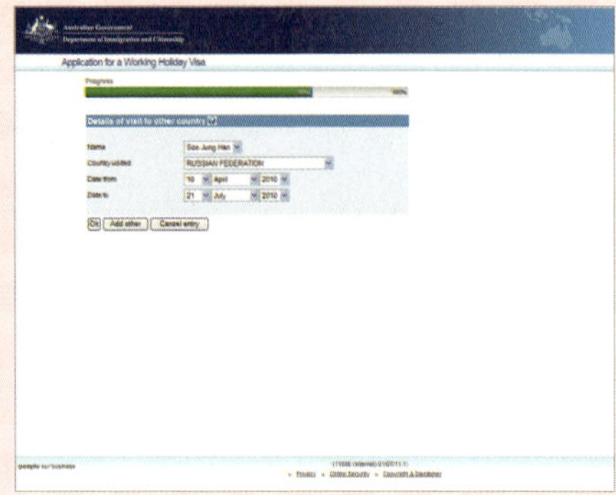

11-3 다음 화면은 입력한 내용을 확인하는 부분으로, 만약 추가할 내용이 더 있다면 [Add details] 버튼을 클릭해 입력한다. 이 과정이 끝났다면 하단의 [Next] 버튼을 클릭한다.

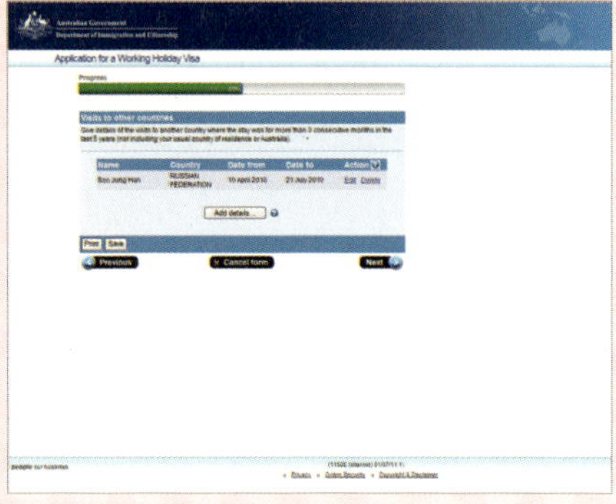

12-1 이번에는 호주에서 3개월 이상 학업 계획이 있냐는 질문에 [Yes]를 체크한 사람들에게 해당하는 내용이다. 3개월 이상 공부를 하겠다고 체크했다면 이미지와 같이 추가 내용을 입력해야 한다. 이어서 [Add details] 버튼을 클릭한다.

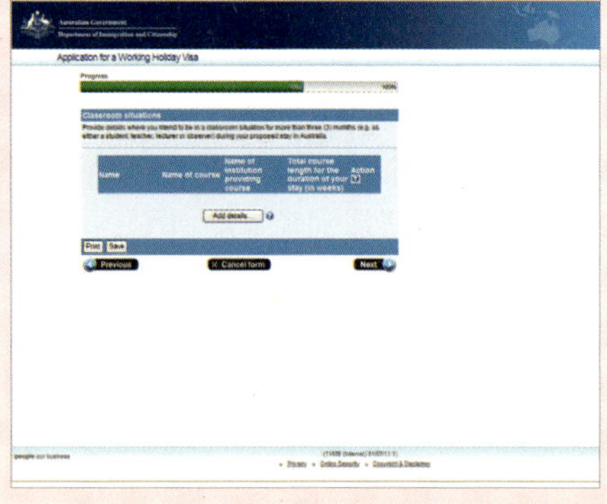

CHECK 13주 이상 공부를 할 계획이라면 15만 원짜리 신체검사를, 그렇지 않다면 5만 원짜리 X-Ray 검사만 받으면 됩니다.

12-2 호주에서의 학업 계획을 입력하고 여기까지 입력했다면 하단의 [Ok] 버튼을 클릭한다.

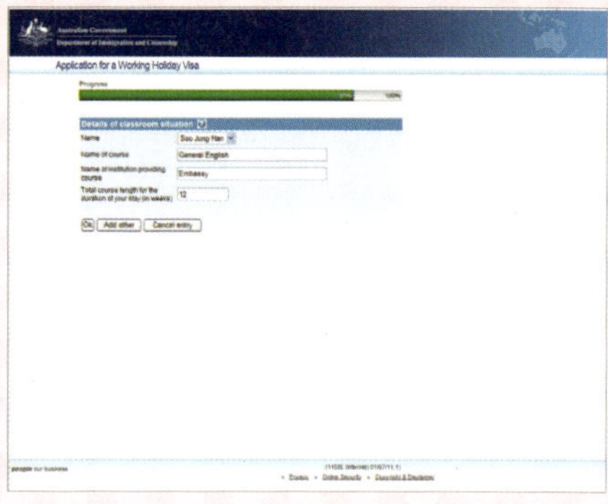

🔍 학업 계획 기입 세부사항 살펴보기

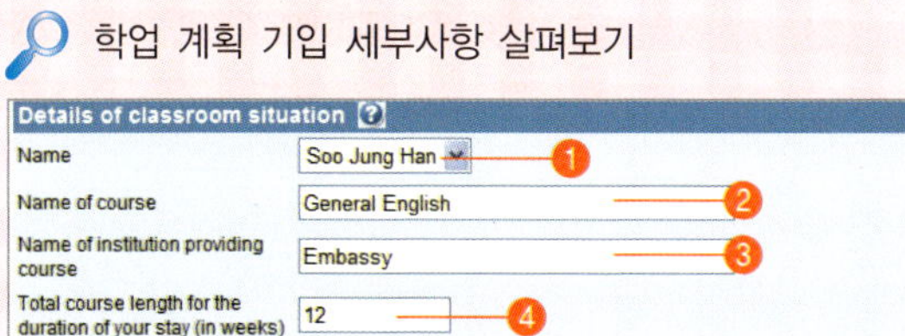

① Name(이름) : 자신의 영문 이름이 제대로 나와 있는지 확인한다.

② Name of Course : 공부할 과정을 넣고 보통 General English(일반영어 과정)라고 적으면 무난하다.

③ Name of Institution providing course : 공부할 학교/학원 이름을 적는다.
  (아직 정하지 못했다면 아무 학원 이름을 적으면 된다.)

④ Total course length for the duration of your stay(in Weeks) : 기간이 정해졌다면 쓰고, 그렇지 않다면 최대 17주가 넘지 않게 임의의 기간을 적으면 된다.

12-3 신청자 본인이 입력한 내용이 맞는지 확인하고 정확하게 입력되었다면 하단의 [Next] 버튼을 클릭한다.

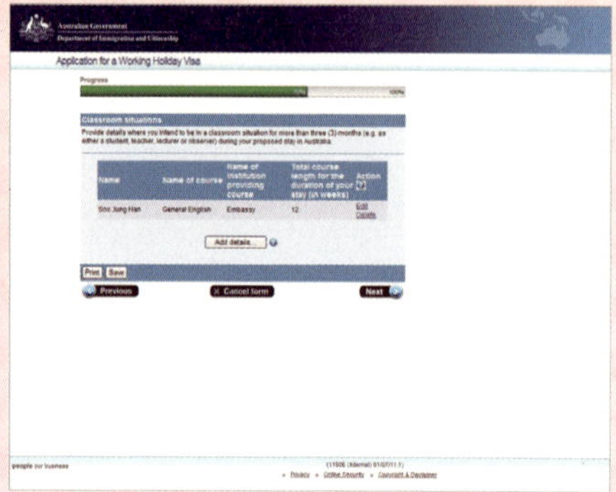

13 이어서 범죄 이력 및 기타 질문에 답변할 차례다. 남자들의 경우, 군대를 다녀온 경우는 모두 [No]에 체크하면 된다. 그 외에 자원복무, 하사관, 장교 등으로 복무했다면 [Yes]에 체크하고 이어서 나오는 질문에 복무 기간 등을 명시하면 된다. 이제 하단의 [Next] 버튼을 클릭한다.

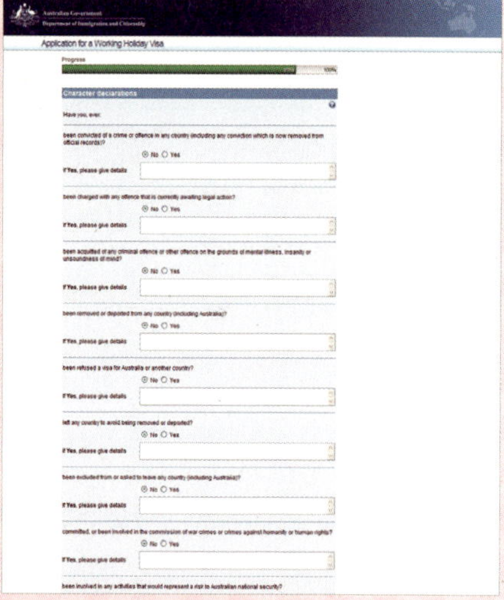

🔍 범죄 이력 및 기타 기입 세부사항 살펴보기

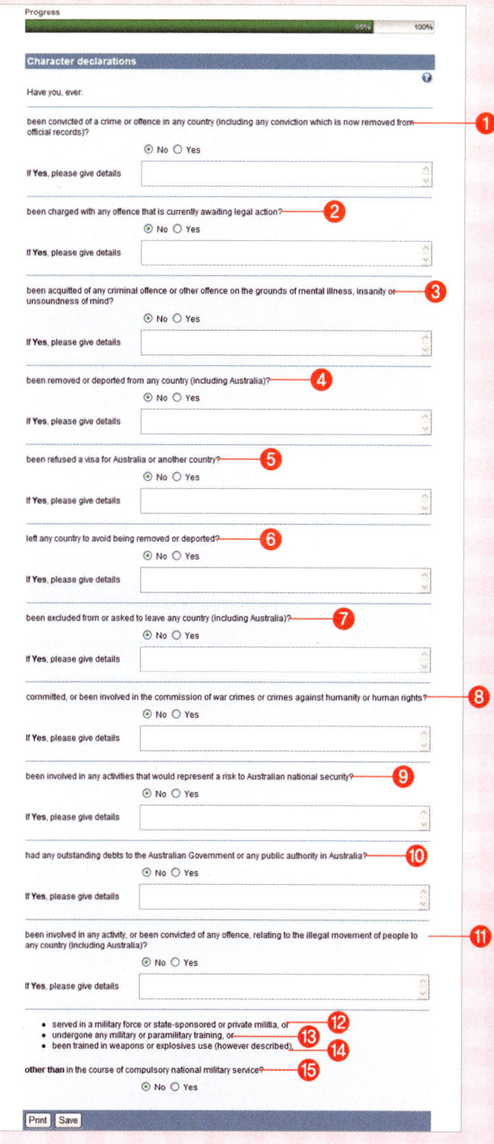

① 범법으로 인한 유죄 판결을 받은 적이 있습니까?(현재 삭제된 기록까지 포함)

② 현재 법적 조치를 기다리고 있는 판결(고발)건이 있습니까?

③ 정신상의 이유로 범법 이후 무죄 판결을 받은 적이 있습니까?

④ 호주를 포함한 기타 국가들로부터 강제추방을 당한 적이 있습니까?

⑤ 호주를 포함한 기타 국가들로부터 비자 거절을 받은 적이 있습니까?

⑥ 해외에서 강제 추방을 피해서 출국한 적이 있습니까?

⑦ 호주를 포함해 기타 국가들로부터 입국 거절 혹은 출국 권유를 받은 적이 있습니까?

⑧ 전쟁사범, 혹은 반인권 범죄 임무에 관여된 적이 있습니까?

⑨ 호주의 국가적 안전에 위험을 줄 수 있는 활동에 관여된 적이 있습니까?

⑩ 호주 정부 혹은 공공기관에 지불해야 할 빚이 있습니까?

⑪ 호주를 제외한 기타 국가로의 불법 이민에 관련한 범죄나 기타 활동에 관여한 적이 있습니까?

⑫ 국가에서 요구하는 의무 군복무를 제외하고 다음과 같은 활동을 한 적이 있습니까?

⑬ 군권에 소용되거나 주/민병대 근무를 한 경우

⑭ 군사 / 준군사 훈련

⑮ 무기 혹은 폭약 사용 훈련

14 이어서 호주에서의 자금력 등을 묻는 질문이 나온다. 이 부분은 모두 [Yes]에 체크되어야 문제없이 신청을 마무리할 수 있다. 이어서 하단의 [Next] 버튼을 클릭한다.

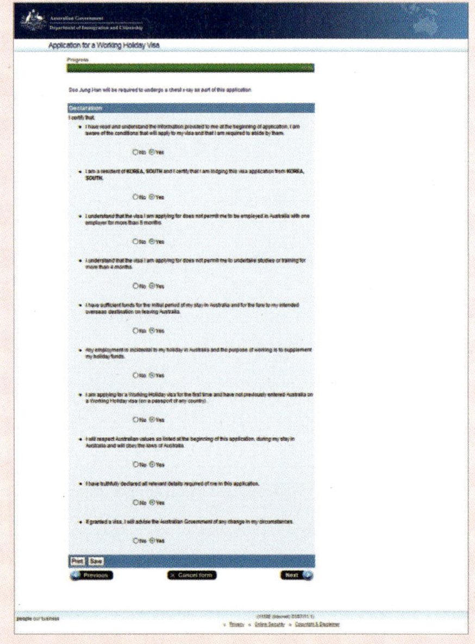

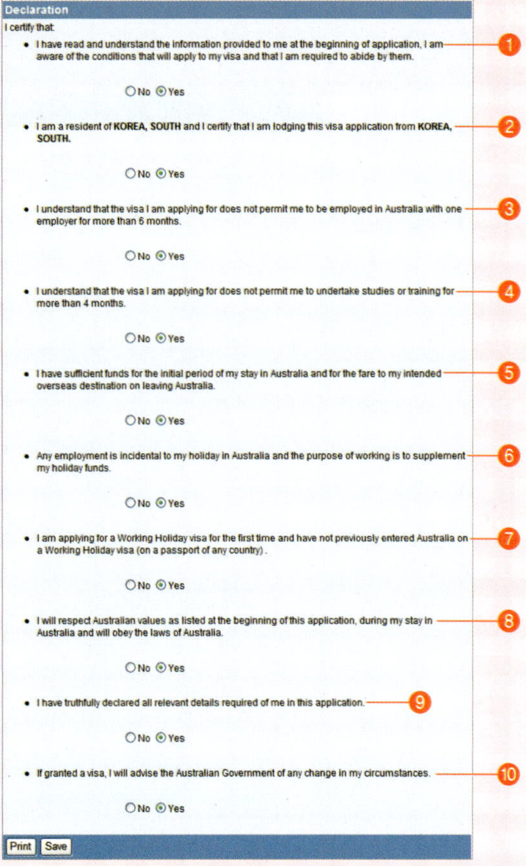

① 나는 이 비자 신청 초기에 제시된 모든 정보를 읽고 이해했다. 비자 신청에 필요한 조건을 알고 있으며 이를 준수하겠다.

② 나는 대한민국에 거주하고 있으며, 이 비자 신청을 한국에서 하고 있음을 확인했다.

③ 나는 지금 신청하는 이 비자로 호주 내에서 한 업주 밑에서 6개월 이상 일할 수 없음을 알고 있다.

④ 나는 내가 4개월(17주) 이상 학업을 유지할 수 없음을 알고 있다.

⑤ 나는 호주에 머물 동안 초기 생활비, 호주를 떠나기 위한 항공권 구입비 등을 위한 충분한 자금이 있다.

⑥ 호주에서의 취업은 휴가를 위한 부수적인 것이며, 일의 목적은 여행 자금 충당에 있다.

⑦ 나는 처음으로 워킹홀리데이비자를 신청하는 것이며, 사전에 워킹홀리데이비자로 호주에 입국한 적이 없다.

⑧ 나는 호주에 머무는 동안 이 비자 신청 초반에 명시되었던 호주의 가치를 존중하고 호주법을 따를 것이다.

⑨ 나는 이 비자 신청에서 요구된 모든 부가 정보를 거짓 없이 제시했다.

⑩ 비자 승인 후에 변경사항이 생긴다면 호주정부에 알려주겠다.

15 지금까지 입력한 모든 내용을 확인한다. 현재까지 입력한 모든 정보를 확인할 수 있는 마지막 기회로, 모두 다 맞게 입력되었다면 하단의 [Next] 버튼을 클릭한다.

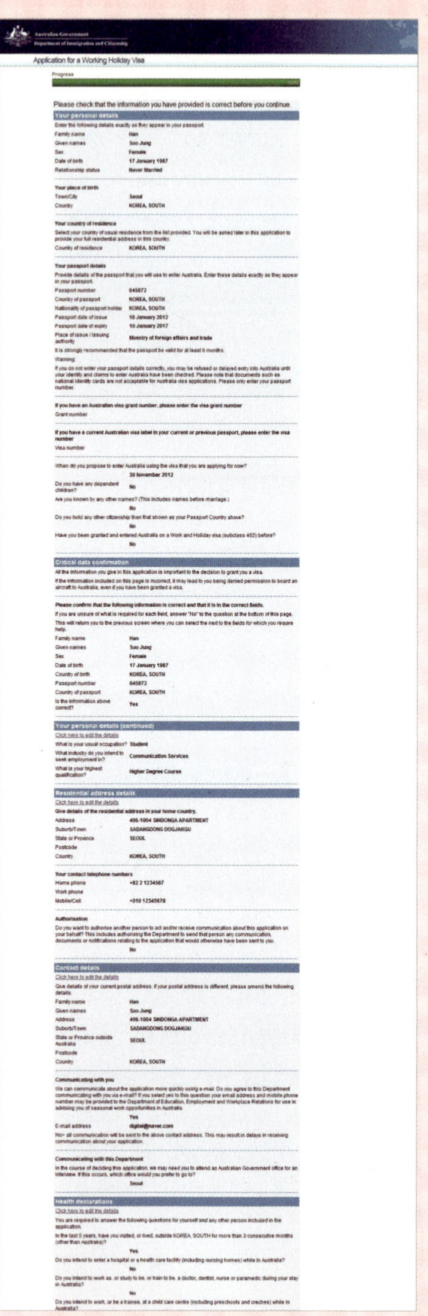

Australian Government
Department of Immigration and Citizenship

Application for a Working Holiday Visa

Progress

Please check that the information you have provided is correct before you continue.

Your personal details

Enter the following details exactly as they appear in your passport.

Family name	Han
Given names	Soo Jung
Sex	Female
Date of birth	17 January 1987
Relationship status	Never Married

Your place of birth

Town/City	Seoul
Country	KOREA, SOUTH

Your country of residence

Select your country of usual residence from the list provided. You will be asked later in this application to provide your full residential address in this country.

Country of residence	KOREA, SOUTH

Your passport details

Provide details of the passport that you will use to enter Australia. Enter these details exactly as they appear in your passport.

Passport number	645872
Country of passport	KOREA, SOUTH
Nationality of passport holder	KOREA, SOUTH
Passport date of issue	10 January 2012
Passport date of expiry	10 January 2017
Place of issue / issuing authority	Ministry of foreign affairs and trade

It is strongly recommended that the passport be valid for at least 6 months.

Warning:

If you do not enter your passport details correctly, you may be refused or delayed entry into Australia until your identity and claims to enter Australia have been checked. Please note that documents such as national identity cards are not acceptable for Australia visa applications. Please only enter your passport number.

If you have an Australian visa grant number, please enter the visa grant number

Grant number

If you have a current Australian visa label in your current or previous passport, please enter the visa number

Visa number

When do you propose to enter Australia using the visa that you are applying for now?
30 November 2012

Do you have any dependent children?
No

Are you known by any other names? (This includes names before marriage.)
No

Do you hold any other citizenship than that shown as your Passport Country above?
No

Have you been granted and entered Australia on a Work and Holiday visa (subclass 462) before?
No

Critical data confirmation

All the information you give in this application is important to the decision to grant you a visa.

If the information included on this page is incorrect, it may lead to you being denied permission to board an aircraft to Australia, even if you have been granted a visa.

Please confirm that the following information is correct and that it is in the correct fields.

If you are unsure of what is required for each field, answer "No" to the question at the bottom of this page.

This will return you to the previous screen where you can select the next to the fields for which you require help.

Family name	Han
Given names	Soo Jung
Sex	Female
Date of birth	17 January 1987
Country of birth	KOREA, SOUTH
Passport number	645872
Country of passport	KOREA, SOUTH
Is the information above correct?	Yes

Your personal details (continued)

Click here to edit the details

What is your usual occupation?	Student
What industry do you intend to seek employment in?	Communication Services
What is your highest qualification?	Higher Degree Course

Residential address details

Click here to edit the details

Give details of the residential address in your home country.

Address	406-1004 SINDONGA APARTMENT
Suburb/Town	SADANGDONG DOGJAKGU
State or Province	SEOUL
Postcode	
Country	KOREA, SOUTH

Your contact telephone numbers

Home phone	+82 2 1234567
Work phone	
Mobile/Cell	+010 12345678

Authorisation

Do you want to authorise another person to act and/or receive communication about this application on your behalf? This includes authorising the Department to send that person any communication, documents or notifications relating to the application that would otherwise have been sent to you.
No

Contact details

Click here to edit the details

Give details of your current postal address. If your postal address is different, please amend the following details.

Family name	Han
Given names	Soo Jung
Address	406-1004 SINDONGA APARTMENT
Suburb/Town	SADANGDONG DOGJAKGU
State or Province outside Australia	SEOUL
Postcode	
Country	KOREA, SOUTH

Communicating with you

We can communicate about the application more quickly using e-mail. Do you agree to this Department communicating with you via e-mail? If you select yes to this question your email address and mobile phone number may be provided to the Department of Education, Employment and Workplace Relations for use in advising you of seasonal work opportunities in Australia.
Yes

E-mail address	digital@naver.com

No> all communication will be sent to the above contact address. This may result in delays in receiving communication about your application.

Communicating with this Department

In the course of deciding this application, we may need you to attend an Australian Government office for an interview. If this occurs, which office would you prefer to go to?
Seoul

Health declarations

Click here to edit the details

You are required to answer the following questions for yourself and any other person included in the application.

In the last 5 years, have you visited, or lived, outside KOREA, SOUTH for more than 3 consecutive months (other than Australia)?
Yes

Do you intend to enter a hospital or a health care facility (including nursing homes) while in Australia?
No

Do you intend to work as, or study to be, or train to be, a doctor, dentist, nurse or paramedic during your stay in Australia?
No

Do you intend to work, or be a trainee, at a child care centre (including preschools and creches) while in Australia?

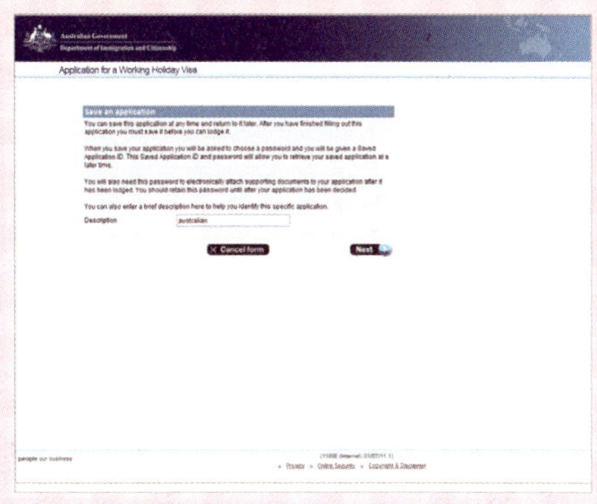

16 　중간 오류를 막기 위한 ID와 비밀번호를 입력할 차례다. 이민성 사이트가 불안정하다보니 비자 신청 중간에 혹은 결제 단계에서 사이트 오류로 인해 모든 창이 정지되거나 꺼지는 경우가 있다. 결제가 이루어지기 전이라면 지금 입력하는 ID와 비밀번호를 이용해서 계속해 진행할 수 있으니 꼭 ID와 비밀번호를 잊지 않도록 잘 적어놓는다.

[Description] 항목에는 신청자를 식별하는데 도움이 될 수 있도록 간단한 단어나 정보를 입력한다. 다 입력했다면 하단의 [Next] 버튼을 클릭한다.

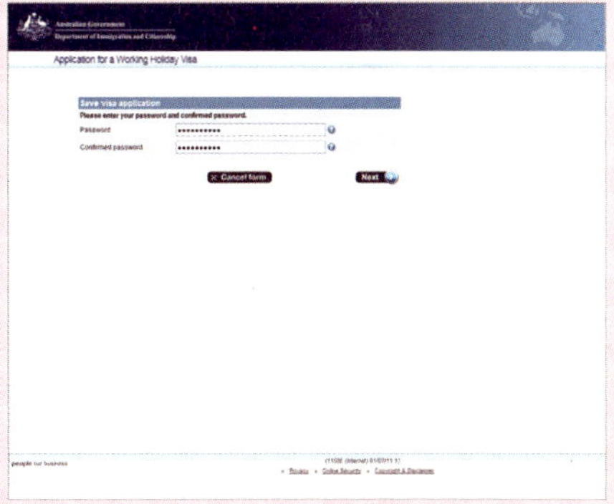

17 　[Password]에 비밀번호를 입력한다. 위에 입력한 [Description]으로 ID를 확인할 수 있다면, 이 ID와 함께 입력한 비밀번호로 비자 신청을 이어서 진행할 수 있다. 신청자 본인이 기억할 수 있는 비밀번호를 입력하고, 재입력을 통해 한 번 더 확인한다.

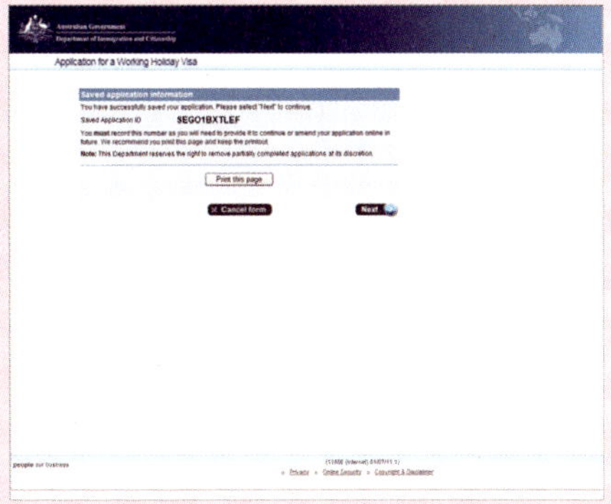

18 　여기까지 입력하고 나면 ID를 알려준다. 위에서 입력한 [Description]과 ID는 다른 것이다. 위의 화면처럼 영문과 숫자가 조합된 약 11자리 ID가 나오면 이 페이지를 아예 출력하거나 영문/숫자 혼동이 되지 않도록 잘 구분하여 적어놓고 하단의 [Next] 버튼을 클릭한다.

19 나타나는 다음 화면에서 [Form(s)]
항목에서 [PDF 160EH] 버튼을 클릭한다.
이어서 나타나는 160폼을 작성한 후 출력
해 병원으로 가져가면 된다.

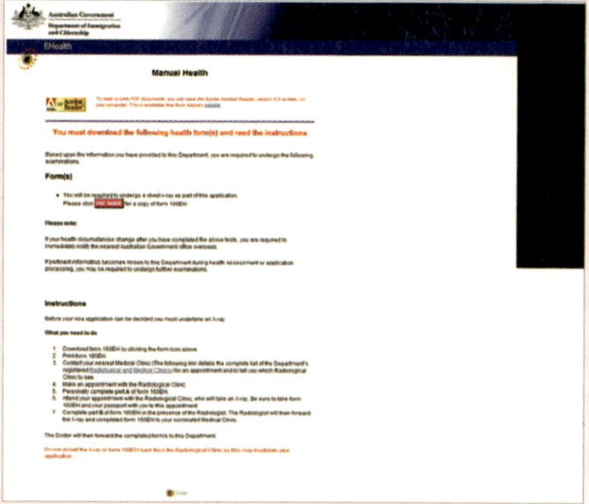

 버튼을 클릭하면 나타나는 160폼의 작성 내용을 입력하지 않고 출력해도 무
방합니다.

Australian Government

Department of Immigration and Citizenship

Radiological report on chest x-ray of an applicant for an Australian visa

Form
160EH

The Department of Immigration and Citizenship (the department) is authorised to collect and use the personal information on this form under section 60 of the *Migration Act 1958*. When you complete this form and give it to the doctor or clinic, the Commonwealth of Australia becomes the owner of the information on the form. The doctor is required to send the form to the department.

Your responsibilities

- The costs of medical examinations are paid by you directly to the doctors or clinics undertaking the examinations. There may be additional costs if further tests or couriers are required.
- If outside Australia you must attend the **same** radiology clinic during the course of your health assessment.

Visa subclass and visa name

To assist the department to link your medical assessment with your visa application you are required to write the visa subclass number and the name of the visa you are applying for on page 4 of this form.

For example:

- Subclass 417 – Working Holiday
- Subclass 457 – Business (Long Stay)
- Subclass 573 – Higher Education Sector
- Subclass 676 – Tourist

This information will help the visa decision-maker in processing your visa application.

You can find the visa subclass number and the visa name on the department's website
www.immi.gov.au/immigration.htm

Pregnant visa applicants and the chest x-ray requirement

The department **does not** recommend that a pregnant visa applicant undergoes a chest x-ray. This is because there is a risk that a chest x-ray could harm the unborn child. It is recommended that a pregnant visa applicant defers her chest x-ray, and therefore the decision on her visa application, until after the child's birth.

A pregnant visa applicant should firstly contact the department to discuss her options, including the possible deferral of her visa application.

If you decide to defer the chest x-ray until after the child's birth

A pregnant visa applicant should advise the department if she decides to defer her chest x-ray until after the child's birth.

If you are prepared to undergo a chest x-ray while pregnant

If a pregnant visa applicant is prepared to undergo a chest x-ray, it is recommended that she consults with her doctor before arranging her appointment for a chest x-ray and that special precautions are taken (eg. using a protective lead shield and waiting until at least the second trimester). A pregnant visa applicant must sign the declaration on page 4 before undergoing a chest x-ray.

Undergoing a chest x-ray does not guarantee the grant of a visa. The result of the chest x-ray must be found to be normal. Where a chest x-ray shows abnormalities, the visa applicant may be asked to undergo more specific tests and a course of treatment.

What to bring to the examination

Any previous chest x-ray films you have, particularly those from the last 5 years. The radiologist may ask you to submit these film(s) to the department if they consider it necessary to assess your health.

Identification

A valid passport is the mandatory identification document.

However, in exceptional circumstances such as:

- you are unable to obtain a passport without a visa due to laws in your country of origin;
- your passport is at the department for processing of your visa application;
- your passport is at the United Nations High Commissioner for Refugees (UNHCR) or the International Organization for Migration (IOM) for processing in relation to a refugee application or other Australian visa;
- you are unable to obtain a passport due to political or other circumstances in your country of origin; or
- your passport is not suitable for identification purposes (eg. passport photograph is of a baby and with passage of time the photograph is no longer satisfactory);

the following may be acceptable:

- **a verified copy of the front page of the passport endorsed by the Australian Consulate;**
- **national identity document** (incorporating a photograph, name, date of birth and signature);
- **alternative identification documents** – other identification documentation requested by the department or the department's contracted service provider.

If you do not bring acceptable identification documentation to the medical examination the processing of your visa application may be delayed.

TRN EGO1JG5O8K DoB 25/12/1987 PASSPORT M03101258 PASSPORT COUNTRY KOR

What happens after the health examination?

You may be required to undergo further tests. The reports will be sent to the department by the doctor. However, if the doctor gives you the envelope containing the x-ray film and the report please **do not open the envelope**. Contact your case officer to determine where to send the medical results.

Note: If envelopes or reports are tampered with you may be required to repeat tests at your own expense.

Medical information

Medical information such as a chest x-ray is used to assess an applicant's standard of health. After a decision has been made on the visa application it is usual for the department to retain the medical information. The medical information is retained by the department for use when assessing the applicant's health in the future and for panel doctor audits to ensure the quality of work undertaken by the panel doctor network.

About the information you give

The department is authorised to collect information on this form under the *Migration Act 1958*. The information provided on this form, will be used to assess your health for an Australian visa. Test results will not necessarily lead to a visa being denied. Your result(s) may be disclosed to the relevant Commonwealth, state and territory health agencies and chest x-ray clinics.

The information provided might also be disclosed to agencies who are authorised to receive information relating to adoption, border control, business skills, citizenship, education, health assessment, health insurance, health services, law enforcement, payment of pensions and benefits, taxation, superannuation, review of decisions, child protection and registration of migration agents.

The department is authorised under the Migration Act, in certain circumstances, to collect a range of personal identifiers including a facial image, fingerprints and a signature, from non-citizens, including from visa applicants. The department requires personal identifiers to assist in assessing your identity. The department is authorised to disclose your personal identifiers and information relating to your name and other relevant biographical data to a number of agencies including law enforcement and health agencies and to other agencies which may need to check your identity with this department. Where the department obtains personal identifiers they will become part of your official record with the department.

The department is involved in international information exchanges with a number of countries, including the United Kingdom, the United States of America, Canada and New Zealand. These international information exchanges may involve the sharing of personal identifiers, including facial images and fingerprint data, collected by immigration agencies such as this department. If, as a result of this sharing between countries, there is a match with your personal identifiers, the department will disclose your biographical data, copies of travel and other identity documents or information from such documents, your immigration status and immigration history (which may include any immigration abuse and offences) and any criminal history information relevant to immigration purposes. The purpose of such disclosure would be to help confirm your identity and determine if you have presented to the department and the other agency under the same identity and with similar claims.

If you are making an offshore humanitarian or protection visa application, the department will only disclose this information if none of these countries is a country of claimed persecution and only if the department is reasonably satisfied that this information will not be disclosed to your country of claimed persecution.

For more detailed information you should read forms 993i *Safeguarding your personal information* and 1243i *Your personal identifying information*, which are available from the department's website **www.immi.gov.au/allforms/** or from any office of the department or Australian mission overseas.

Please keep these information pages for your reference

TRN EGO1JG5O8K DoB 25/12/1987 PASSPORT M03101258 PASSPORT COUNTRY KOR

Australian Government

Department of Immigration and Citizenship

Radiological report on chest x-ray of an applicant for an Australian visa

Form

160EH

How to complete this form

Applicant
- Complete **Part A** before attending the radiological examination.
- Complete **Part B** in the presence of the radiographer.

Radiographer
- Certify in writing across the **top** of the photograph and on the form (without obliterating the image) that it is a true likeness of the examinee. Date to be included.
- Sight valid passport (if provided) and record passport number below.
- You must ensure the applicant has provided answers to all the questions in **Part A** before the applicant signs the declaration at **Part B**.
- Complete **Part C**.

Radiologist
- Complete **Part D**.

YOUR PHOTOGRAPH

In Australia
If you need to bring a photo(s) to the medical appointment at Medibank Health Solutions, they will advise you at the time you make your appointment.

Outside Australia
Please firmly attach a recent passport size photograph of yourself to the form by staples or other means. Another copy of the same photo should be used for form 26EH *(if required)*.

To be completed by RADIOGRAPHER (or staff)

Valid passport sighted?

Yes ☐ ▶ Passport number [____]

Country of passport [____]

Passport and photograph verified?

No ☐   Yes ☐

Please attach a copy of the bio-data page of the passport sighted to identify the applicant. The copy should be certified by the radiographer.

No ☐ ▶ Reason not presented

[____]

Details of identity card or identity number issued to the applicant by his/her government *(if applicable)* eg. National identity card.
Note: If the applicant is the holder of multiple identity numbers because he/she is a citizen of more than one country, you need to enter the identity number on the card from the country that the applicant lives in.

Identity number [____]

Country of issue [____]

Applicant's full name *(as it appears in passport)*

Family name [KO]

Given names [EUNBYUL]

Date of birth [25 / 12 / 1987] (DAY / MONTH / YEAR)

Sex   Male ☐   Female ☐

Part A – Applicant's details

To be completed by the applicant before attending the radiological examination. Please use a pen, and write neatly in English using BLOCK LETTERS.

1 Your full name *(as it appears in your passport)*

Family name [KO]

Given names [EUNBYUL]

2 Date of birth [25 / 12 / 1987] (DAY / MONTH / YEAR)

3 Sex   Male ☐   Female [X]

4 Your telephone numbers

Office hours (___) (___) ___   (COUNTRY CODE / AREA CODE / NUMBER)

After hours (___) (___) ___

5 Your residential address

[____]

[____]

[____] POSTCODE

Office use only   EGO1JG5O8K

© COMMONWEALTH OF AUSTRALIA, 2011

160EH (Design date 07/11) - Page 3

TRN EGO1JG5O8K DoB 25/12/1987 PASSPORT M03101258 PASSPORT COUNTRY KOR

6 How long do you intend staying in Australia?

Permanently ☐ *(including non-migrating family member of an applicant)*

Temporarily ☒ ▶ For how long? YEARS ☐ MONTHS ☐

7 If you are in Australia:

• how long have you been here? YEARS ☐ MONTHS ☐

• what visa subclass do you currently hold? ☐

8 What is the visa subclass number and the name of the visa that you are applying for?

For more information please refer to page 1 of this form.

417 Working Holiday(Web)

9 Have you lodged a visa application?

No ☐ ▶ At which office do you intend to lodge an application?

Yes ☐ ▶ At which office?

10 Have you undertaken a medical examination for an Australian visa in the last 12 months?

No ☐

Yes ☐ ▶ Give details

11 For female applicants

Are you pregnant?

No ☐ ▶ Go to Part B

Yes ☐ ▶ What is the expected date of birth?

DAY ☐ MONTH ☐ YEAR ☐

Note: Please read the information under 'Pregnant visa applicants and the chest x-ray requirement' on page 1 of this form. Please then read and sign the declaration below.

Pregnant visa applicant's declaration

I have read the information on page 1 of this form and understand that the Department of Immigration and Citizenship recommends that:

• *a pregnant visa applicant does **not** undergo a chest x-ray;*

• *a pregnant visa applicant defers her chest x-ray, and therefore the decision on her visa application, until after the child's birth; and*

• *if a pregnant visa applicant is prepared to undergo a chest x-ray, she consults her doctor before undergoing the x-ray and that special precautions are taken (eg. using a protective lead shield and waiting until at least the second trimester).*

I understand that undergoing a chest x-ray does not guarantee the grant of the visa.

In full knowledge of the above, I elect to undergo a chest x-ray while pregnant.

Applicant's signature

DAY MONTH YEAR

Date /   /

Part B – Applicant's declaration

To be signed and dated by the applicant **in the presence of the radiographer**.

Before signing this declaration you must have completed all the questions in *Part A – Applicant's details*.

A parent or guardian should sign on behalf of a child under 16 years of age. In exceptional circumstances a child under 16 may sign if he or she is able to understand and verify the information given on the form.

12

• *I declare that the information I have provided on this form is correct.*

• *I understand that if I have given false or misleading information, my application may be refused, and any visa issued may be cancelled.*

• *I understand that the Commonwealth of Australia becomes the owner of the information on this form and that the doctor is required to send the form to the department.*

• *I have read the information on page 2 at Medical information and I consent to the Department of Immigration and Citizenship retaining my medical information.*

• *I consent to the Department of Immigration and Citizenship passing on relevant health information to the Radiologists/Panel doctors who examined me for comment. The reasons for this release of information may include, but are not limited to, investigation of inconsistencies between the Radiologist and/or Panel doctor's examination and a subsequent health assessment, investigation of a complaint against the Radiologist or Panel doctor or follow up with the Radiologist or Panel doctor of adverse audit results. Such information will be shared in order to ensure the quality of the work undertaken by the Radiologist/Panel doctor network.*

Applicant's signature

DAY MONTH YEAR

Date /   /

If signing on behalf of a child under 16 years of age –
Name of parent or guardian

Relationship to child

TRN EGO1JG5O8K   DoB 25/12/1987   PASSPORT M03101258   PASSPORT COUNTRY KOR

Part C – Radiographer to complete

Please provide large posteroanterior (PA) film if possible, otherwise minimum.

The x-ray film must bear the date of the examination, the applicant's family and given names, and the file number (if available). This information is to be automatically inscribed during the photographic process or written in white ink.

Refer, if known, to any history or clinical evidence of tuberculosis.

If the examinee is pregnant the film must be full sized, the field size must be strictly limited and there must be abdominal shielding. If the pregnant woman does not wish to be x-rayed, please comment. Refer, if known, to any history or clinical evidence of tuberculosis.

For further guidance, see 'Instructions for Panel Doctors and Radiologists: medical and radiological examination of Australian visa applicants'.

1 Date of x-ray   DAY / MONTH / YEAR

2 Is this person pregnant?   No ☐   Yes ☐

3 Radiographer's certification

I certify that I have carried out the x-ray of the person whose photograph and signature are on this form.

Signature of radiographer

Date   DAY / MONTH / YEAR

Part D – Radiologist to complete

Please use a pen and write neatly in English. Illegible forms will be returned for clarification.

Comment is required on any and all aspects found not to be entirely normal.

Give a full description of all abnormal findings.

1 Skeleton and soft tissue   Normal ☐   Abnormal ☐ ▶

2 Cardiac shadow   Normal ☐   Abnormal ☐ ▶

3 Hilar and lymphatic glands   Normal ☐   Abnormal ☐ ▶

4 Hemidiaphragms and costophrenic angles   Normal ☐   Abnormal ☐ ▶

5 Lung fields   Normal ☐   Abnormal ☐ ▶

6 Evidence of TB   Absent ☐   Present ☐ ▶

7 Details of other abnormalities

If insufficient space, attach an additional statement

160EH (Design data 07/11) - Page 5

TRN EGO1JG5O8K DoB 25/12/1987 PASSPORT M03101258 PASSPORT COUNTRY KOR

8 Recommendation

Please consider the information you have provided about this applicant. You must consider if there exists any significant finding on the x-ray. 'Significant' means that a finding has a current or potential future health impact. The presence of congenital fusion of the rib, benign rib anomalies, old rib fractures, cervical ribs, and mild scoliosis, should be graded as **A**. All other abnormalities, including those of the heart and other soft tissue and bony structures, must be graded **B**. This includes, but is not limited to, sternal wiring, valve replacements, vascular stents, missing breasts, osteolytic lesions. All TB, whether old and likely to be inactive, or active, must be reported as **B**.

Note: This is not a rating of whether the applicant will meet the health criteria. For further guidance, see *'Instructions for medical and radiological examination of Australian visa applicants'*.

A No abnormal findings present ☐

B Abnormal findings present ☐ ▶ Please list significant history or abnormal findings

9 Radiologist's declaration

I declare that I have examined the x-ray and that this is a true and correct record of my findings.

Signature of radiologist

DAY   MONTH   YEAR

Date   /   /

Full name *(please print)*

Address

POSTCODE

Contact telephone number

COUNTRY CODE   AREA CODE   NUMBER

(   ) (   )

E-mail address

To the radiologist:

Place the form and report(s) inside a secure envelope.

If outside Australia:

- *attach the envelope to the packaged x-ray;*
- ***do not give the envelope containing the form and the report to the applicant**. You may, however, provide the applicant with a copy of the form and your report for their records.*

If you are in Australia, the x-ray does not need to be included.

Return the package direct to:

- *the officer of the department specified in the attached covering letter; and/or*
- *the return address specified in the 'Office use only' section on page 3 of this form; or*
- *to the referring panel doctor, if applicable; or*
- *as specified in the 'Where to send Australian visa medicals' document; or*
- *for cases examined in Australia, according to local arrangements with Medibank Health Solutions.*

- direct to the nearest Australian Government Immigration Office: or
- for cases examined in Australia, according to local arrangements

TRN EGO1JG5O8K DoB 25/12/1987 PASSPORT M03101258 PASSPORT COUNTRY KOR

• 워킹홀리데이비자 승인 확인

호주 워킹홀리데이비자는 인터넷으로 비자 신청을 한 뒤에 이민성 홈페이지나 E-Mail로
비자 승인을 확인할 수 있다. 비자 승인 확인 과정을 살펴보면 다음과 같다.

01 아래 사이트에 접속해서 본인의
TRN과 생년월일, 여권번호, 국적을 입력
한 뒤 [Next] 버튼을 클릭한다.

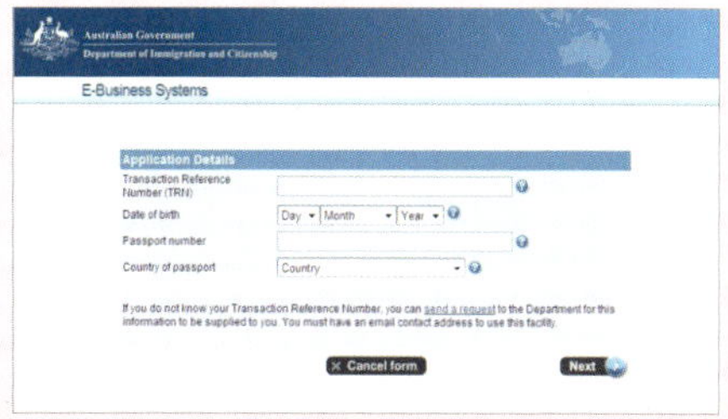

홈페이지 : https://www.ecom.immi.gov.au/inquiry/query/query.do?action=eVisa

02 [Next] 버튼을 클릭하면 오른쪽과
같이 현재 비자 진행 상황을 확인할 수
있다. 이 중에서 [Applicant Approved]가
바로 승인을 의미하는 내용이다.

03 [Applicant Approved]를 클릭하면
이어서 나오는 화면이 바로 호주 워킹홀
리데이비자 승인 레터이다.

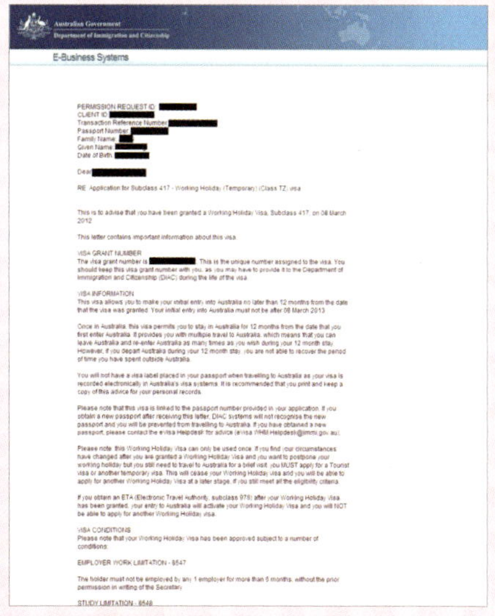

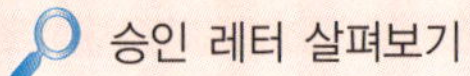
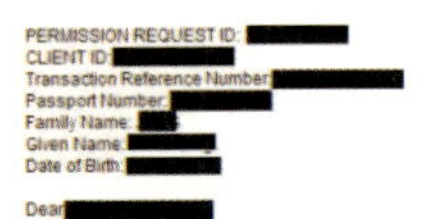

승인 레터 살펴보기

PERMISSION REQUEST ID:
CLIENT ID:
Transaction Reference Number:
Passport Number:
Family Name:
Given Name:
Date of Birth:

Dear

RE: Application for Subclass 417 - Working Holiday (Temporary) (Class TZ) visa

This is to advise that you have been granted a Working Holiday Visa, Subclass 417, on 08 March 2012.

This letter contains important information about this visa.

VISA GRANT NUMBER
The visa grant number is   . This is the unique number assigned to the visa. You should keep this visa grant number with you, as you may have to provide it to the Department of Immigration and Citizenship (DIAC) during the life of the visa.

VISA INFORMATION
This visa allows you to make your initial entry into Australia no later than 12 months from the date that the visa was granted. Your initial entry into Australia must not be after 08 March 2013.

Once in Australia, this visa permits you to stay in Australia for 12 months from the date that you first enter Australia. It provides you with multiple travel to Australia, which means that you can leave Australia and re-enter Australia as many times as you wish during your 12 month stay. However, if you depart Australia during your 12 month stay, you are not able to recover the period of time you have spent outside Australia.

You will not have a visa label placed in your passport when travelling to Australia as your visa is recorded electronically in Australia's visa systems. It is recommended that you print and keep a copy of this advice for your personal records.

Please note that this visa is linked to the passport number provided in your application. If you obtain a new passport after receiving this letter, DIAC systems will not recognise the new passport and you will be prevented from travelling to Australia. If you have obtained a new passport, please contact the eVisa Helpdesk for advice (eVisa.WHM.Helpdesk@immi.gov.au).

Please note: this Working Holiday Visa can only be used once. If you find your circumstances have changed after you are granted a Working Holiday Visa and you want to postpone your working holiday but you still need to travel to Australia for a brief visit, you MUST apply for a Tourist visa or another temporary visa. This will cease your Working Holiday visa and you will be able to apply for another Working Holiday Visa at a later stage, if you still meet all the eligibility criteria.

If you obtain an ETA (Electronic Travel Authority, subclass 975) after your Working Holiday Visa has been granted, your entry to Australia will activate your Working Holiday Visa and you will NOT be able to apply for another Working Holiday visa.

VISA CONDITIONS
Please note that your Working Holiday Visa has been approved subject to a number of conditions:

EMPLOYER WORK LIMITATION - 8547

The holder must not be employed by any 1 employer for more than 6 months, without the prior permission in writing of the Secretary.

STUDY LIMITATION - 8548

While in Australia you must not engage, for more than 4 months, in any studies or training.

It is very important that you understand and abide by your visa conditions. If you fail to abide by these conditions, your visa may be cancelled and you will be required to leave Australia.

If you do not understand your visa conditions please contact the nearest Immigration Office in Australia or Australian diplomatic mission overseas for advice before you travel (www.immi.gov.au/contacts).

After arrival in Australia, you may seek advice on any aspect of your visa conditions from the nearest office of the Department (www.immi.gov.au/contacts).

CHECKING YOUR VISA DETAILS
DIAC provides a service called Visa Entitlement Verification Online (VEVO) which allows certain third parties to check your visa information with your consent.

Through VEVO, you can give your consent to registered third parties such as: employers and labour suppliers, and government agencies, to check whether visa holders are eligible for certain services, or have work and study rights;
VEVO also allows visa holders who applied online to view their current visa details. If you provided a password for VEVO in your online application, you will be able to access the service on DIAC's website at www.immi.gov.au/e_visa/evo.htm

The disclosure of your visa information by DIAC is governed by the Privacy Act 1988. Therefore, DIAC will disclose information about your visa to a third party only with your consent. You can consent to an inquiry about your visa entitlements by giving the third party your name, date of birth, passport number and passport country of issue. If you do not wish a third party to find out about your visa entitlements, do not give them this information.

The information form 993i 'Safeguarding your personal information', available from Immigration offices, gives details of third parties to which you can consent to your personal information being disclosed, and how you can consent.

AUSTRALIAN WORKING CONDITIONS
Australian law sets pay rates and conditions of employment which cannot be undercut through informal agreements or unregistered contracts. If you have concerns about your pay and conditions, you can contact:

Fair Work Australia via their website at www.fwa.gov.au or by phone on 1300 799 675.

The Fair Work Ombudsman via their website at www.fwo.gov.au or by phone on 13 13 94.

Further information on employment in Australia is available on DIAC's website at www.immi.gov.au and on the website of the Department of Education, Employment and Workplace Relations at www.deewr.gov.au

SECOND WORKING HOLIDAY VISA
Working Holiday visa holders who have completed a minimum of three months of specified work in regional Australia, while on their first Working Holiday visa, may be eligible to apply for a second Working Holiday visa. Further information about the eligibility requirements for the second Working Holiday visa is available on the department's website at www.immi.gov.au/visitors

Information about specified work opportunities in regional Australia can be found on the Harvest Trail website at www.jobsearch.gov.au/harvesttrail

OTHER VISA OPTIONS
If, after arriving in Australia, you are interested in the possibility of a further period of stay, information about other visa options that may be available to you can be found at: www.immi.gov.au/visitors and www.immi.gov.au/skilled

We hope that you enjoy your stay in Australia.

Yours sincerely

Department of Immigration and Citizenship
Date: 04 April 2012

Disclaimer: The preceding correspondence is intended solely for the use of the individual to which it is addressed and may contain privileged and/or confidential information. If this email has been sent in error, then the recipient is prohibited from disclosing, reproducing or using the information contained within.

04 비자 신청 시, 입력한 E-Mail 주소로도 동일한 내용이 전달된다.

E-Mail을 출력하거나 위의 페이지를 출력해서 호주에 갈 때 가지고 간다. 다만, E-Mail의 경우 스팸 처리 되는 경우가 간혹 있으니 스팸 메일함을 잘 확인하고, 혹시 Mail이 오지 않더라도 이민성 웹사이트에서 승인을 확인했다면 전혀 문제가 되지 않으니 걱정하지 않아도 된다.

From: eVisa.WHM@immi.gov.au [mailto:eVisa.WHM@immi.gov.au]
Sent: Wednesday, July 25, 2012 6:06 PM
To:
Subject: Visa Grant Notification Application for Subclass 417 - Working Holiday (Temporary) (Class TZ) visa

PERMISSION REQUEST ID: 0 10 50   6
CLIENT ID: 8 8   253 48
Transaction Reference Number: EGO0AX1PMF Passport Number: M32888822 Family Name: Given Name: Date of Birth:

Dear

RE: Application for Subclass 417 - Working Holiday (Temporary) (Class TZ) visa

This is to advise that you have been granted a Working Holiday Visa, Subclass 417, on 25 July 2012.

This letter contains important information about this visa.

VISA GRANT NUMBER
The visa grant number is 81   56   60 83. This is the unique number assigned to the visa. You should keep this visa grant number with you, as you may have to provide it to the Department of Immigration and Citizenship (DIAC) during the life of the visa.

VISA INFORMATION
This visa allows you to make your initial entry into Australia no later than 12 months from the date that the visa was granted. Your initial entry into Australia must not be after 25 July 2013

Once in Australia, this visa permits you to stay in Australia for 12 months from the date that you first enter

워킹홀리데이비자 승인 레터

호주 워킹홀리데이비자는 별도로 여권에 붙이는 스티커 형식의 비자가 없으니, 승인 Mail이나 레터를 출력해서 가지고 다니면 됩니다.

THEME 01. 대한항공, 아시아나 이용하기

대한항공과 아시아나는 국적기이다 보니, 기내식이 우리나라 사람의 입맛에 맞는다는 것이 손꼽힐만한 장점이다. 게다가 스튜어디스들과 소통할 때도 힘들게 영어를 쓰지 않아도 된다는 점 역시 또 다른 장점이 될 수 있다.

특히 아시아나는 시드니로, 대한항공은 시드니, 브리즈번, 멜버른까지 직항을 운항하고 있으므로 경유를 하지 않아도 된다. 하지만 두 항공 모두 다른 경유항공에 비해 가격이 훨씬 비싸다는 점이 유일한 단점이다.

THEME 02. Qantas 항공 이용하기

Qantas 항공은 호주 항공사로 가격이 저렴한 편이고 호주에 있는 어떤 도시로든 입국이 가능하다. 하지만 우리나라에서 아직 Qantas 항공이 취항하지 않아 보통 일본 또는 홍콩에서 경유해서 호주로 입국한다.

THEME 03. 캐세이 퍼시픽, 싱가폴 항공 이용하기

캐세이 퍼시픽의 경우 홍콩에서, 싱가폴 항공의 경우 싱가폴에서 스탑오버를 할 수 있다. 이 말은 일정이 허락한다면 홍콩 또는 싱가폴에서 며칠 동안 여행이 가능하다는 얘기다. 물론 스탑오버를 하지 않고 바로 호주로 경유해서 입국을 할 수도 있다. 이와 같은 경우 홍콩에서의 경유 시간이 짧기 때문에 지루하지 않다는 장점이 있다. 하지만 왕복으로 티켓을 구매하게 되는 경우 돌아오는 날짜를 반드시 지정해야 하고 또 귀국 날짜 변경 시마다 수수료를 내야 하는 단점이 있다.

CHECK 호주로 갈 때 어떤 항공사를 선택하는 것이 좋을지 이야기하자면 항공사마다 다양한 가격과 일정이 있는 관계로 어느 것이 좋다라고 단정지어 이야기할 수는 없습니다. 하지만 가급적 처음 호주로 향할 때는 직항편을 추천해 드립니다.

항공을 이용하여 출국 시, 제한하는 짐 무게는 약 30kg이다. 위탁수화물, 즉, 항공사에 탁송을 의뢰하여 화물칸으로 운송하는 경우 최대 20kg, 그리고 승객이 기내에 가지고 탈 수 있는 휴대수화물의 경우 최대 10kg까지 가능하다. 초과 시, 1kg당 초과 요금(초과 요금은 의외로 만만치 않은 가격을 자랑한다.)을 내야 하니 신경 써서 짐을 꾸려야 한다. 예를 들어 캐리어의 경우 무게가 많이 나가는 하드 캐리어보다 소프트 캐리어의 무게가 덜 나가므로 그만큼 짐을 더 가져 갈 수 있다.

휴대폰의 경우 한국에서 미리 호주 주요 통신사 중 하나인 옵터스(OPTUS) 심카드를 구입해서 갈 수도 있다. 대신 현재 한국에서 내가 쓰는 전화기가 스마트폰이어야 가능하다. 또한 호주 4대 은행인 NAB, Commonwealth Bank의 계좌 개설도 한국에서 가능하다. 나는 수속한 유학원에서 모든 것을 처리해 줘서 환전의 경우도 여행자 수표는 전혀 가져가지 않았다. 미리 호주 계좌로 송금했기에 혹시 모를 일에 대비해서 100달러만 가지고 비행기를 탔다.

그러나 호주 은행 계좌를 열지 못했다면 현금보다 환율이 저렴한 여행자 수표로 바꿔서 가는 것이 좋다. 여행자 수표는 분실 시, 재발급이 가능하다. 여행자 수표에는 두군데의 서명란이 있는데, 구입한 후 한 곳에는 서명하고 다른 한 곳은 사용할 때 받을 사람이 보는 앞에서 서명을 하면 된다. 두 서명이 모두 동일해야 유효하므로 만약 분실해도 본인 이외에는 사용이 불가능하다. 서명을 위조한다고 해도 반드시 여권과 대조하므로 안전하다.

김치, 고추장, 된장, 김, 라면 등등을 바리바리 싸서 오는 사람들도 보았다. 호주에서도 비슷한 가격에 모두 구입이 가능하고, 심지어 어떤 제품은 한국보다 더 저렴하니 불필요하다고 여겨지는 물품은 과감히 뺄 것!

그림으로 살펴보는 준비물

여권/비자 승인 Mail

여권은 복사본을 챙겨 가면 유용!

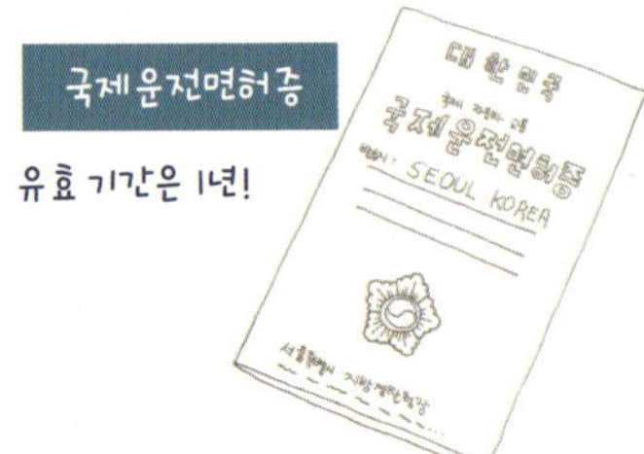

신용카드/체크카드

해외에서 사용 가능한 카드로,
비자 연장이나 호주 국내 항공 예약에 이용!

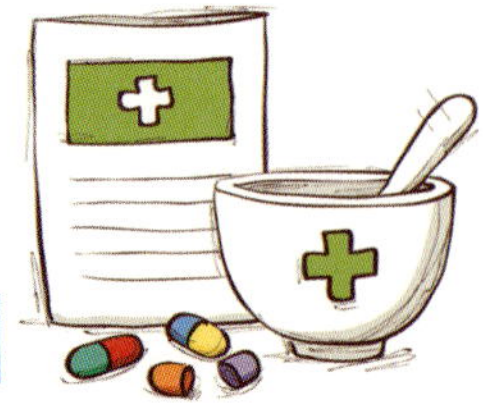

구급약품

소화제, 감기약, 반창고, 물파스, 상처연고 등

국제운전면허증

유효 기간은 1년!

책 및 필기구

너무 많이는 필요 없으며
Grammer in use면
충분하다!
또 필기구의 경우
우리나라제품이
훨씬 좋다!

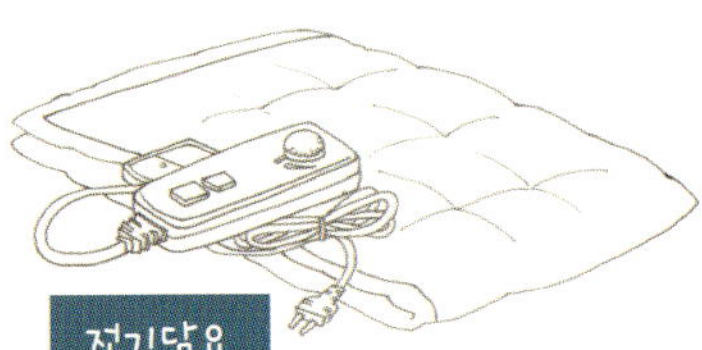

항공권 출발일, 영문 이름 확인은 필수!

알람시계

규칙적인 연수생활을
위한 생활필수품

전기담요

호주의 겨울은 생각보다 춥기 때문에
겨울에 연수를 간다면 반드시 챙겨둘 것

건전지

건전지 역시 호주에서 비싼 가격에
거래되며 기내 반입이 되지 않기 때문에
수화물에 넣어 보낼 것

입학허가서

학생비자로 가는 경우 만약을 위해 준비할것!

외장하드

사진 및 영어공부를 위한 자료를
보관하기 위해 반드시 준비!

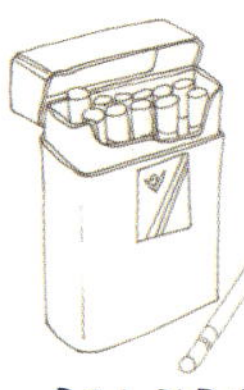

담배

호주는 한국보다 담배가
비싸다.(반입 가능 용량
은 250개피로 한보루나
두갑반)

MP3(라디오 겸용)
듣기 공부에 유용한 준비물!
전자사전
영어공부를 위해 반드시 준비해야할
필수 아이템
카메라
도난에 대비해야하는 품목이지만
연수의 추억을 남기기에 필수품인 준비물!
현지에서는 가격이 비싸기 때문에
분실이나 파손을 대비해 준비하기
안경 및 렌즈
노트북
영어공부, 여가 시간을 위해 필요하다.
화장품
사용해 오거나 알맞는
화장품 준비하기
세면도구
호주에서 구입 가능하므로
여행용으로 간단히 준비
호주에서 수영복은 의외의 필
수품으로 이용된다.
수영복
선크림
호주의 태양은 강렬하기 때문에
차단지수가 높은 것으로 반드시 준비
수건
의류 및 신발
우산
호주에서는 수건도
비싼 가격에 판매된다!
속옷과 양말은 넉넉할수록 좋으며 슬리퍼, 운동화,
샌들 정도를 챙겨둔다.
한국에서 신던 것을 빨아 가져가는 것을 추천!
굳이 새 신을 살필요는 없다!
호주는 날씨가
변덕스럽기 때문에
들고 다니기
가벼운 것으로 준비!
멀티탭 및 전자기기
호주는 230V-50Hz를 사용하고 있어 한국의 220V 제품을
호주 현지에서 사용해 전기 플러그가 필요하다! 한국에서
멀티탭을 준비하면 구입한 플러그를 통해 한 번에 사용 가능하다!

비행 시간이 길든 짧든 모든 국제선은 기본적으로 무조건 출발 시간으로부터 약 2~3시간 일찍 공항에 도착해야 원활한 수속이 가능하다. 지금부터는 공항으로부터 호주로 출국하는 순서들을 소개한다.

THEME 01. 체크인 카운터 찾기

먼저 공항의 3층 출국장에 도착하면 A~M까지 체크인 카운터가 위치한다. 여기에서 본인이 타고 갈 항공사의 체크인 카운터를 먼저 찾아 가도록 한다. 각 항공사별 체크인 카운터의 위치는 다음과 같다.

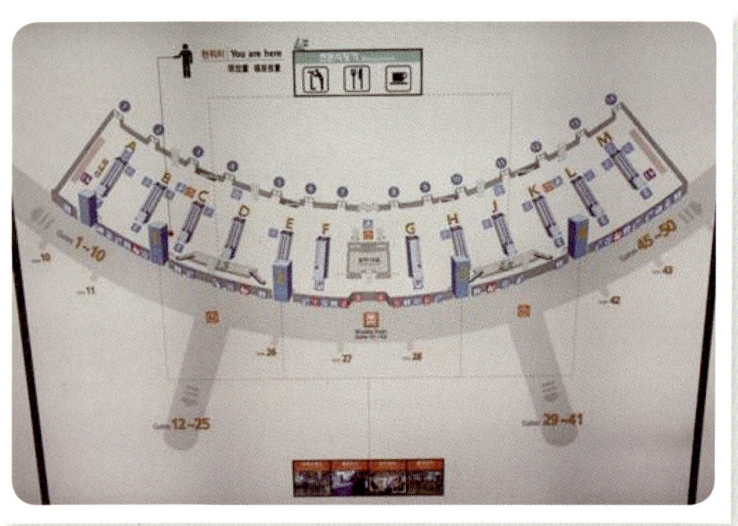

항공사명 (Code)	카운터 위치	항공사명 (Code)	카운터 위치
대한항공 (KE)	A, B, C, D	일본 항공 (JL)	G
아시아나항공 (OZ)	K, L, M	말레이시아 항공 (MH)	D
싱가포르 항공 (SQ)	K	에바 항공 (BR)	J
캐세이 퍼시픽 (CX)	H	전일본공수(NH)	J, K

THEME 02. 항공권 발권하기

이제 체크인 카운터를 찾았다면 항공권을 발권받아야 한다.

현재 인천공항은 티켓팅 수속 시간을 줄이기 위해 체크인 카운터 입구에 자동 티켓 발권기가 설치되어 있다. 덕분에 소지하고 있는 전자 티켓과 여권만 있다면 항공권 발권은 영화 예매만큼 간단하다는 사실!

이를 이용해 미리 발권한다면 같은 클래스끼리 본인이 원하는 자리를 지정할 수도 있다.

THEME 03. 수화물 싣기

발권을 마쳤다면 이제 줄을 서서 가져온 수화물 수속을 해야 한다. 수속 시에는 아무 줄이나 마음대로 서는 것이 아니라 비즈니스, 단체, 이코노미 좌석 중에 본인이 해당하는 줄을 찾아 서야 한다.

순서를 기다리다가 본인 차례가 오면 E-ticket(항공권)과 여권을 직원에게 제시하고 수화물을 레일 위에 올려 놓은 후 무게를 잰다.

수화물의 무게는 각 항공사마다 조금씩 다르긴 하지만, 보통 미주 구간은 23kg 2개, 그 외에 구간은 합친 무게가 20kg까지 무료로 위탁할 수 있다. 기내 가방은 캐리어나 백팩 제한 없이 7~9kg 정도 가지고 탈 수 있으며 노트북 가방이나 핸드백 정도의 간단한 짐을 하나 더 들고 탑승이 가능하다.

01 목적지까지 어떻게 가느냐에 따라 받는 티켓수가 다르다!

목적지까지 직항으로 가는 승객은 티켓을 한 장만 받고 경유항공을 이용하는 승객들은 티켓을 두 장을 받게 된다. 탑승권에는 해당 Gate 넘버가 배정되어 있고, 탑승 시간이 나와 있으니 잘 확인을 해야 한다.

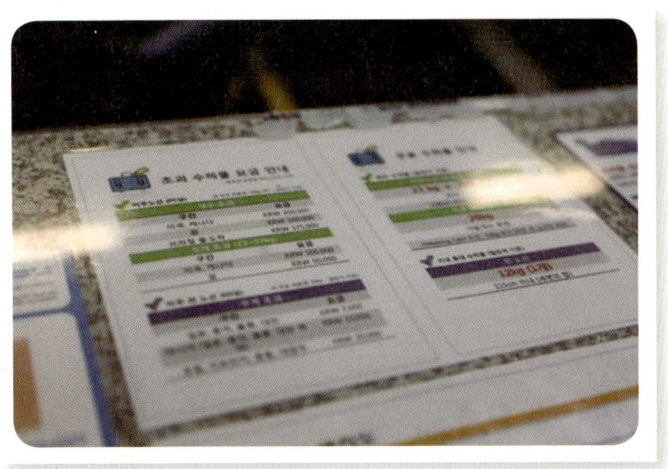

02 전자 티켓 살펴보기

• 전자 티켓은?

대부분의 사람들이 전자 티켓, 즉, 항공권(e-Ticket)과 탑승권(Boarding Pass)의 구분을 어려워하는데 사실은 전혀 어렵지 않은 부분이다.

기존에 사용되어 왔던 종이 항공권은 'Paper Ticket'이라고 불리며 다음과 같은 형태로 승객들에게 제공되어 왔다.

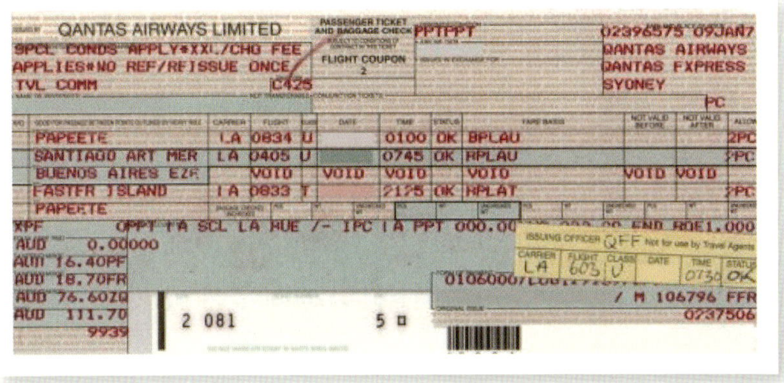

반면 전자 티켓(e-Ticket)은 2006년부터 변경되어 사용되었고 기존에 있었던 종이 항공권과는 달리 메일로 항공권을 받을 수 있게 되었다. 따라서 분실의 염려는 물론, 언제든지 출력할 수 있다는 이점이 있다. 전자 티켓은 다음과 같은 형태를 취하고 있다.

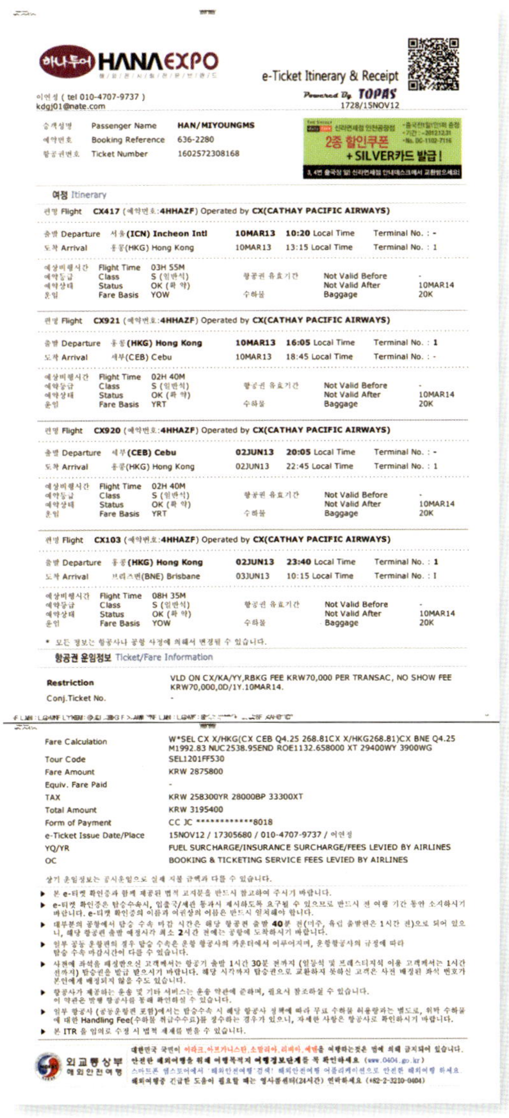

우선 전자 티켓만으로는 비행기 탑승을 할 수 없고 공항에 가서 탑승 수속 – 여권을 직원에게 제시하고, 짐을 보내는 등의 – 후에 보딩 패스(=탑승권)를 받아 비행기에 탈 수 있다. 즉, 전자 티켓은 보딩 패스를 받기 위한 하나의 교환권 같은 셈이다.

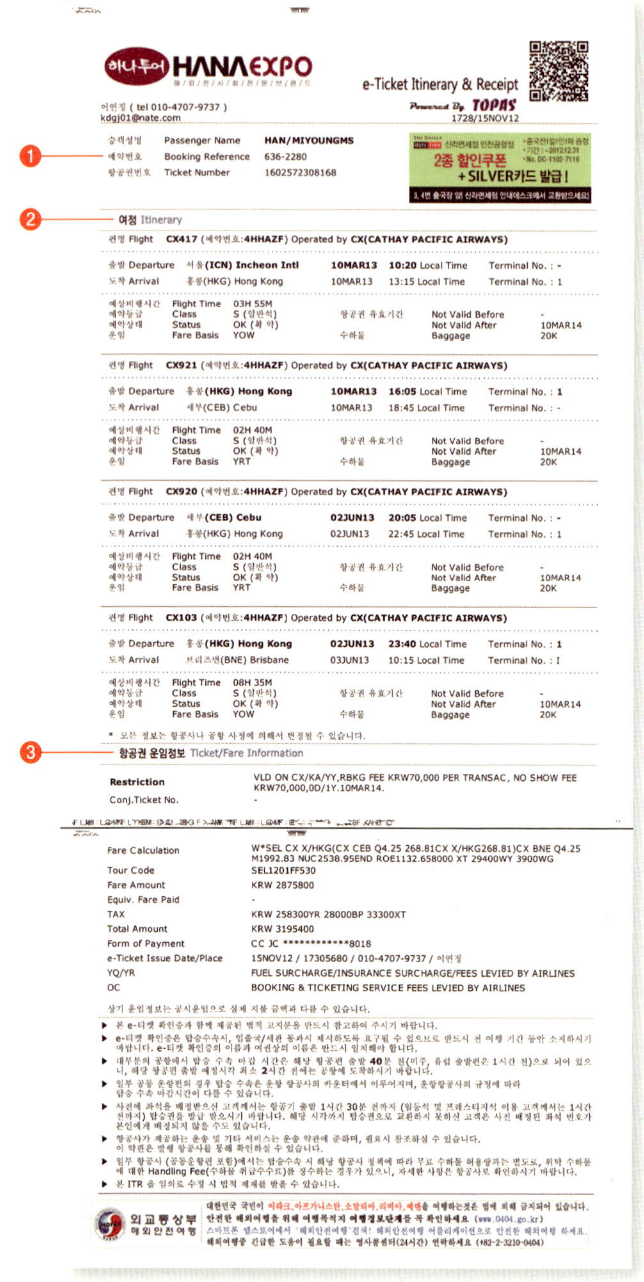

① 탑승자 정보 확인 : 가장 중요한 승객 성명이다. 영문으로 여권과 동일한지 반드시 확

인한다.

② 여정 및 수하물 확인 : 타고 갈 비행기의 편명, 날짜와 출발 시간 및 도착 시간을 확인한다. 또 출발과 도착 장소도 확인할 수 있다. 수화물의 20kg은 20kg까지 짐을 부칠 수 있다는 뜻이다.

③ 항공권 운임정보 확인 : 여행사를 통해 발권을 하게 되면 크게 신경을 쓰지 않아도 된다. 내가 낸 금액보다 훨씬 더 많은 Total Amount가 나오지만 이 금액은 신경을 쓰지 않아도 된다. 본인이 타고 갈 비행기의 탑승시각과 게이트를 확인한다.

전자 티켓에서 살펴볼 사항이 위와 같다면 보딩 패스에서는 어떤 사항들을 확인해야 할까?

• 보딩 패스 자세히 살펴보기

먼저 보딩 패스는 어떻게 생긴 것인지 다음 사진을 살펴보자.

보딩 패스에서 확인해야 할 사항들을 하나씩 보자면 아래와 같다.

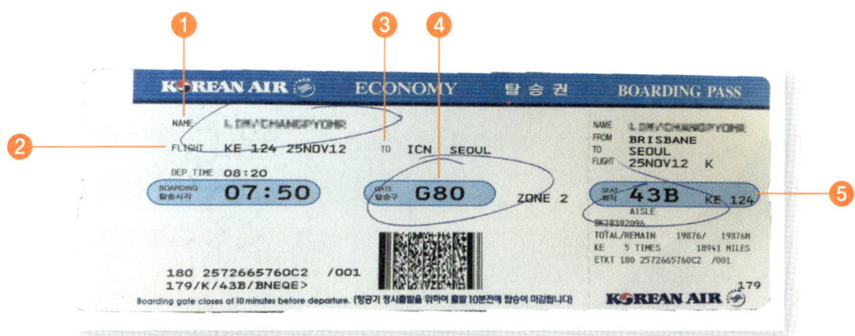

① NAME : 탑승자의 이름을 확인한다.

② FLIGHT : 타고 갈 비행기편명

③ TO : 탑승자가 갈 목적지가 맞는지 확인할 것.

④ GATE 번호(=탑승구)를 잘 확인할 것.
   (넓은 공항에서 헤매는 일이 있을 수 있습니다.)

⑤ 좌석 번호도 확인해 둘 것.

이제 이 과정을 거치면 출국장으로 향하자!

THEME 04. 출국장 찾기

보딩을 무사히 마치면 이제 가까운 출국장을 찾아야
한다. 보딩 후에 보안검색을 이유로 약 5분~10분 정도
기다린 후에 출국장으로 들어가면 된다.

인천공항은 1, 2, 3, 4번 출국장이 있으며 이 곳 가운데
서 어디로 들어가도 상관없다.

먼저 앞에 서 있는 직원에게 여권과 보딩 티켓을 보여주고 출국장으로 들어가면 된다. 간
혹 기내용 수화물을 체크하는 경우도 있으니 기내용 가방에 너무 많은 짐을 넣지 않도록
주의하도록 한다.

THEME 05. 보안검색

출국장에 들어서면 보안검색대가 있다. 여객과 시설의 안전을 위해 위험물품, 반출제한
물품 등의 휴대여부를 점검 받는다. 보안검색대에서는 검색요원의 안내에 따라 대기선에
서 순서에 따라 휴대물품은 X-Ray 검색장비 컨베이어 벨트 위에 올려놓고, 주머니의 소
지품들은 바구니에 넣고 금속탐지기를 통과한다. 보안검색을 마치면 본인의 휴대물품을
가지고 출국심사대로 이동한다.

01 기내 반입 금지 물품들

지금 소개하는 물품들은 모두 기내 반입 금지 물품들로 반드시 수화물로 보내야 한다.

- 액체, 젤류, 스프레이·왁스는 100ml 이하만 반입이 허용되며 가로x세로 20cm의 투명한
  지퍼백에 반드시 밀봉해야 한다.
- 뾰족하거나 날카로운 물건 칼(15cm 미만), 가위, 손톱깎기, 바늘 등도 반입 금지.
- 건전지 4개 이상은 다량으로 취급되어 반입 제한.
- 기타 모르핀이나 마약 성분의 진통제, 주사 등은 반드시 의사의 처방전을 지참할 것.
- 그 외에 15cm 이상의 칼, 총기류, 인화성 또는 폭발 물질은 수화물로도 반입이 불가능하다.

THEME 06. 출국심사

출국심사대에서 여권, 탑승권을 제출하고 출국심사를 받는다. 출국심사 전 유효한 여권을 소지하고 도착국가 또는 경유하는 국가의 유효한 입국사증 소지 여부를 확인해야 한다.

출국심사를 마치고 탑승구 확인을 한 후, 시간이 남으면 면세점 구경이나 쇼핑을 하는 것도 좋다. 단, 지나치게 쇼핑에 빠져 탑승 시각을 놓치지 않도록 주의할 것!

THEME 07. 각 공항별 Gate 살펴보기

01 대한항공/아시아나항공 승객

대한항공과 아시아나항공의 경우 안내판을 보면 6~28번 Gate/101~132번 Gate가 있는데, 6~28번 Gate는 대한항공, 아시아나항공을 이용하는 승객이며 셔틀트레인을 탈 필요 없이 번호 안내만 쭉 따라가기만 하면 탑승 Gate가 바로 나온다.

02 외항사 항공 승객

외항사를 이용하는 경우라면 101~132번 Gate 번호를 쭉 따라 가서 셔틀트레인을 타면 된다.

● 탑승 Gate로 가는 셔틀트레인은?

셔틀트레인은 2~3분에 한 번씩 계속 운행되며, 정류장이 없어 사람들이 타고 내릴 때 함께 움직이기만 하면 된다. 탑승한 셔틀트레인에서 내리면 에스컬레이터를 타고 올라가게 된다. 본인이 소지한 보딩 티켓에 나와 있는 Gate 번호가 101~117번이라면 왼쪽으로, 118~132번이라면 오른쪽으로 이동한다.

탑승 Gate 앞에서 편하게 앉아 탑승을 기다리거나 시간이 남는다면 면세점을 둘러보는 것도 좋다.

CHECK

경유하는 경우는 어떻게?

경유지에 도착해서는 비행기에서 내려 Transfer라고 쓰여진 출구로 나가야 합니다. 경유하는 승객들을 안내하는 항공사 직원이 체크인 카운터까지 안내해 주는 경우도 있습니다. 또, 몇 번 가본 나라가 아니라면 처음 와본 나라에서 공항 밖으로 나갔다가 항공 시간을 맞추지 못하는 경우도 생기기 때문에 경유 시간이 아무리 길어도 공항 밖으로 나오는 것은 추천하지 않습니다.

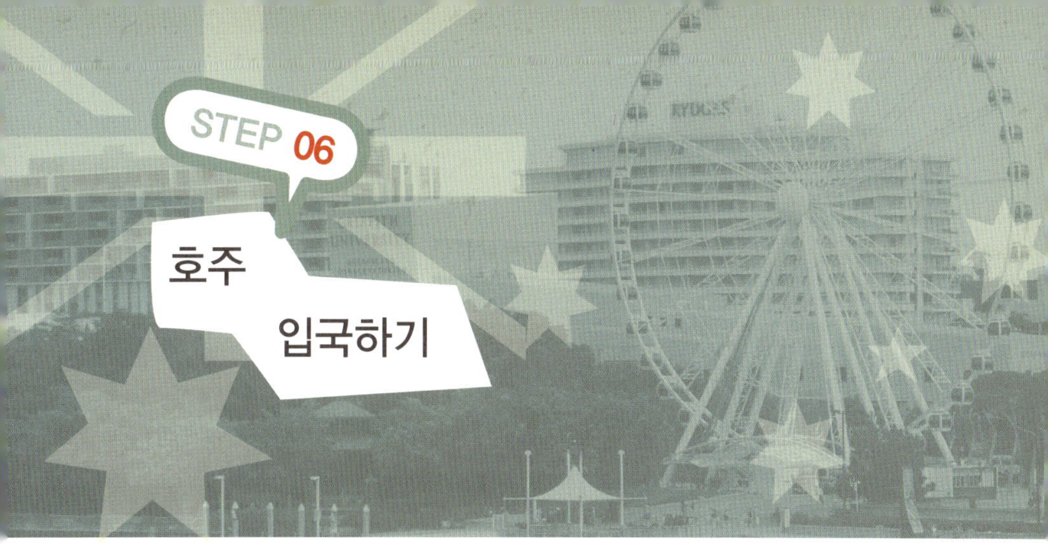

호주에 도착할 때쯤, 비행기 안에서는 기내 승무원이 호주 입국 신고서를 승객들에게 나눠준다. 대한항공이나 아시아나 같은 국적기의 경우 한글로 된 신고서를 나눠주지만 그렇지 않다면 영문으로 된 신고서를 받게 된다.

입국심사대 근처에 여러 가지 언어로 된 입국 신고서가 있으니 영어가 부족해도 걱정 없이 작성할 수 있다. 덧붙여 영어를 완벽하게 이해하지 못한다면 한글로 된 신고서를 작성할 것을 권한다. 영어로 되어 있는 질문을 이해하지 못해 각 질문에 잘못 답변을 하는 경우 입국심사 시에 큰 낭패를 볼 수 있기 때문이다.

호주는 청정 지역이 많고 자연생태계를 보호하는 것은 물론 외국의 유해 바이러스를 막기 위해 어떠한 종류의 음식물이든지 반드시 신고하셔야 합니다.

THEME 01. 입국 신고서 작성하기

01 앞면

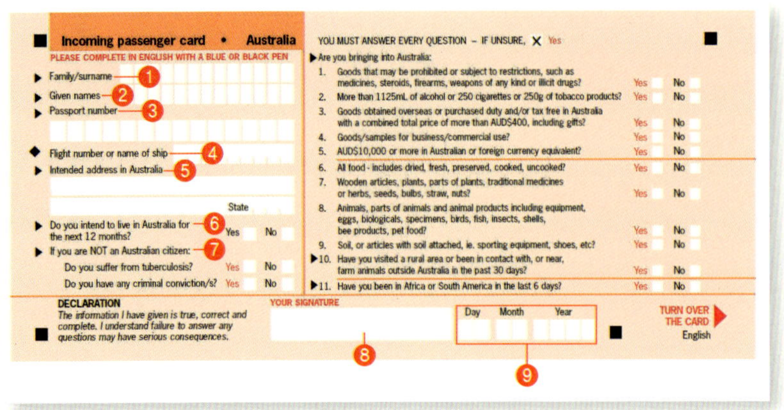

① 성

② 이름

③ 여권번호

④ 비행편 번호

⑤ 호주 내에 체류할 주소

⑥ 다음 12개월 동안 호주에 머물 계획이십니까?

⑦ 당신이 호주 시민이 아니라면

　• 결핵을 앓고 있습니까?

　• 범죄전과가 있습니까?

⑧ 서명

⑨ 입국일

• Yes/No 체크 항목 질문 내용

다음과 같은 물건을 호주에 갖고 들어오고 있습니까?

① 의약품, 스테로이드, 총포류 혹은 그 밖의 무기나 불법약품 등 금지되거나 제한된 물건

② 1125ml 이상의 술 또는 250개피 이상의 담배 또는 259g 이상의 담배제품

③ 선물을 포함하여, 합계금액이 $400 이상 되는 물건으로, 해외에서 샀거나 호주 내에서 면제로 구매한 물건

④ 사업용/통상 용도의 상품/견본

⑤ $10,000 상당 혹은 그 이상의 호주 혹은 외국화폐

⑥ 모든 형태의 음식류 – 말린 음식, 생 음식, 절인 음식, 익혔거나 또는 익히지 않은 음식 포함 – 먹을 수 있거나 요리할 수 있는 것

⑦ 목각 제품, 식물의 일부분, 전통 의약품 혹은 약초, 씨앗, 뿌리, 짚, 혹은 견과류

⑧ 동물, 동물의 일부분, 장비, 알, 생물 표본, 개, 고기, 곤충, 산호, 조개껍데기, 꿀벌, 양봉 제품, 애완동물용 식품을 포함한 동물과 접촉된 각종 제품

⑨ 흙 또는 흙이 묻어있는 물건들 즉, 운동기구, 신발 등

⑩ 지난 30일 동안 호주 밖의 다른 나라의 농장을 방문한 적이 있습니까?

⑪ 지난 6일 동안 아프리카나 남아메리카를 방문한 적이 있습니까?

02 뒷면

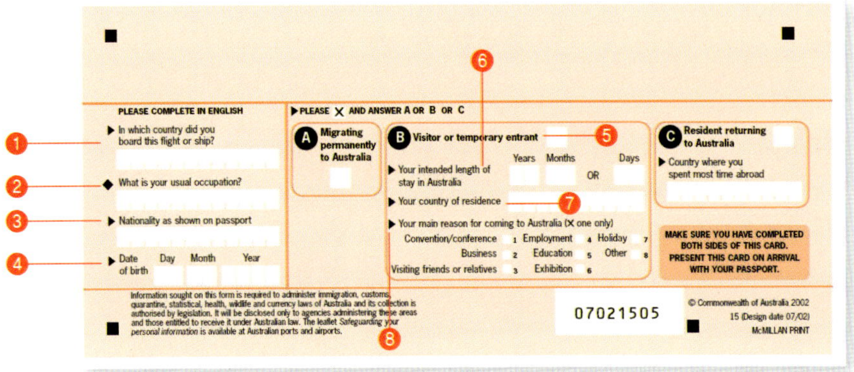

① 탑승지

② 직업

③ 국적

④ 생년월일

⑤ 방문 혹은 임시거주지

⑥ 호주 예상 체류 기간

⑦ 영주 거주 국가

⑧ 방문 목적

01 입국심사장 찾아가기

브리즈번 공항에는 비행기에서 내려 입국심사장
으로 가는 길에 도착자를 위한 면세점이 있다. 면
세점 내에 구비되어 있는 상품의 종류는 다양하지
않고 술, 담배 정도를 구입할 수 있다.

면세점을 지나면 아래와 같이 입국심사대 대기줄이 있다.

비행기 내에서 작성한 입국 신고서를 입국심사대의 직원에게 여권과 함께 제출하면 간단
한 질문 후에 여권에 입국 확인 도장을 받는다.

02 수화물 찾기

입국심사를 마친 후 짐을 찾는 곳에서 보내진 짐을
찾는다. 먼저 본인이 타고 온 항공기의 편명을 기억하
고 표시가 되어 있는 곳에 있으면 짐을 찾을 수 있다.

03 세관 검사

수화물을 찾은 뒤에는 마지막 순서로 호주 세관을 통
과해야 한다. 기내에서 작성한 입국 신고서를 직원에
게 제출하고 세관 신고서에 신고할 물건이 있다고 기
입했으면 빨간색 신고(To Declare) 쪽으로 가서 모든
짐을 검사받는다. 반대로 신고할 물건이 없다고 기입
했을 경우 초록색 신고(Nothing to Declare) 창구로
가서 통과하면 된다.

THEME 03. 입국 시, 주의사항

01 입국 신고서는 반드시 정직하게!

호주에 입국하면 세관에서 소지한 모든 짐들은 X-Ray, 직접검사 또는 검역 탐지견에 의
해 조사를 하게 된다. 이때 입국 신고서(Incoming Passenger Card)를 허위로 작성했을 경
우(예를 들면 음식물을 반입하는데 없다고 체크하고 적발된 경우), 바로 현장에서 $220에
해당하는 벌금을 내거나, $60,000 이상의 벌금 또는 징역 10년에 해당되는 처벌을 받을
수 있다. 덧붙여 입국자의 마음이 바뀌어 신고하고 싶지 않은 물품은 공항 터미널에 비치
되어 있는 검역 수거통에 폐기할 수도 있다.

02 검역 탐지견

검역 탐지견은 승객들의 가방에서 음식물, 식물, 동물과 이를 재료로 한 물품들을 탐지해
내도록 훈련된 개이다. 검역 탐지견은 가방에서 무엇인가를 발견하면 가방 옆에 가서 앉
도록 훈련되어 있기 때문에 검역 탐지견이 다가오면 가방을 바닥에 내려놓아야 한다. 그
런 경우 AQIS 직원이 가방 안의 내용물에 대하여 질문을 하고 호주 검역대상 물품이 있는
지를 확인하게 된다.

03 수화물에 대한 내용을 숙지하자

본인의 짐은 본인의 책임이다. 내용물을 잘 알고 입국 신고서(Incoming Passenger Card)
에 정확하게 신고해야 한다. 따라서 짐을 본인이 챙기지 않고, 부모님이나 다른 사람이 챙
겼다면, 반드시 짐 속에 무엇이 들어 있는지 인지해야 한다.

음식이 없는 줄 알고 신고하지 않았다가 부모님이 몰래 넣어주신, 매실이나 고추장볶음
등이 걸려서 벌금도 물고 애써 싸주신 음식도 빼앗길 수도 있다. 따라서 짐을 챙기기 전에
음식물 포장에 있는 라벨을 확인하여 제조 재료 중 금지품목이 들어있지 않도록 한다.
또 검역과 관련된 물품은 검사 시, 바로 제시할 수 있도록 준비한다.

04 문화 행사, 명절과 검역

문화 행사나 명절 기간에 여행자들이 호주에 특산품 선물이나 기념품들을 가지고 들어오는 것은 흔히 있는 일이다. 문제는 이러한 물품들 중 일부가 금지되어 있거나 검역을 이유로 반입이 불가하다는 것이다. 다음은 각 행사에 따른 금지 품목을 정리한 것이다.

행사	금지 품목
발렌타인 데이	생화
봄(북반구)	꽃과 야채류의 씨앗이나 구근
크리스마스	금지된 물품이 들어가 있거나 금지된 물품으로 만들어진 선물
신혼여행	생밤

05 호주 국제선을 이용하는 국내선 승객들의 주의사항

음식물이나 기타 검역대상 물품을 소지한 경우, 이 물품이 호주산이라는 것을 증명하는 영수증이나 다른 증명서를 검역 검사관에게 제시해야 한다.

만약 호주산이라는 것을 증명할 수 없다면 물품은 압수된다. 이 밖에도 일부 주에서는 호주 내 다른 지역산 청과물의 반입을 금지하고 있는 경우도 있다.

THEME 04. 호주 입국 시, 신고 물품과 가져오지 말아야 할 물품들

호주로 입국할 때 신고해야 할 물품과 가져오지 말아야 할 물품들을 알아보도록 하겠다.

01 신고와 함께 주의가 필요한 물품

호주 AQIS에서는 아래 물품들에 대해서 신고하거나 주의해야 할 품목이라고 하지만 개인적으로 반드시 신고해야 하는 물품이라고 생각한다. 아래 물품들을 가져오고, 신고를 하지 않아 실제로 빼앗기거나, 벌금을 낸 것을 많이 본 적이 있다.

음식물	스낵류	유제품 및 달걀 제품
• 상업용으로 제조된 식품 • 조리된 식품, 날음식물 • 음식 재료(한약제, 치료제, 강장제, 차류 포함) • 대추 등 건과류 채소 • 라면, 햇반, 포장식 요리 • 허브와 고춧가루 등의 양념류 • 한방약, 전통약재, 물약, 전통차(로열젤리 포함)	• 차, 커피, 코코아, 기타 유제품으로 만들어진 음료수 • 김치, 젓갈 장아찌, 고추장, 된장 • 멸치 등 해산물, 건어물, 염장해물, 날생선류 • 김, 생미역이나 말린 미역, 잎 기타 식물 재료로 싼 음식 • 기내식, 기내에서 제공하는 스낵류	• 치즈, 소스, 스프 등 유제품 • 재료에 10% 이상의 낙농성분이 든 모든 제품(건제품도 포함) • 우유, 요거트, 치즈가 든 샌드위치 등의 기내식 • 달걀(말리거나 분말로 된 것도 포함), 마요네즈 등 달걀 제품 • 어린이와 동반할 경우, 분유 (단, 뉴질랜드산 낙농제품은 허용)

02 가져오지 말아야 할 물품들

호주 AQIS에 따르면, 다음 물품들은 도착 시, 반드시 신고하고 검사를 받아야 한다고 안내하고 있다. 검역 위험도가 높은 물품에 속하지만, 수입허가증(Import Permit – 도착 전에 AQIS에서 발급받은)이 있거나, 호주 국내에서 물품에 안전처리를 하는 경우 반입이 허용될 수 있는 품목이다. 이러한 경우에 속하지 않으면 'AQIS에게 압수되어 폐기 처분되거나 공항 검역 수거함에 버려야 한다'라고 하지만 가급적 절대 가져오지 말아야 할 품목이라고 생각된다. 군이 수고스럽게 물품을 하나하나 설명해 허가 받는 것은 기운 빠지는 일이다. 또, 안전 처리하면 허용될 수도 있다지만, 허용되는 예를 거의 보지 못했다. 따라서 허가되지 않으면 폐기가 이루어지는 물품들을 군이 무게를 초과하면서까지 가져올 필요는 없지 않을까?

• 동물성 제품

① 통조림 처리되지 않은 모든 동물성 음식제품, 날음식, 건제품, 냉동품, 조리제품, 훈제품, 염장제품, 방부제품 등 모든 종류의 육류포함 (살라미, 소시지, 육포, 소고기가 들어간 고추장 등)

② 육류가 들어간 라면

③ 애완동물 먹이(통조림, 생가죽으로 만든 씹을 거리 포함)

④ 육류가 든 샌드위치를 포함하는 기내식

⑤ 동물의 가죽으로 만든 공예품 : 북, 장구, 방패 등

• 씨앗 · 견과류

① 날밤, 곡식, 팝콘 옥수수알, 익히지 않은 콩류,
   견과류, 잣 , 새 모이, 미확인된 씨앗들

② 포장된 씨앗

③ 씨앗으로 만든 장식품

• 청과물, 채소

① 생과일, 생야채, 냉동과일, 냉동야채

② 귤, 오렌지, 감, 마늘, 생강, 인삼, 고추, 파, 배추, 무등

• 동물제품

① 깃털, 뼈, 뿔, 상아

② 가죽, 피혁, 모피

③ 모직물과 동물 털 : 양모깔개, 양모덮개, 털실,
   공예품 등

④ 박제 동물, 박제 새 : 박제술 인가장 필요 –
   일부는 멸종생물 보호법에 의해 금지될 수 있음.

⑤ 조재 껍데기, 산포 : 장신구와 기념품 포함 – 산호는 멸종생물 보험법에 의해 반입금지

⑥ 꿀벌제품 : 꿀, 벌집, 로열젤리, 밀랍 등, 꽃가루는 반입금지

⑦ 사용한 동물 관련 장비 : 가축병원 장비 약품, 육류를 자르거나 판매에 사용되는 장비,
   마구, 말안장, 동물집, 새장 포함

⑧ 포든 포유동물, 조류, 조류의 알, 새의 둥지, 물고기, 파충류, 양서류, 곤충류

⑨ 녹용, 사슴피 : 뉴질랜드산이라고 표기된 뉴질랜드 사슴제품은 허용됨.

• 기타제품

① 조직 배양체를 포함하는 생물학적 표본

② 동식물 재료로 만든 공예품이나 취미용품

③ 사용한 스포츠 레저캠프 장비 : 텐트, 자전거, 골프, 낚시장비 등

④ 흙, 변 혹은 식물 원료에 오염된 신발, 등산화

⑤ 사용한 민물 물놀이용 장비나 낚시 장비 : 낚시대, 그물, 낚시복, 구명복 등

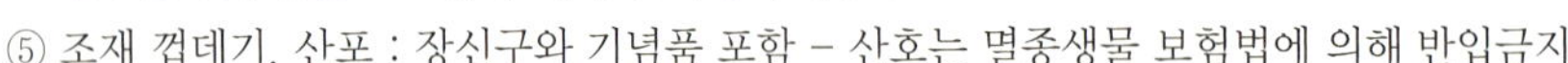

• 식물제품

① 나무제품과 목각제품(도료, 도장 제품 등), 나무껍질
  은 반입금지되어 있으며 압수처분이나 검역처리
  대상

② 식물재료가 들어간 한방약

③ 식물재료로 만든 장식품, 공예품, 소장품

④ 식물재료, 야자수 잎이나 식물 잎사귀로 만든 깔개,
  가방, 기타 제품(바나나 나무로 만든 제품은 반입금지)

⑤ 짚으로 만든 제품과 포장재

⑥ 대나무, 등나무 또는 등나무 줄기로 만든 바구니와 가구제품

⑦ 포푸리, 코코넛 껍질

⑧ 씨앗이 들어있거나 씨앗으로 채워져 있는 제품

⑨ 말린 꽃과 꽃꽂이

⑩ 생화와 레이 : 장미, 카네이션, 국화 등 줄기로부터 재배할 수 있는 꽃은 반입금지

⑪ 화분에 담겨 있거나 담겨있지 않은 뿌리 식물, 식물의 부분, 뿌리, 구근 곡식의 이삭,
  근경, 줄기, 기타 식용식물 재료

이후 무사히 세관 검사를 마쳤다면 짐을 챙겨 밖으로 나오면 된다.

그리고 공항을 빠져 나오면 본인이 머물 숙소로 향하면 본격적인 연수 시작이다.

THEME 05. 호주공항에서 City까지 어떻게 갈까?

인천공항에 비교하면 브리즈번 공항은 매우 규모가 작다.

브리즈번 City까지는 트레인을 타는 경우 20분 정도 소요 되고, 차를 타고 나오는 경우에는 30여분 정도 걸린다. 처음 공항에 도착해서 브리즈번 City까지 어떤 교통수단을 이용할지는 미리 정하는 것이 좋다. 선택할 수 있는 수단은 버스, 트레인 또는 택시 정도로, 버스와 택시를 이용하는 경우 미리 인터넷으로 승차권을 예약하면 할인을 받을 수 있다는 이점이 있다.

01 트레인 이용하기

트레인 승차권은 편도 또는 왕복 운행권을 구입할 수 있고, 2012년 하반기 어른 기준 요금은 공항에서 City(CBD)까지 편도권은 $15.50, 왕복권은 $29이다. 인터넷 예약 할인을 받으면 각각 $13.95, $26.10이다. 인터넷 예약은 Airtrain 홈페이지 메인 페이지에서 가능하다. 미리 인터넷으로 예약을 하지 못한 경우 공항 내의 인포메이션 센터에서 승차권을 구매하면 10% 할인 혜택을 받을 수 있다. 공항에서 브리즈번 City까지의 트레인은 오전 5시 45분부터 오후 10시까지 운행한다.

02 짐이 많다면 택시 이용하기

한국에서 가지고 온 짐이 많다면 대중교통을 이용하기 어렵다. 그런 경우에는 조금 비싸기는 하지만 택시를 이용할 수 있다. 공항 2층으로 나오면 택시들이 대기하고 있으며, 대기하고 있던 택시에는 $2의 추가요금이 부가된다.

일반적으로 호주 택시기사 중에는 중동인들이 많으며 택시를 타는 순간, 호주의 물가를 몸소(?) 느낄 수 있다. 하지만 공항에서 탄 택시라고 해서 추가로 요금이 발생하지는 않는다. 정확하게 미터기에 따라 요금이 책정되며 브리즈번 City까지는 대략 $50 정도 된다. 일행이 많은 경우 8인승 또는 12인승 택시를 이용할 수도 있고 3인 이상인 경우에는 트레인을 타는 것과 요금이 비슷하거나 오히려 줄일 수 있는 방법이 된다.

03 셔틀버스 예약으로 편하게 이동하기

택시보다 저렴한 교통수단을 찾는다면 셔틀버스를 예약해서 이용할 수 있다. 승객이 한 명인 경우 편도는 $20, 왕복은 $36이지만 두 명인 경우 편도가 $30, 왕복이 $54이다. 승객이 늘어날수록 요금이 낮아지므로 여러 명이 함께 여행하는 경우에 좋다. 셔틀버스는 공항 홈페이지에서 Transport options에서 Bus를 선택하면 예약할 수 있는 웹사이트 링크를 찾을 수 있다. 도착지를 브리즈번에 있는 호텔로 정할 수 있기 때문에, 셔틀버스는 호텔로 가는 경우 가장 유용하다. 셔틀버스의 도착지는 브리즈번 City 외에도, 골드 코스트 호텔, 선샤인 코스트 등을 선택할 수 있다.

호주 숙소 형태 살펴보기
FLINDERS STREET STATION
Australia

호주 숙소 형태 살펴보기

홈스테이는 호주 가정에서 호주인 가족들과 함께 생활하는 하숙 형태의 숙박이다. 일반적으로 영어연수를 하는 학생들이 주로 이용하며 대부분 평일에는 아침과 저녁식사 이렇게 하루 2끼, 주말에는 아침, 점심, 저녁의 3끼 식사가 제공된다.

특별한 경우를 제외하고 1인 1실을 사용하며 침대, 옷장, 책상 등의 가구가 모두 갖춰져 있다. 집에 따라 방에 욕실, 화장실이 딸린 경우도 있다.

THEME 01. 홈스테이의 장단점

01 장점

- 호주 문화, 생활, 음식, 주거 등을 이해하는데 가장 좋다!
- 홈스테이 식구들과의 대화를 통해서 영어실력을 높일 수 있다.
- 홈스테이 식구들을 통해 다른 호주 친구들을 만날 수 있다.

02 단점

- 문화적 차이를 인정해야 한다.
- 홈스테이 가족의 생활패턴에 나를 맞춰야 한다.
  (식사 시간, 귀가 시간, 화장실/욕실 사용 시간 등)

• 교통이 불편한 경우가 많다.

대부분의 호주 사람들은 차를 가지고 있다. 하지만 그들은 차를 사용하기보다는 가장 가까운 쇼핑센터 주차장 또는 트레인역 주차장에 주차를 하고 대중교통을 이용해서 출퇴근을 한다. 그러다 보니 차가 없는 학생들의 경우 홈스테이부터 버스정류장 또는 트레인역까지의 거리가 먼 경우가 많다. 또한 호주 사람들의 경우 걸어서 20~30분 정도는 멀다고 생각하지 않기 때문에 학생들의 불편함을 모르는 경우도 있다.

THEME 02. 호주 홈스테이에서 꼭 주의할 점은?

01 정확하고 확실한 호주 사람의 의사 표현

먼저 호주 사람들은 우리나라 사람들과 다르다는 것을 항상 기억해야 한다.

가장 두드러지게 다른 점은 역시, 확실한 의사 표현이다. 즉, 호주 사람들은 Yes or No가 확실하다는 말이다.

예를 들어 홈스테이 맘이 홈스테이 생활에 포함이 되지 않은 점심을 싸 준다고 했을 때, 대부분의 우리나라 사람은 예의상 일단은 괜찮다고 이야기한다. 그리고 머릿속으로 '홈스테이 맘이 그래도 싸 가지고 가라고 한 번 더 권해줄 때 못 이기는 척 받아오리라.'라고 생각한다.

하지만 호주 사람들을 포함한 홈스테이 맘은 괜찮다고 얘기를 하자마자 그것을 진심인 것으로 판단하여 점심을 싸 주지 않는다.

02 대화 내용을 이해하지 못했다면 천천히 이야기해 달라고 요청할 것!

또 다른 예로 처음에 호주에 와서 영어가 자연스럽지 않을 때, 홈스테이 가족의 이야기를 알아듣지 못 하는 경우가 생긴다. 이때는 사실대로, 이해하지 못했으니 다시 이야기를 해 달라고 반드시 말해야 한다. 만약 9시 이후에 방에서 조금 조용히 해줬으면 좋겠다고 했는데, 이해하지 못하고 무조건 알았다고 하는 경우가 있다. 그리고 평소와 같이 방에서 생활을 하게 되면 홈스테이 가족은 자신이 무시당했다고 생각을 하게 된다. 따라서 의사소통 시에 이해하지 못한 부분이 있다면 다시 물어보고 확실하게 이해한 후에 대답을 해야 한다.

홈스테이는 하숙이라기보다, 홈스테이 가정의 한 구성원이 되는 것이라고 생각을 해야 한다. 가끔씩 청소, 설거지 등을 도와주면서 먼저 가족에게 다가가는 모습을 보인다면 훨씬 빨리 영어를 향상시킬 수 있다.

호주는 우리나라처럼 원룸이 많지 않기 때문에 아파트, 또는 단독주택에서 여러 사람이 같이 사는 구조를 취하는 주거 형태가 잘 발달되어 있다.

쉐어는 자취 개념의 숙박 형태로 한 집에 같이 사는 모든 사람들과 시설 및 집기류 등을 나눠 쓴다고 생각하면 된다. 더 구체적으로 언급하자면 쉐어의 경우, 집은 물론, 방과 화장실, 세탁기, 그리고 냉장고와 식기류도 함께 쓴다. 또 혼자 생활하기에 부담되는 집을 렌트했을 경우, 함께 살 룸메이트를 구함으로써 렌트 비용을 반반씩 부담하는 경우도 있다.

THEME 01. 호주에서 쉐어는 왜 일반적일까?

호주에 와서 학생들이 경험하는 색다른 체험 중에 하나가 쉐어이다. 일명 쉐어 하우스라고도 불리는 쉐어는 성인이 된 젊은이들이 거주비용을 나누어서 부담하기 위해 모여 생활하는 것으로 호주에서는 상당히 일반화되어 있다.
그렇다면 왜 호주에서는 쉐어가 일반적인 거주 형태를 띄는 것일까?

자녀들이 성장해서 결혼을 하기 전까지 대부분 가족들과 함께 거주하는 동양의 문화와 달리 호주인을 포함한 서양 사람들은 성인이 됨과 동시에 독립을 하는 경우가 많다. 혹은 부모의 잦은 이혼과 재혼이 이런 문화를 만들어 내는데 일조를 했다고 말하는 사람들도 있다.

이런 영향으로 인해 호주 현지의 어떤 부모들은 자녀의 20살 생일 날짜를 카운팅 하며 기다리기도 한다고 한다. 이처럼 쉐어는 비단 한국인들만 하는 것이 아니라 현지 학생들에게도 상용되어 있다.

THEME 02. 쉐어는 어떤 사람들에게 적합한 거주 형태일까?

쉐어는 생활비를 줄이려는 학생들에게 유용하다. 호주도 지역에 따라 월세 요금이 천차만별이지만, 퀸즐랜드의 중심 도시인 브리즈번에서 방이 세 개인 아파트의 한 달 렌트 비용이 일주일에 $1,000가 넘는 곳이 대부분이다. 보통 한 시간에 $10에서 $15 사이의 급여를 받는 한국인 학생들에게는 너무 큰 비용이기 때문에 여러 명의 학생들이 렌트비를 나누어 부담하는 제도라고 생각하면 쉽게 이해가 될 듯하다. 하지만 한 방에 한 명 내지는 두 명이 공간을 나누어 사용하는 외국인들과 달리, 생활비를 줄이려는 목적이 강한 한국 학생들은 방 하나를 세 명이 나누어 사용하기도 하며, 거실에도 한두 명의 쉐어생이 거주한다.

THEME 03. 쉐어의 구성과 생활문화는?

쉐어는 주인 역할을 하는 마스터와 공간을 나누어 사용하는 쉐어생들로 구성된다. 호주에 장기적으로 머무를 목적이 있는 학생이 집 하나를 렌트를 하는데, 이들을 '마스터'라고 부른다. 보통 이들은 집을 관리하는 역할을 하는 대신, 비교적 낮은 쉐어비를 부담한다. 하지만 한 명이라도 빈 인원이 생기면, 모자라는 금액을 마스터들이 채워야 하기 때문에, 인터넷이나 게시판 등을 통해서 함께 거주할 쉐어생을 모집하는 역할을 해야 한다.

뿐만 아니라, 마스터들은 집안에서 지켜야 할 규칙을 정하며 함께 거주하는 쉐어생들을 관리한다. 마스터의 성격에 따라 집안의 분위기가 좌우된다고 해도 과언이 아니다. 예를 들면 공동으로 사용하는 화장실과 부엌이 항상 깨끗하기는 어렵기 때문에 깔끔한 성격의 마스터들은 매일 또는 매주 청소당번을 정하여 청결함을 유지하도록 한다.
안면이 없더라도 각자 다른 개성과 배경을 가진 성인들이 함께 거주하기 때문에 크고 작은 분쟁이 항상 있을 수밖에 없다. 규칙이 정해져 있기는 하지만 자신의 의무를 다른 사람에게 떠넘기려는 구성원이 있으면 그 피해는 고스란히 나머지 쉐어생들에게 돌아가게 된다. 이런 면에서 마스터들의 역할은 중요하지만, 마스터가 분쟁의 원인이 되기도 한다.

보통 쉐어생들이 일주일마다 내는 비용에는 전기세 등의 공과금이 포함되어 있다. 더러는 전기세를 아끼기 위해서 10시 이후에는 모든 전등을 소등해야 한다던지, 방 안에서 스탠드 전등을 사용할 수 없다와 같은 규칙을 정하는 마스터도 있다. 그렇기 때문에 쉐어를 구하는 학생들은 광고내용만 보고 집을 결정할 것이 아니라, 미리 전화를 통해 시간 약속을 잡고 집을 둘러 보는 것이 중요하다.

쉐어는 한국 학생들이 호주에 와서 마주하게 되는 또 하나의 작은 공동체이다. 그 안에서 새로운 사람들을 만나 가족이 되기도 하고, 타인과 어울려 지내기 위해서 자신의 일에 책임감을 가지는 것이 얼마나 중요한지를 알게 되는 기회가 될 수 있을 것이다.

THEME 04. 쉐어의 특이한 거주 풍경

쉐어는 여러 명이 한꺼번에 거주해 렌트 비용을 줄인다는 장점이 있지만 이러한 점을 악용해서 집 크기에 비해 많은 사람들이 살고 있는 집들도 있다. 일례로 한 집에서 많은 사람이 꾸역꾸역 몰려 살고 있는 경우도 있었다. 하지만 아무리 그래도 베란다에서 사람이 사는 건 너무하지 않은가?

결과적으로 한 집에 여러 명의 사람이 거주하기 때문에 렌트 비용은 저렴할지 몰라도 생활하면서 여러 가지 불편한 점도 감수하고 산다.
여기서 밝혀 두고 싶은 점은 호주 주거법상, 정원에 비해 많은 사람들이 모여 사는 것은 엄연한 불법이다. 이 문제가 한동안 호주 뉴스 및 신문에 크게 보도가 되었던 적도 있었다.

일반적으로 방이 2개인 경우 정원은 3~4명, 3개인 경우는 5~6명이다. 또한 스튜디오의 경우 1명 이상 거주가 불가능하다. 그러나 위치가 좋은 쉐어의 경우 워낙 가격이 높다보니 정원보다 더 많은 사람이 사는 경우가 있다. 거실 쉐어, 베란다 쉐어, 심지어 옷장 쉐어도 있다. 즉, 옷장에서도 사람이 살고 있다는 웃지 못할 상황이 실제로 일어나기도 한다는 것이다.

> **CHECK**
> 호주 사람들은 아파트의 발코니를 생활의 한 공간으로 여기며 친구들이 집에 방문하여 함께 식사를 할 때, 바깥 풍경이 잘 보이는 발코니에서 식사를 합니다. 그렇기 때문에 한국의 아파트와 달리, 발코니가 집안의 거실 만큼이나 넓고 깨끗하며 이 발코니에서 생활하는 쉐어 거주자도 있습니다.

THEME 05. 호주에서 괜찮은 쉐어를 구하는 법

호주에서 쉐어를 구하는 방법은 여러 가지가 있다. 그중에서 지금부터는 한국 사람과의 쉐어보다는 외국인 쉐어를 찾는 법을 소개하고자 한다. 외국인 쉐어는 호주 사람과 사는 것이 아닌 다른 나라 사람들과도 살 수 있기 때문에 외국인 쉐어라고 얘기한다.

• 인터넷으로 쉐어 구하기

대학교 안에 있는 게시판에도 쉐어 정보를 얻을 수 있지만 요즘은 인터넷으로 충분히 외국인 쉐어를 구할 수 있다. 몇 가지 대표적인 사이트를 나열해 보면 다음과 같다.

01 Realestate

호주에서 가장 대표적인 부동산 사이트로, 호주에서 렌트를 하거나 집을 매매할 때 가장 많이 이용되는 사이트이다.

홈페이지 : www.realestate.com.au

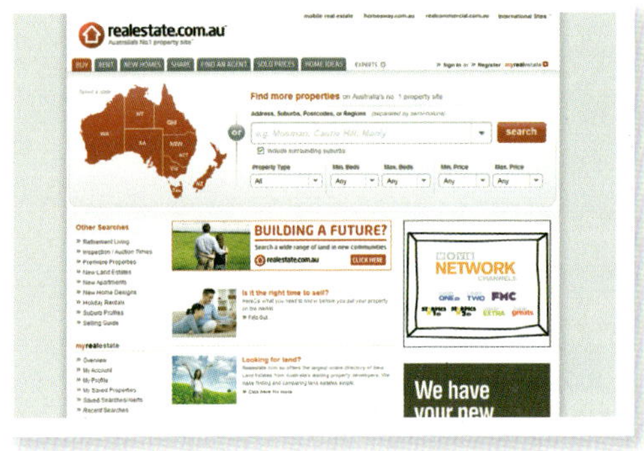

02 Gumtree

Gumtree는 영국, 호주에서 쉐어메이트를 찾거나 쉐어를 찾기 위해 많이 이용되는 사이트이다. 이곳에서는 중고물품 매매도 이루어지며 다양한 커뮤니티도 있어 정보를 얻는 것은 물론 지역별 검색도 가능하다.

홈페이지 : www.gumtree.com.au

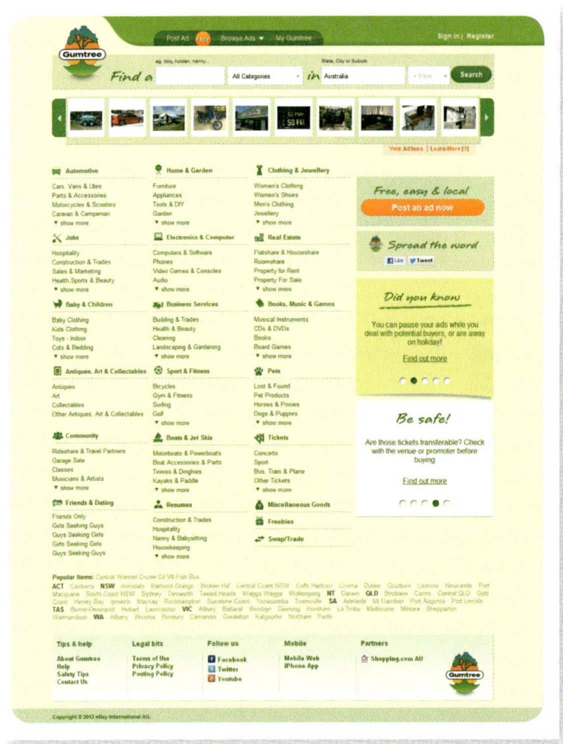

 **03** Flatmates

이곳은 쉐어에 대한 정보가 타 사이트에 비해 상당히 많은 것이 특징이다.

홈페이지 : www.flatmates.com.au

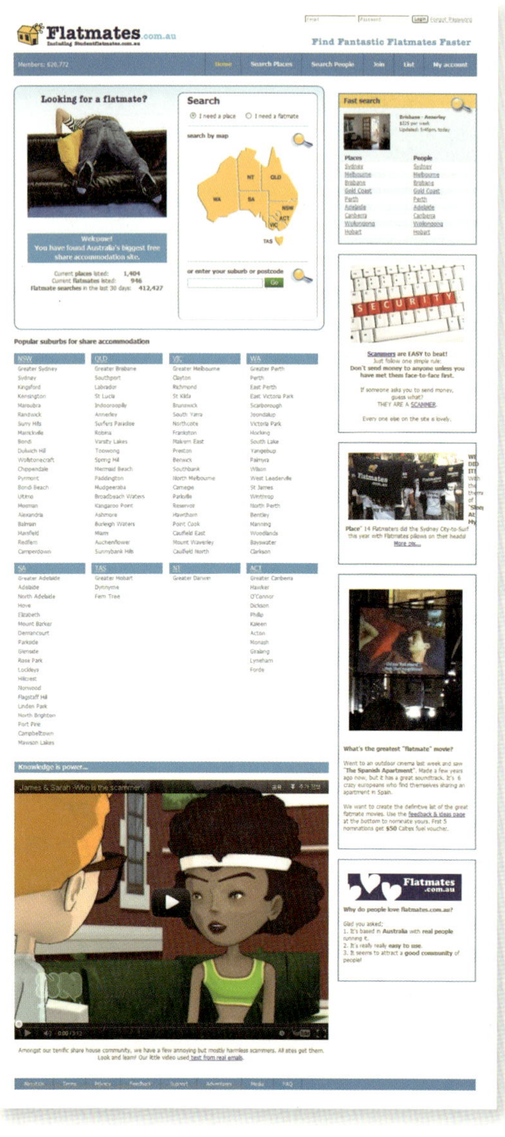

내 조건에 맞는 검색을 통해 쉐어를 구할 수 있다.

 홈페이지 : http://au.easyroommate.com

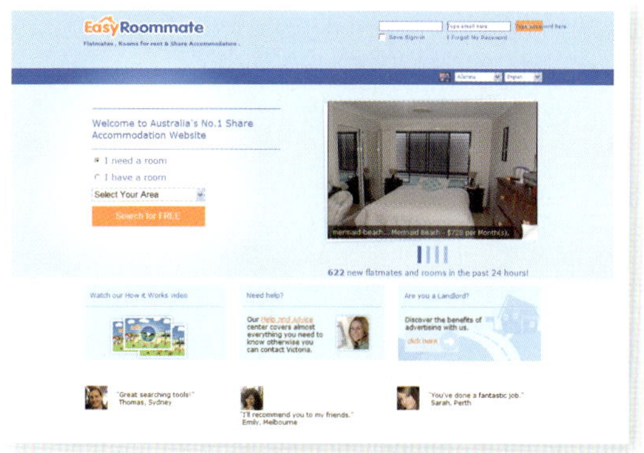

THEME 06. 쉐어 비용은 어떨까?

한국인 쉐어, 외국인 쉐어 모두 대부분 초기 Deposit(보증금)이 있으며 이 초기 Deposit을 'Bond'로 부른다. 쉐어비는 2주 단위로 내는 것을 원칙으로 하며 전기, 수도, 가스 등의 요금이 쉐어비에 포함되지만 집에 따라 다를 수 있으니 반드시 입주 전에 확인을 하는 것이 좋다.

더 이해하기 쉽도록 주당 $150.00의 쉐어룸에 들어간다고 가정하여 쉐어비를 살펴보도록 하자. 먼저 2주치의 Bond로 $300와 2주치의 쉐어비로 $300를 집주인에게 지불해야 하므로 처음 쉐어룸에 입주를 하기 위해서는 $600가 필요하다.

Bond의 경우 쉐어 기간이 끝낼 때 돌려받게 된다. 혹은 마지막 2주치의 쉐어비로 차감하는 경우도 있다. 또한 쉐어룸에 살면서 집을 파손한다거나 더럽히는 경우, Bond에서 차감하기도 한다. 또 쉐어를 나가고 싶다면 나가기 2주 전에 주인에게 통보해야 하며 이것을 'Notice'라고 한다.

01 집 종류

● Town House

타운 하우스는 한 울타리 안에 여러 집이 모여서 공동 관리를 받는 집.

공용으로 사용할 수 있는 수영장 바베큐 시설이 대부분 있으며, 보통 2층집으로 위층에는 방 3개 아래는 거실, 주방, 주차장 이렇게 되어있는 구조가 많다.

● Apartment

우리나라에서 보통 생각하는 아파트. 대부분 시티에 위치하고 있다.

- Unit

우리나라의 연립주택 개념

- High Set House

집이 땅에 붙어있지 않고, 나무기둥이 위로 붕 떠있는 집의 형태로 날씨가 더운 퀸즐랜드 지방 특유의 형태를 갖추고 있다.

- Low Set House

하이셋과 반대로 일반적으로 땅에 붙어있는 집을 가리킨다.

- Timber House

나무로 지어진 집.

● Brick House

벽돌로 지어진 집.

● Single Storey House

일층집.

- Double Storey House

이층집.

기타 나머지 주거 영단어

- House : 우리나라의 단독주택 개념
- Queens lander house : 퀸즐랜더 하우스는 호주 전통방식의 집
- Studio : 원룸 구조의 집으로 유닛이나 아파트에 많이 있는 형태

① Masterroom : 마스터룸은 우리나라의 안방에 해당하며,
   집에서 가장 큰 방으로 화장실이 딸려 있는 경우가 많다.

② Studyroom : 서재.

③ Bedroom : 일반적인 방.

④ Balcony : 발코니.

⑤ Living room : 거실.

⑥ Toilet : 화장실.(변기가 있는 곳)

　· Bathroom : 화장실.(변기가 없고 씻을 수 있는 공간)

⑦ Kitchen : 주방.

⑧ Diningarea : 식탁이 있는 곳.

⑨ Ensuite : 안방에 딸려있는 화장실을 지칭.

⑩ Build-in Wardrobe : 붙박이장.

나머지 집안 명칭은?

- Garage : 실내 차고
- Car Space : 주차할 수 있는 공간, 이렇게 쓰여 있다면 보통 천장이 없음
- Patio : 집 밖 야외의 천장이 있는 공간
- Rumpus(Entertainment Room) : 가족의 취미를 위한 공간
- Family room : 거실이 두 개인 경우, 손님 접대가 아닌 가족을 위한 거실
- Laundry : 세탁기가 있는 공간
- Gym : 헬스장
- Sauna : 사우나
- Pool : 수영장
- Spa : 월풀 목욕탕

- Room Share : 한 방에 한 명 이상이 사는 쉐어.
- Roommate : 방을 같이 쓰는 동료.
- Housemate : 집을 같이 쓰는 동료. 하우스 메이트를 구한다고 하면 독방에서 한집에 같이 사는 경우가 대부이다.
- Rent : 동사로는 집을 빌리다의 뜻을, 명사로는 렌트비라는 뜻을 갖고 있다.
- Let, Lease : 렌트와 같은 의미.
- Rent Fee : 렌트비.
- Bond Fee, Deposit : 쉐어나 홈스테이 렌트를 하기 위한 보증금. 문제가 없을 경우 집을 나갈 때 보증금 전액을 돌려받지만 집안에 무엇을 고장 내거나 하는 경우는 보증금을 받지 못한다. 집주인에 따라 다르지만 보증금은 보통 집값의 2주치를 지불한다.
- Tenant, Lessee : 세입자.
- Lessor, Landlord : 빌려주는 사람, 집주인.
- Full Furnished or Furnished : 가구가 완비되어 있음을 의미한다.
- Unfurnished : 가구가 없음.
- Electricity Bill : 전기비.
- Gas Bill : 가스비.
- Water Bill : 수도세.
- Broadband Internet : 초고속 인터넷.
- ADSL2+ : 호주에서 가정집이 사용하기에 제일 빠른 인터넷.
- ADSL : ADSL2+보다 느린 인터넷.
- Dial Up Internet : 전화선을 사용하는 인터넷.
- Wire less Internet : 무선 인터넷.
- Inspection : 집을 구경하는 것.
- Publictransport : 대중교통.
- Non Smoker : 비흡연자.
- No Pet : 애완동물 사절.
- Per Week, Per Fortnight, Per Month : 주별, 보름별, 월별.
  (예) 120 per week : 주당 $120.
- Landline : 전화선.
- Entry Notice : 세입자가 살고 있는 집에 방문해야 하는 경우, 세입자에게 최소 하루 전에 주어지는 노티스.(노티스에는 시간, 방문자, 이유 등이 적혀 있음.)
- Notice : 집을 나가기 전에 집주인에게 미리 알리는 것을 말하며, 보통 집 나가기 2주 전에는 통보(Notice)를 준다.
- Walking Distance : 걸어서 갈 수 있는 거리(걸어서 갈 수 있는 거리라고 특별히 쓰지 않은 경우는 전부 차 타고의 이동 시간임)를 의미한다.

- cul-de-sac : 막혀있는 길의 맨 마지막에 있는 집으로, 지나다니는 사람이 없어서 조용하고 안전하다.
- Foxtel : 호주의 케이블 TV.
- CeilingFan : 천장에 있는 팬.
- Uni : University의 줄임말.
- Security System : 우리나라의 세콤 같은 안전 시스템.
- Separate Access : 출입구가 집주인과 달라 집의 출입구를 개별적으로 사용할 수 있는 경우.
- Toilet Paper : 화장지.
- Brisbane CBD : 브리즈번 시티.
- Renovated : 개조한 (예) Renovated Kitchen : 개조한 주방.
- In Advance : 사전에 (예) 2 weeks share fee in advance 하면 2주치의 쉐어비는 미리 낸다는 의미이다.
- View : 전망.
- Zone : 거리를 나타내는 단위 1존은 시티를 말하며, 존이 늘어날수록 시티에서 멀어진다.

렌트(Rent)는 말 그대로 집을 통째로 빌려 사는 주거 형태이다. 홈스테이나 쉐어에 비해 많은 비용이 들어가는 것은 물론이고, 비자 기간이 길지 않다면 거절당할 수도 있다.

렌트는 쉐어를 구할 때와 마찬가지로 www.realestate.com에 들어가 렌트가 나온 집을 보고 부동산과 Inspection 날짜를 정해 따로 약속을 잡거나 Open Inspection 날짜에 맞춰 집을 보러 가면 된다. 살펴본 집이 마음에 든다면 부동산에서 주는 Application form을 작성해서 제출하고 집주인의 허가가 나면 입주하면 된다.

또는 아파트 같은 경우 On site manager라고 하는 관리인이 있는데, 대부분 집주인들에게 렌트 계약 위탁을 받은 경우가 많다. 부동산을 통하지 않고 관리인을 통해 집을 렌트할 수도 있다.

렌트를 할 경우 Bond는 쉐어처럼 2주치가 아닌 4주치의 주당 가격을 내야 하며 이 금액은 RTA라는 정부기관에 예치된다. 계약이 끝난 후 집주인은 마음대로 이 보증금을 공제할 수 없으며 집주인과 세입자가 서로 동의를 했을 경우 이 보증금을 세입자에게 돌려준다. 만약 렌트 기간 동안 집을 파손했다면 당연히 Bond에서 제해진다.

일반적으로 기숙사가 갖춰져 있는 영어 학교는 많지 않으며 실제로도 호주 유학생들 가운데 기숙사를 이용하는 경우는 1%도 되지 않는다. 그 이유로는 여러 가지가 있지만 무엇보다 유학생들 가운데 기숙사를 이용하려는 학생이 많지 않기 때문이다.

우선 가격적인 부분에서 기숙사는 전혀 메리트가 없는데 홈스테이 또는 쉐어에 비해 가격이 매우 높다. 또한 많지 않은 영어 학교에서 운영하는 기숙사는 주로 숙소의 개념이라고 보면 이해가 빠르다. 즉, 식사는 각자 해결을 해야 한다는 뜻이다. 아무래도 다른 문화배경을 가지고 있는 학생들이 하나의 음식에 만족을 하기는 어려울 것이고 그렇다고 입맛이 다른 학생에게 음식을 맞추는 것 역시 쉽지 않을 테니 말이다.

숙소로써 영어 학교에서 운영하는 기숙사의 퀄리티는 매우 높지만 그만큼 가격 역시 매우 높기 때문에 영어 학교를 다니는 학생들에게 기숙사는 크게 인기가 없다.
그러나 대도시가 아닌 중소도시에 위치한 영어 학교 기숙사의 경우 반대의 현상이 일어나기도 한다. 한국 학생이 많지 않은 도시의 경우 쉐어를 구하기 어려운 경우가 있다. 이럴 경우 영어 학교에서 운영하는 숙소가 항상 만원인 경우가 있다.

Noosa, Byron Bay, Perth 등에 캠퍼스를 가지고 있는 LEXIS 영어학원의 경우 학생 숙소를 저렴한 가격에 운영하고 있지만 빈자리가 나지 않는 경우가 많다. 특히 유럽 학생들이 많이 오는 시기에는 더욱 자리가 없다.

CENTRAL MARKET FLOWERS
Con's Fine Food
CHE
호주 현지 적응에 꼭 필요한 생활 길라잡이
Australia

호주 현지 적응에 꼭 필요한 생활 길라잡이

호주는 주마다 공휴일이 다르다. 나라에서 지정한 국경일의 경우 모든 주가 똑같이 지정이 되지만, 국경일을 제외한 학교방학이나 공휴일은 주에서 따로 지정할 수도 있어 공휴일은 주마다 또는 도시마다 달라진다.

THEME 01. 호주 연방정부에서 제정하는 국경일 및 공휴일

- 1 January(New Year's Day)
- 26 January(Australia Day)
- Good Friday
- Easter Monday
- 25 April (Anzac Day)
- 25 December(Christmas Day)
- 26 December(Boxing Day)

또한, 각 주마다 국경일 및 공휴일을 관장하는 기관도 다르다.

● 국경일 및 공휴일에 대한 일을 처리하는 주정부 사이트들

State	State Department	Contact number
Victoria	Business Victoria	13-22-15
New South Wales	NSW Government	131-628
Queensland	Fair Work Ombudsman	13-13-94
Northern Territory	Office of the Commisioner for Public Employment	(08)8999-5511
Western Australia	Department of Commerce	1300-655-266
South Australia	SafeWork SA	1300-365-255
Tasmania	Tasmania Online	1300-366-322
Australian Capital Territory	Chief Minister and Cabinet	13-22-81

01 New Year's Day 1월 1일

1월 1일은 New Year's Day이다. 만약 1월 1일이 일요일인 경우, 월요일까지 공휴일이다.

02 Australia Day 1월 26일

호주 건국 기념일인 1월 16일은 1788년 1월 26일 아서 필립 사령관이 이끄는 영국의 11척의 함대가 호주 Sydney Cove에 처음으로 도착한 날을 기념하는 날이다. 호주로 이주해 온 유럽계 이주민들의 호주 정착을 기념하기 위해 지정된 호주의 날은 원주민의 입장에서는 호주를 빼앗긴 날이자 재앙의 날이나 마찬가지여서 매년 크고 작은 충돌이 벌어지곤 한다.

03 Good Friday/Easter Monday

호주 최대 공휴일 중 하나인 부활절은 4월 셋째 주 금요일부터 월요일까지 또는 3월 21일 이후 보름달이 뜬 첫 번째 금요일부터 4일간의 연휴이다. 이때 대부분의 학교는 가을방학을 하게 된다. Good Friday는 예수님이 십자가에 돌아가셨던 날을 기념하며, 이때는 거의 모든 쇼핑센터들이 문을 닫는다. 그 다음날인 토요일은 Easter Eve라 불리며, 일요일은 Easter Day, 월요일 Easter Monday는 Easter Sunday 다음날이라고 해서 공휴일이다.

기독교 국가로 알려진 호주는 기독교의 절기를 국가 절기로 지키고 있지만 사실상 기독교 인구는 많지 않다. 오늘날에는 그저 휴가로 인식되어 부활절은 명목상으로 남아있다고 봐도 된다. 이 기간에는 멀리 있는 친척들과 만나고, 서로에서 선물을 주고 받는다.

Easter Holiday에는 특별한 Easter Egg Hunt라는 이벤트가 있는데, 달걀 모양의 초콜릿 'Easter Egg'을 곳곳에 숨겨두고, 어린아이들이나 가족에게 찾게 하는 보물찾기 비슷한 행사이다. Easter 초콜릿으로는 이스터 바니라는 토끼 모양의 초콜릿도 선물로 주고 받는다.

04 Anzac Day 4월 25일

안작데이는 한국으로 볼 때 현충일과 비슷하다. 1996년에 제정된 Anzac Day는 Anzac (Australia and New Zealand Army Corps) 1차 대전에 참전한 호주와 뉴질랜드 연합군을 추모하는 날이다. 1915년 호주와 뉴질랜드 동맹군은 처칠 수상의 지휘 아래 흑해에 항로를 내기 위해 터키 갈리폴리 반도 상륙작전을 수행했고 연합군은 8개월간 전투에서 1만 명이 넘는 군인이 전사했다.

당시 호주인구가 500만 명 정도라는 것을 볼 때 1만 명이라는 수치는 어마어마한 수이다. 호주정부는 전투 중 희생자가 가장 많이 발생했던 4월 25일을 Anzac Day, 추모의 날로 지정하였다. 또 이 'Anzac'이라는 단어는 국가 차원에서 보호되고 있어 사용하려면 정부의 허가가 있어야 한다.

Anzac Day의 4가지 상징

① Anzac Day Dawn Service
전쟁 당시, 새벽 무렵이 가장 공격하기 좋았던 때로, 4월 25일 새벽에 갈리폴리 반도 및 호주 전역에서 기념행사를 한다.

② Poppies
빨간 양귀비꽃은 1차 대전 이후 프랑스 북부와 벨기에에서 생명을 상징하는 것으로 알려져 있다. 그 이유는 전쟁 4년 동안 수많은 군인의 목숨을 앗아간 전쟁터에서는 빨간 양귀비꽃이 피었기 때문이라고 한다.

③ Rosemary
고대 그리스에서는 로즈마리가 사람들의 기억력을 강하게 해준다고 믿지만 Anzac Day에서는 전사자들을 오래도록 기리기 위한 상징이 되었다.

④ Anzac Biscuit
전쟁터에 나가는 아들과 남편들을 위해 여자들이 빵 대신 오랜 시간 상하지 않는 비스킷을 만들어 보냈다. 호주마켓에서 쉽게 살 수 있는 ANZAC Biscuit은 최근에 다양한 형태의 레시피로 비스킷이 만들어지고 있다.

05 Queen's Birthday

호주가 역사 속에서 영국의 식민지였을 당시 영국 엘리자베스 여왕은 호주의 군주였기에 영국 여왕의 생일은 국가적으로 기념되고 있었다. 이러한 이유로 호주를 포함한 여러 영연방 국가에서는 영국 여왕의 생일을 공휴일로 지정하고 있다. 실제 엘리자베스 여왕의 생일은 1926년 4월 21일이지만 영국 및 호주뿐만 아니라 다른 영연방 국가 및 지역에서의 Queen's Birthday는 날짜가 각각 다르다.

호주는 1942년 의회에서 영국 국회의사당의 법령을 비준한 이후 입법상의 독립을 달성했지만, 호주 사람들은 여전히 여왕을 그들의 군주로 생각하고 지금까지 여왕의 생일을 기념하고 있다.

호주에서의 여왕의 생일 날짜는 퀸즐랜드 주와 서호주를 제외한 나머지 주는 6월 둘째 주 월요일을 공휴일로 지정하고, 퀸즐랜드 주와 서호주는 9월의 마지막 월요일 또는 10월의 첫 번째 월요일을 공휴일로 지정하고 있다.(퀸즐랜드 주의 경우 2011년까지 6월 둘째주 월요일을 여왕의 생일로 지정하다 2012년부터 10월로 변경했다.)

06 Christmas Day

부활절 이후 하반기 호주 최대 공휴일은 Christmas Day이다. 크리스마스가 토요일이나 일요일이되면, 그 다음주 월요일이 공휴일로 지정된다.

07 Boxing Day

영국으로부터 전해지고 영연방국가 및 일부 유럽국가에서 공휴일로 지정된 Boxing Day의 기원은 부유한 사람들이 돈이나 음식 또는 물건들을 가난한 사람들에게 선물을 주는 것에 의해 시작되었다.

봉건시대 영주들이 크리스마스 다음날인 12월 26일에 Box에 옷, 곡물, 연장 등을 담아 농노에게 선물하며 1일간의 휴가를 주었던 것에서 유래하는 이 기간에는 백화점 및 상점의 Big Sale Day로 새벽부터 백화점이나 상점에 길게 늘어선 줄을 볼 수 있다. 전통적으로 Boxing Day가 토요일이 되면 그 다음주 월요일이 공휴일로 지정되고, Boxing Day가 일요일이 된다면 그 다음주 화요일이 공휴일이 된다.

THEME 03. 각 주 별 국경일 및 공휴일

01 ACT 주

Holiday	Date
New Year's Day	Sunday 1 January
New Year's Day	Monday 2 January
Australia Day	Thursday 26 January

Canberra Day	Monday 12 March
Good Friday	Friday
Saturday after Good Friday	Saturday 7 April
Easter Monday	Monday 9 April
Anzac Day	Wednesday 25 April
Queen's Birthday	Monday 11 June
Labour Day	Monday 1 October
Family and Community Day	Monday 8 October
Christmas Day	Tuesday 25 December
Boxing Day	Wednesday 26 December

02 NSW 주

Holiday	Date
New Year's Day	Sunday 1 January
New Year's Day	Monday 2 January
Australia Day	Thursday 26 January
Good Friday	Friday 6 April
Saturday after Good Friday	Saturday 7 April
Easter Sunday	Sunday 8 April
Easter Monday	Monday 9 April
Anzac Day	Wednesday 25 April
Queen's Birthday	Monday 11 June
Bank Holiday	Monday 6 August
Labour Day	Monday 1 October
Christmas Day	Tuesday 25 December
Boxing Day	Wednesday 26 December

03 VIC 주

Holiday	Date
New Year's Day	Sunday 1 January
New Year's Day	Monday 2 January
Australia Day	Thursday 26 January
Labour Day	Monday 12 March
Good Friday	Friday 6 April
Saturday after Good Friday	Saturday 7 April
Easter Monday	Monday 9 April
Anzac Day	Wednesday 25 April
Queen's Birthday	Monday 11 June
Melbourne Cup	Tuesday 6 November
Christmas Day	Tuesday 25 December
Boxing Day	Wednesday 26 December

04 Queensland 주

Holiday	Date
New Year's Day	Sunday 1 January
New Year's Day	Monday 2 January
Australia Day	Thursday 26 January
Good Friday	Friday 6 April
Saturday after Good Friday	Saturday 7 April
Easter Monday	Monday 9 April
Anzac Day	Wednesday 25 April
Labour Day	Monday 7 May
Queen's Diamond Jubilee (2012 only)	Monday 11 June
Royal Queensland Show – Brisbane Area Only	Wednesday 15 August
Queen's Birthday	Monday 1 October
Christmas Day	Tuesday 25 December
Boxing Day	Wednesday 26 December

05 Western Australia 주

Holiday	Date
New Year's Day	Sunday 1 January
New Year's Day	Monday 2 January
Australia Day	Thursday 26 January
Labour Day	Monday 5 March
Good Friday	Friday 6 April
Easter Monday	Monday 9 April
Anzac Day	Wednesday 25 April
Foundation Day	Monday 4 June
Queen's Birthday	Monday 1 October
Christmas Day	Tuesday 25 December
Boxing Day	Wednesday 26 December

06 Tasmania 주

Holiday	Date
New Year's Day	Monday 2 January
Australia Day	Thursday 26 January
Eight Hours Day	Monday 12 March
Good Friday	Friday 6 April
Easter Monday	Monday 9 April
Anzac Day	Wednesday 25 April
Queen's Birthday	Monday 11 June
Christmas Day	Tuesday 25 December
Boxing Day	Wednesday 26 December

07 South Australia 주

Holiday	Date
New Year's Day	Sunday 1 January
New Year's Day	Monday 2 January
Australia Day	Thursday 26 January
Adelaide Cup	Monday 12 March
Good Friday	Friday 6 April
Saturday after Good Friday	Saturday 7 April
Easter Monday	Monday 9 April
Anzac Day	Wednesday 25 April
Queen's Birthday / Volunteers Day	Monday 11 June
Labour Day	Monday 1 October
Christmas Eve	Monday, 24 December
Christmas Day	Tuesday 25 December
Boxing Day / Proclamation Day	Wednesday 26 December
New Year's Eve	Monday, 31 December

08 Northern Territory 주

Holiday	Date
New Year's Day	Sunday 1 January
New Year's Day	Monday 2 January
Australia Day	Thursday 26 January
Good Friday	Friday 6 April
Saturday after Good Friday	Saturday 7 April
Easter Monday	Monday 9 April
Anzac Day	Wednesday 25 April
May Day	Monday 7 May
Queen's Birthday	Monday 11 June
Picnic Day	Monday 6 August
Christmas Day	Tuesday 25 December
Boxing Day	Wednesday 26 December

THEME 01. 호주 화폐, 그것이 궁금하다!

호주에서 가장 기본이 되는 사항은 뭐니뭐니해도 '돈'이다.

호주 현지에서 이 돈이 없다면 학비 지불은 물론, 식료품 및 생필품 구입 등과 같은 기본적인 생활도 이어가기 어렵다.

지금부터는 호주에서 어떤 화폐들을 사용하고 있는지 살펴보도록 한다.

작은 직사각형과 원 모양을 갖추고 있는 호주 화폐에는 호주 고유의 문화와 과학이 결합되어 있다!

호주의 화폐 단위는 호주 달러(AUD)이다.

5달러, 10달러, 20달러, 50달러, 100달러의 지폐와 5센트, 10센트, 20센트, 50센트, 1달러, 2달러의 동전이 사용되고 있다.

먼저 호주 역사 속 위인과 현재의 유명 인물이 등장하는 지폐를 살펴보면 다음과 같다.

01 호주 지폐 살펴보기

• 100달러 지폐

은행 또는 카지노에 가야만 볼 수 있는 호주 화폐 가운데 가장 큰 100달러 지폐의 앞면에는 전설적인 소프라노 가수 넬리 멜바(Nellie Melba, 1861~1931)가 인쇄돼 있다. 그녀의 본명은 헬렌 미첼Helen Porter Armstrong Mitchell)이고 멜바는 그녀의 고향인 멜버른에서 딴 예명이라고 한다.

100달러 지폐의 뒷면에는 존 모나쉬(John Monash, 1865~1931)가 있다. 존 모나쉬는 세계 1차 대전에 참전한 존경 받는 군인이자 행정가이다. 또한 공학자이기도 한 다재다능한 인물이다. 오늘날 멜버른의 모나쉬 대학은 바로 이 존 모나쉬의 이름을 딴 학교라고 한다.

앞

뒤

• 50달러 지폐

50달러 지폐의 앞면에는 에버리진(원주민) 출신의 작가이자 발명가인 데이비드 유나이폰(David Unaipon, 1872~1967)이, 뒷면에는 호주 최초의 여성 의원 에디스 코완(Edith Cowan, 1861~1932)이 각각 그려져 있다.

에디스 코완은 여성과 아동의 인권과 복지 향상에 헌신한 진취적인 여성이었다고 한다. 데이비드 유나이폰과 에디스 코완 모두 호주의 소수자를 위해 힘쓴 위인이라는 공통점이 있다.

앞

뒤

- ## 20달러 지폐

20달러 지폐의 앞뒤에는 각각 로열 플라잉 닥터 서비스(세계 최초의 항공 의료 단체)의 설립자 존 플린(John Flynn, 1880~1951) 목사와 전과자로서 호주에 왔으나 사업가 · 탐험가로 성공한 메리 레이비(Marry Reibey, 1775~1855)가 있다.

앞

뒤

- ## 10달러 지폐

10달러 지폐에는 앞뒤 모두 호주의 대표적 시인들이다. 앞면의 시인은 호주 사람들의 삶을 주제로 시를 쓴 앤드류 바튼 패터슨(Andrew Barton Paterson, 1864~1941)이고 뒷면의 시인은 자연과 사람들에 대한 시를 만든 메리 길모어(Mary Gilmore, 1865~1962)이다.

지폐를 장식하는 인물들이 모두 시인인 까닭에 인물 뒤를 살펴보면 아주 조그마한 글씨로 그들의 시가 쓰여져 있다.

앞

뒤

호주는 영국 연방 국가이다. 이러한 호주의 정체성을 바로 5달러 지폐에서 확인할 수 있다. 5달러 지폐의 앞면에는 현재 영국의 군주인 엘리자베스 2세가, 뒷면에는 호주 수도 캔버라의 국회의사당이 나와 있다.

앞

뒤

이처럼 다양한 위인이 등장한 호주의 지폐에는 공통점이 있다. 바로 지폐 등장인물의 성비를 지킨다는 것이다! 호주는 양성평등을 중요하게 생각하는 국가인만큼 지폐 한 면의 인물이 남성이면 다른 면은 여성 인물을 배치해 성별 균형을 맞춘다.

그리고 호주 지폐에서 역사 · 문화와 함께 과학적 기술력을 느낄 수 있는 부분!
호주 지폐는 세탁기에 넣고 돌려도 찢어지지 않는다. '폴리머'라는 플라스틱 재질의 화합물로 만들어졌기 때문이라고 한다. 1992년 5달러를 폴리머로 발행하고 1996년에는 세계 최초로 모든 지폐를 폴리머로 발행했다.
폴리머로 만들어진 호주 지폐는 지폐 뒤에 있는 물체가 보이도록 지폐의 일부분을 투명하게 만드는 투명창(Clear Window) 기술이 적용돼 위조가 어렵다는 장점이 있다. 또 잘 구겨지지도, 더러워지지도 않는다.

02 호주 동전 살펴보기

앞서 호주의 지폐 종류와 지폐의 문화 및 과학성을 살펴봤다면 지금부터는 호주 동전을 통해서 호주의 상징성을 찾아보도록 한다.
동전에는 호주를 나타내는 동물을 비롯한 여러 상징물을 만나볼 수 있다.

2달러 동전에는 호주 원주민이, 1달러 동전에는 호주의 대표 동물인 캥거루 다섯 마리가 있다. 50센트 동전에는 호주의 국가 문장이 새겨져 있다. 20센트 동전에는 오리너구리, 10센트에는 금조, 5센트 동전에는 바늘두더지가 있다.

동전의 뒷면에는 공통적으로 엘리자베스 여왕이 새겨져 있다. 신기한 점은 동전 제작 연도 당시마다 엘리자베스 여왕의 모습이 반영되기 때문에 점점 나이 들어가는 여왕의 모습을 동전을 통해 확인할 수 있다.

또 하나 기억해야 할 점은 호주 화폐는 가장 작은 단위가 5센트이다. 그런데 상품 금액이 '5달러 43센트'와 같이 매겨진 경우 값을 어떻게 치러야 할까? 정답은 반올림이다! 5달러 43센트는 5달러 45센트로 계산하고, 5달러 42센트는 2센트를 버려서 5달러 40센트로 계산한다. 이 반올림과 버림(?)으로 인해 호주 사람들은 물건을 살 때 끝자리를 버릴 수 있는 숫자 2와 7로 만들려고 한다. 이렇게 호주의 화폐를 알아봤으니, 지금부터는 이 돈을 자주 활용할 수 있는 은행 이용법을 소개한다.

THEME 02. 호주에는 어떤 은행이 있을까?

01 Commonwealth Bank

호주에서 가장 큰 은행으로, 최근 들어 유학생들이 가장 많이 이용하는 은행이면서 또 호주 내에서 가장 많은 ATM을 가지고 있는 은행이기도 하다. 학생비자 소지자들에게는 계좌 유지비가 무료이며, 워킹홀리데이비자 학생도 학교를 다닌다면 그 기간만큼 계좌 유지비를 면제시켜준다.

Commonwealth Bank에는 다음 4종류의 계좌가 있다.

• Smart Access

① **수수료** : 매달 $4.(학생인 경우 공부하는 동안 수수료 무료)

② **혜택** : 무제한 Commonwealth Bank ATM 이용, 폰뱅킹, 인터넷뱅킹, 수표, EFTPOS, Master Debit Card, 창구 거래 이용 시, 수수료 부과.($2)

③ **특징** : 본인 계좌에 돈이 있어야 결제가 가능한 우리나라의 체크카드와 같은 개념으로 Master Debit Card를 발급받을 수 있으며 Master 신용카드처럼 사용이 가능하다. 호주에서 국내 항공 발권, 렌터카 대여 등을 결제할 때 유용하게 사용할 수 있다.

• Complete Access

수수료가 매달 $6이고 Smart Access와 전반적으로 비슷하지만 창구거래 이용 시, 수수료가 없다.

• Net Saver

① **수수료** : 무료.

② **이자율** : 4.75%

③ **특징** : 인터넷에서만 존재하는 계좌로, 카드 사용이 불가하며 오로지 인터넷에서만 사용 가능하다. 이 계좌는 은행이자를 받을 수 있도록 해 주고 있으며 입출금에 제한이 없다.

• Goal Saver

① **수수료** : 무료

② **이자율** : 6%

③ **특징** : 한 달에 최소 $200 이상 잔고를 유지해야 이자율 6%가 유지되는 계좌로 저축해 두는 사람에게 추천할 만한 계좌이다.

Commonwealth가 공격적인 마케팅을 하기 전까지 유학생, 교민들 모두 계좌를 하나씩 가지고 있던 ANZ 은행이다. 마찬가지로 학생비자 소지자나 워킹홀리데이비자를 소지하면서 학교를 다닌다면 그 기간만큼 계좌 유지비를 면제시켜준다.

ANZ 은행에도 다음과 같은 종류의 계좌가 있다.

• Access Selcet

① **수수료** : 매달 $2.(학생인 경우 공부하는 동안 수수료 무료)

② **혜택** : 월 6회 ANZ ATM, EFTPOS 사용(초과되면 건당 수수료 부과), 폰뱅킹, 인터넷뱅킹, 수표, VISA Debit Card.

③ **특징** : 본인 계좌에 돈이 있어야 결제가 가능한 체크카드와 같은 개념인 VISA Debit Card를 발급받을 수 있으며 VISA 신용카드처럼 사용이 가능하다. 호주에서 국내 항공 발권, 렌터카 대여 등에 반드시 신용카드가 필요한데 이럴 때 유용하게 사용할 수 있다.

• Access Advantage

매달 $5의 수수료가 있으며 ANZ ATM, EFTPOS를 무제한으로 사용할 수 있다.

• Progress Saver

① **수수료** : 무료.

② **이자율** : 6.1%

③ **특징** : Commonwealth 은행의 Goal Saver와 비슷한 계좌로, 한 달에 $10 이상 입금하고 출금을 하지 않으면 이자를 받을 수 있다.

03 NAB 은행

① **수수료** : 무료.

② **혜택** : 무제한 NAB ATM, EFTPOS 사용, 폰뱅킹, 인터넷뱅킹, 수표, VISA Debit Card.

③ **특징** : NAB 은행은 최근 No Monthly Fee(계좌 유지비 없음) 제도를 실시하면서 많은 사람들이 이용하고 있는 은행이다. 본인의 계좌에 돈이 있어야 결제가 가능한 우리나라의 체크카드와 비슷한 VISA Debit Card를 발급받을 수 있다. 호주에서 국내 항공 발권, 렌터카 대여 등의 결제에 유용하게 사용할 수 있다.

CHECK 여러 은행들을 소개해 드렸지만 해당 은행이 아닌 타 은행의 ATM에서 현금 인출을 할 경우 $2~$3의 수수료를 지불해야 한다는 사실을 잊지 마세요.

THEME 03. 꼭 알아둬야 할 호주의 EFTPOS

EFTPOS는 'Electronic Fund Transfer at Point of Sale'의 약자로 상점에서 물건을 구입 후 현금 대신 은행카드로 결제를 하는 방식으로, 더 쉽게 우리나라의 체크카드 방식이라고 생각하면 된다. EFTPOS는 계산 후에 상점에서 현금을 인출할 수 있다는 독특한 특징도 갖고 있다.

계산 시, 점원이 "Any cash out?"이라고 묻는 경우가 있는데 이때 원하는 금액을 말하면 물건값과 원하는 현금액을 합쳐서 결제를 한 후 현금을 받아가면 된다. 이는 근처에 ATM 기기가 없을 때 유용하게 사용된다.

필자의 경우는 한국에서 미리 Commonwealth 은행 계좌를 유학원을 통해 만들어 왔기 때문에 은행에 가서 본인 확인 후 바로 Master Debit 카드를 받았다. 이렇듯 한국에서 계좌를 미리 열어두면 호주에 도착하기 전에 한국에서 미리 송금을 해둘 수도 있다. 또 송금 환율이 현찰을 살 때의 환율보다 훨씬 좋아 환율로도 이득을 볼 수 있는 장점이 있다.

만약 한국에서 계좌를 미리 개설하지 못하고 호주에 왔어도 걱정할 필요는 없다.
바로 현지 은행에 직접 가서 계좌를 개설하면 고민 끝!

01 은행 계좌 개설 준비물은?
① 여권
② 입금할 현금
③ 은행 카드를 받을 주소

02 호주 은행 계좌 개설 시, 필요한 회화
먼저 은행의 안내데스크로 가서 현지인 직원에게 은행 계좌 개설을 할 때 필요한 회화를 준비했다.

신청자 : Hello, I would like to open a bank account.
　　　　(은행 계좌를 개설하고 싶습니다.)

데스크 직원 : Could I have your name please?
　　　　　　(이름이 뭐지요?)

신청자 : It's ______. My family name is ______ and given name is ______.
　　　　(______ 입니다. 성이 ______ 이고 이름이 ______입니다.)

데스크 직원 : Thank you. Would you please sit down and someone will help you soon.
　　　　　　(고맙습니다. 여기에 앉아 있으면 다른 직원이 도와줄 겁니다.)

그리고 앉아서 기다리고 있으면 다른 은행 직원이 계좌 개설을 위해 자기 자리로 데리고 간다.

은행 직원 : Hello, my name is Vicky. Would you show me your passport please.
　　　　　　(안녕하세요. 저는 비키입니다. 여권을 보여주시겠어요?)

신청자 : Here you are.(여기 있습니다.)

은행 직원 : Thank you. When did you arrive in Brisbane?
          (고맙습니다. 언제 브리즈번에 도착하셨습니까?)

신청자 : I arrived in Brisbane this morning.
        (오늘 아침에 도착했습니다.)

은행 직원 : Could I have your contact (or mobile) number?
          (연락번호(혹은 핸드폰번호)가 있습니까?)

신청자 : Yes, It is 04xx xxx xxx (네, 04xx xxx xxx입니다.)
        * 연락처가 없다면 No, I don't have at the moment.(아니요, 지금 없습니다.)

은행 직원 : Thanks. What is your address?
          (고맙습니다. 주소는 어떻게 되지요?)

신청자 : Suite 2E, Level 2, 235 Edward Street, Brisbane, QLD 4000.
        (본인의 주소를 얘기한다.)

은행 직원 : Thank you for your help. Would you like to deposit money today?
          (고맙습니다. 오늘 입금할 금액이 있습니까?)

신청자 : Yes, I would like to deposit travel cheque and cash.
        (네, 여행자 수표와 현금을 입금하고 싶습니다.)

은행 직원 : Can you sign all of your travel cheque?
          (당신의 여행자 수표에 서명해 주세요.)

은행 직원 : You have to decide your PIN number for your bank card. Would you please
          push 4 digit numbers and enter.
          (은행카드의 비밀번호를 입력해야 합니다. 4자리 숫자를 입력하세요.)

기계를 이용해 비밀번호를 누른 후…

은행 직원 : Everything is done. Do you have any question?
　　　　　 (끝났습니다. 질문이 있습니까?)

신청자 : How long it takes to receive my bank card?
　　　　 (은행카드를 받는데 얼마나 걸릴까요?)

은행 직원 : It takes about 5~7 working days. (주말을 제외하고 5~7일 정도 걸립니다.)

신청자 : Thank you for your help. (고맙습니다.)

CHECK 과거에는 은행카드와 함께 PIN이 우편으로 배달되었습니다만 최근에는 따로 우편으로 오지 않고 위의 대화와 같이 계좌 개설 시에 함께 PIN을 설정합니다.

이와 같이 계좌 개설에 필요한 대화를 살펴보았다. 이를 바탕으로 필자는 홈스테이를 같이 하는 친구가 은행 계좌 개설을 한다고 해서 같이 따라가 그 과정을 살펴봤더니 생각보다 어렵지 않았다. 친구 녀석의 계좌 개설 과정은 아래와 같았다.

01 먼저 계좌를 만들고자 하는 은행, 즉, ANZ 은행으로 갔다. 은행 입구에 들어서면 아래와 같이 번호표를 뽑는 기계가 있다.

02 기계를 보면 중국어, 일본어와 함께 (놀랍게도)우리나라 말이 써있다. 터치 스크린이므로 화면에서 해당 메뉴를 터치하면 번호표가 나오고 순서를 기다렸다.

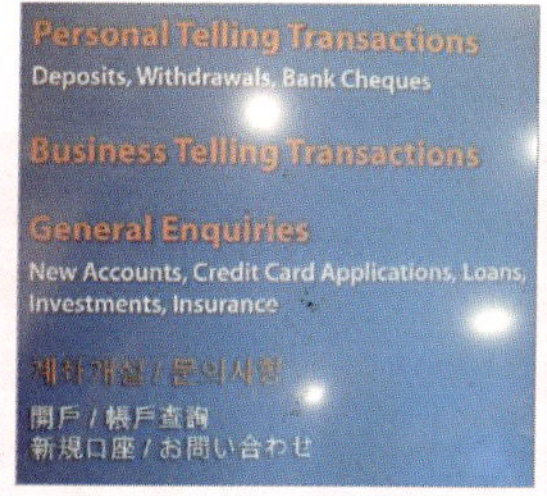

03 차례가 되어 여권을 주면 직원이 어떤 계좌를 열 것인지 물어본다. 그 계좌에 대한 설명을 듣고 계좌를 선택하면 계좌 개설이 시작된다. 그리고 며칠 뒤 우편으로 은행카드와 PIN이 우리 집으로 온다고 했다. 정말 며칠 뒤에 은행에서 2개의 우편물이 왔다. 하나는 은행카드, 그리고 또 하나는 PIN이 들어있는 우편물이었다.

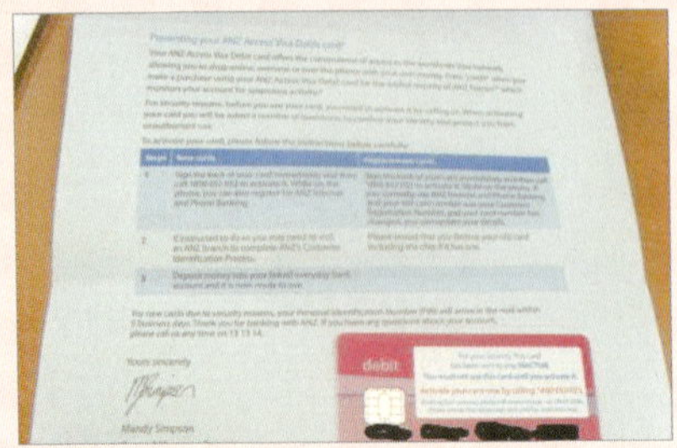

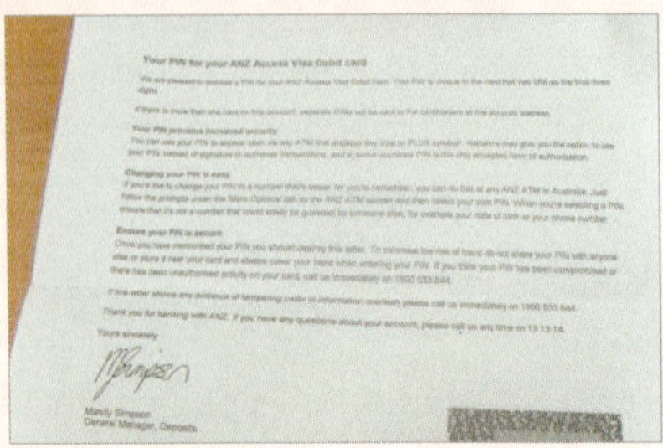

04 오른쪽 하단에 위치한 PIN을 보려면 뒷장에 있는 스티커를 떼어내야 한다. 스티커를 제거하면 다음과 같이 4자리의 PIN이 희미하게 보인다.

PIN Number도 바꿀 수 있다고?

4자리의 PIN Number는 은행에서 무작위로 보내주는 것이므로 나중에 은행에 가서 본인이 원하는 숫자로 바꿀 수 있습니다.

THEME 05. ATM 사용방법

호주의 여러 은행들은 현금을 인출할 수 있는 기기들이 곳곳에 비치되어 있다. 이러한 기기들은 호주 각 전역에 각 은행에 따라 적게 혹은 많이 위치하고 있으며 현금 인출 수수료도 은행에 따라 다르게 책정된다. 지금부터는 ATM 기기에서 현금을 인출하는 법을 살펴보도록 한다.

01 카드를 ATM에 넣으면 화면이 전환된다. 각 ATM 기기에서 간혹 한국어가 지원되는 경우도 있지만 이미지의 기계는 지원이 되지 않는 기계이다. 카드를 넣은 후 바뀐 화면에서 PIN 숫자 4자리를 입력하자.

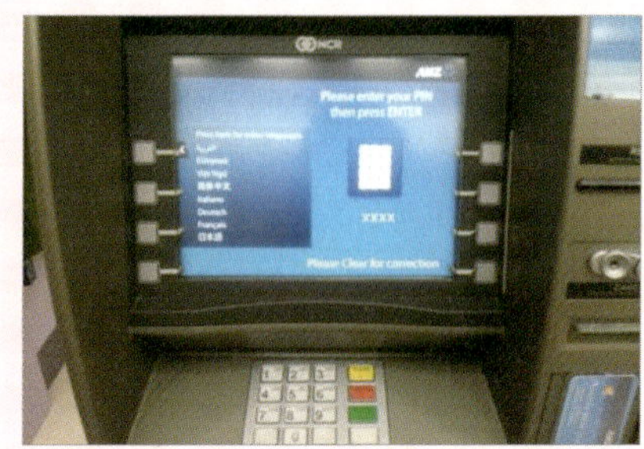

02 PIN 숫자 4자리를 입력하면 이미지와 같이 인출한 현금의 액수가 화면에 뜬다.

CHECK ATM 기기의 인출 메뉴 살펴보기

- **$20, $60, $100, $200 인출**
  : 화면에 보이는 왼쪽 버튼을 선택.
- **Other amount** : 다른 금액을 인출.
- **Account Balance** : 계좌 잔액을 확인하기.
- **Transfer** : 다른 ANZ 계좌로 송금하기.

★ 우리나라와는 달리 타 은행으로의 송금은 ATM에서 지원하지 않습니다.
★ ATM에는 $20과 $50짜리 지폐만 인출이 가능하므로 20 또는 50의 배수로 금액을 입력해야 합니다. 즉 $180은 인출이 가능하지만 $190은 인출이 안 된다는 사실을 염두에 두세요!

03 금액을 설정하면 계좌를 선택하는 화
면으로 바뀐다. 대부분 Savings 계좌이므로
[Savings]를 선택한다.

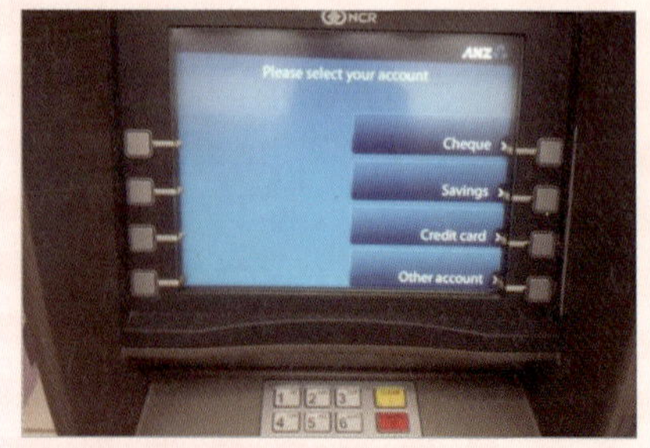

04 영수증이 필요하면 [Yes], 그렇지 않으
면 [No]를 누른다.

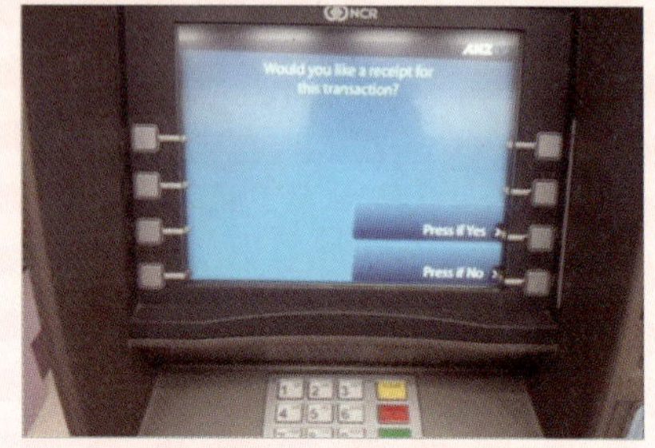

05 돈을 챙기고 카드를 가져가면 ATM 기
기에서의 인출 과정은 모두 끝! 카드와 인출
한 현금을 챙긴다.

호주의 대중교통은 한국과 크게 다를 바 없다.
호주의 대중교통 수단에는 버스, 택시, 트레인과 같은 교통수단과 시드니, 브리즈번의 강을 다니는 페리, 시티캣 그리고 멜버른의 트램처럼 지역별로 특화된 교통수단이 있다.

THEME 01. 브리즈번(Brisbane) 지역

01 버스

호주의 대표적인 대중교통인 버스(Bus)이다.
호주의 버스에서는 장애우나 노인들을 위한 배려가 탁월하다는 것이 특징이다. 그 예로, 계단에 잘 오르지 못하는 장애우나 노인이 탑승할 때는 버스가 탑승구 쪽으로 기울여줌으로써 그들을 배려하는 것이다. 또한 휠체어 등을 가지고 탑승할 때는 버스기사가 손수 내려 휠체어를 올려주고, 휠체어 전용석으로 데리고 가 안전벨트까지 매준다. 이렇게 장애인을 배려하는 휠체어석은 버스

마다 준비되어 있다. 이 밖에도 자전거족을 위한 자전거 거치대 또한 대부분의 버스에 마련되어 있다.

버스 탑승 시에도 호주에서만 볼 수 있는 독특한 광경이 있다. 바로 교통티켓없이 버스에 올랐을 경우, 돈을 내면 버스기사가 티켓을 발급해 주지만 그 속도가 아주 느리다는 점이다. 때문에 출근 시간, 단 10명이 탑승할 때도 티켓 발급으로 인해 탑승 시간이 1분 이상 걸릴 수 있다.

이렇게 호주에서 버스운전기사는 요금 계산은 물론, 휠체어와 자전거 올려주기와 같은 각종 서비스(?)로 동분서주하느라 참 바쁘신 몸이다. 덕분에 한 정류장에서 5분 가까이 머물게 되는 경우가 허다하지만 (성질 급한) 한국인을 제외하고 아무도 불평을 하지 않는다.

브리즈번에는 'The Loop'이라는 무료 순환 버스가 있습니다. 버스의 외관이 빨간색인 이 버스는 한 시간에 2번 운영되며, City를 한 바퀴 도는 라인을 갖고 있습니다.

02 City Cat

City Cat은 브리즈번 강을 가로지르는 쾌속선으로, 한국의 유람선보다 훨씬 더 빠른 속도를 자랑한다. 독특한 것은 이 유람선(?)을 타고 사람들이 출퇴근을 한다는 사실!

브리즈번에서 가장 큰 City Cat 정류장인 Riverside에는 출퇴근 시간에 사람들이 길게 줄을 서는데, 탑승객들이 너무 많아 한 배에 다 태우지 못하고 그냥 지나가는 City Cat도 있다.
하지만 사람이 적은 호주답게, 대도시 브리즈번이라 해도 출퇴근 시간을 제외한 나머지 시간에는 텅

텅 비어있다. 참고로 City Cat의 담당 승무원은 3명으로, 한 명은 운전사, 한 명은 표 판매원, 한 명은 탑승 도우미이다.

City Cat은 버스와 달리 사람들이 탑승하면 바로 출발한다.
사람들이 탑승할 때마다 탑승 도우미는 손에 든 카운터로 사람들의 수를 세는데, City Cat에 탄 인원이 정원을 다 채우면 기다리는 사람이 아무리 많아도 더 태우지 않는다. 또 안전을 위한 배려로써, 법적으로 City Cat에 배정된 탑승 인원을 무조건 지킨다.

덕분에 출근 시간, City Cat이 30명이 기다리고 있는 정류장에 선 후, 한 명만 달랑 태우고 떠나는, 우리나라 같으면 폭동이 일어날 일도 당연한 듯 일어난다. 가끔 그런 이유로 난 학원도 많이 늦었다.
승무원이 아무리 탑승 인원을 지키려 해도 오랜 시간 동안 배를 기다린 사람들의 협조가 없이는 불가능하다. 더군다나 바쁜 출근 시간에 이런 일이 벌어져도 그 누구 하나 불평불만이 없다.
안전을 위한 법률도 강력하고, 그것을 또 지키기도 잘 지키는 호주인, 참 대단하지 않은가?

브리즈번의 City Cat은 퍼스의 City Cat과는 다릅니다. 무엇보다도 퍼스의 City Cat은 도시 무료 순환 버스로 이용되고 있죠.

요금 체계

- Single : 편도표(발권 후 2시간 이내에 무료로 환승할 수 있다.)
- Daily : 왕복표(발권 당일에 한해 하루 내내 무제한으로 이용 가능)
- Off-peak daiy : 월~금 ▶ 오전 9시 30분~오후 3시 30분까지/오후 7시 이후부터 사용
  토/일 ▶ 하루 내내 무제한으로 이용 가능
- Weekly : 발권일부터 7일간 무제한으로 이용 가능
- Monthly : 발권일부터 한 달간 무제한으로 이용 가능

03 City Ferry

이 조그만 배는 City Ferry이다. City Cat이 브리즈번 강을 따라 운행한다면 City Ferry는 강의 이쪽과 저쪽을 운행한다고 생각하면 된다. 즉, 도강을 목적으로 시티 주변에서 강의 이쪽과 저쪽을 왔다 갔다 한다.

다음의 이미지는 City Cat과 City Ferry용 맵으로, 1존과 2존으로 나뉘어져 있으며 버스용 존 지도와는 또 다르다.

04 열차

버스와 City Cat, City Ferry가 나왔으니 이제는 열차의 차례다.

브리즈번의 Train은 몇 가지의 노선을 가지고 있
는데 일단 모든 라인의 시작은 브리즈번 City를
기본으로 하여 Central Station으로부터 모든 기
차 라인이 시작된다. 기차 라인은 일곱 가지로
구분된다.

첫째. 공항-City를 연결하는 Airtrain 라인

이 라인은 공항에 들어가는 기차의 특성상 존(Zone) 개념은 무시되고 무조건 일괄 요금이
적용된다.

둘째. 브리즈번 남쪽에 위치한 휴양지, Gold Coast까지 연결하는 Nerang 라인

13존의 Nerang까지 내려가는 기차와, Nerang역에서 Gold Coast의 Suffers Paradise까지 연결해 주는 버스까지 총 합쳐 14존이다.

셋째. Shorncliffe까지 가는 숀클리프 라인

넷째. Caboolture 라인, 다섯째로 Cleverland 라인, 여섯째로 Ferny Grove 라인, 마지막으로 Ipswich 라인이 있다.

05 TAXI

호주 어느 도시를 가도, 심지어 오지인 Alice Springs나 Drawin 등에 가도 Taxi Service는 존재한다.

호주에서도 한국과 같이 손을 흔들어 택시를 잡기도 하지만, 보통의 경우 택시는 번화가가 아니면 잘 다니지 않기 때문에 콜로 택시를 불러야 한다.

브리즈번의 택시요금은 우리나라에 비해 상당히 비싸며 택시요금은 Peak Rates와 Off Peak Rates로 구분이 된다.

먼저 Peak Rates의 경우 아침 7:00~저녁 7:00까지이며 기본요금이 $2.80부터 시작이다. 또한 그 이외의 시간, 즉, 저녁 7:00부터 그 다음날 아침 7:00까지는 기본요금이 무려 $6.20이다. 토요일, 일요일 그리고 공휴일의 기본요금도 $6.20이다.

그리고 콜로 택시를 불렀을 경우 추가요금이 $1.50이 징수된다. 멀리 간다고 더 받는 경우는 없으며, 짐이 많으면 기사가 손수 다 실어준다. 택시는 과속할 만큼 빨리 갈 이유가 없기 때문에 안전운전이 기본이며 속도위반도, 신호위반도 하지 않는다.

THEME 02. 시드니(Sydney) 지역

시드니는 버스, 페리, 모노레일, 열차가 있다. 각 수단을 살펴보면 다음과 같다.

01 버스

먼저 버스는 시드니의 거의 모든 곳을 연결하고 교외 지역까지 연계가 되어 있어 시드니에서 살고 공부하는 유학생에게는 가장 편한 교통수단이다.

대개 한국처럼 이른 아침부터 자정까지 운행하지만 몇몇 주요 구간은 하루 종일 운행되기도 한다. 요금은 '이동 구간'에 따라 책정되며 단거리 요금은 보통 $1.6으로, 도심에서 부심까지는 $2.7 정도이다.

02 Ferry

시드니는 파라마타 강이 도시 중심을 지나며 남
부와 북부로 구분된다. Ferry는 시드니 남부와
북부를 오갈 때 요긴한 교통수단으로, STA 페리,
젯캣(JetCats), 리버캣(RiverCats)이 있다. 도착지
는 다르지만 출발지는 하버브릿지 근처의 서큘
러키로, 동일하다.

03 Monorail과 열차

모노레일(Monorail)과 메트로 라이트 레일은 시드
니 중심지를 오갈 때 유용하다. 모노레일은 달링
하버를 돌아 시드니 시내 7개 정류장을 순환하면
서, 아침 7시부터 요일에 따라 저녁 10시 또는 자
정까지 운행된다.
시드니의 시티레일, 열차(Train)는 브리즈번과 비
슷하다. 시드니 외곽까지 연결되어 있고 브리즈번
과 다른 점을 찾자면 2층 열차가 있다.

THEME 03. 멜버른(Melbourne) 지역

멜버른의 주요 대중교통 수단은 버스, 트램, 열
차이다.
시드니에 메트로 라이트 레일이 있다면 멜버른에
는 트램이 있다. 트램은 멜버른 도심과 부심 지
역을 연결하고, 트램 정류장은 도시 중심지에서
부터 번호가 매겨진다.

THEME 04. 퍼스(Perth)와 애들레이드(Adelaide) 지역

퍼스는 보트, 버스, 열차가 주로 이용된다. 호주의 주요 대도시들이 해안에 강을 끼고 있
다 보니 퍼스 지역도 예외는 아닌 모양으로, 페리나 보트 같은 수상교통수단이 잘 발달되
어 있다.
버스에는 일반버스와 함께 CAT 버스라는 브리즈번의 Free Loop과 같은 무료 버스가 있다.
시내 중심지에서 주중 오전 6시 50분~오후 6시 20분까지 운행되기 때문에 CAT 버스를 이
용하면 대부분의 도심 지역을 갈 수 있다.
퍼스의 모든 지역 열차는 웰링턴 스트리트(Wellington St)에 있는 퍼스 열차역에서 출발한다.
애들레이드 지역에서는 버스와 열차가 대표적 교통수단으로 이용되며 일반버스, 비 라인
(Bee Line) 버스와 시티 루프(City Loop) 버스 2가지 무료 버스가 운행되고 있다.

비 라인은 빅토리아 스퀘어의 글랜랙 트램 종착역에서 사우스 오스트레일리아 대학의 시티 웨스트 캠퍼스까지 순환하고, 시티 루프는 열차역에서 출발해 시계 방향과 시계 반대 방향으로 시내 중심지 주변을 돌며 센트럴 마켓을 중간에 경유한다.

• 각 주의 대중교통 조회 홈페이지

이 홈페이지에서는 현재 대중교통 상황(파업으로 인한 대체 교통수단 안내)은 물론, 교통 요금, 노선표, 시간표 등을 알 수 있다.

● 브리즈번 지역 :
http://www.translink.com.au

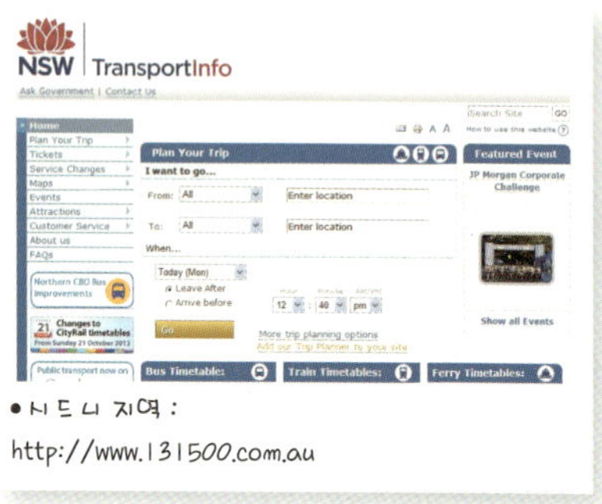

● 시드니 지역 :
http://www.131500.com.au

● 멜버른 지역 :
http://www.metlinkmelbourne.com.au

● 퍼스 지역 :
http://www.transport.nt.govau

● 애들레이드 지역 :
http://www.adelaidemetro.com.au

● 다윈 지역 :
http://www.transperth.wa.gov.au

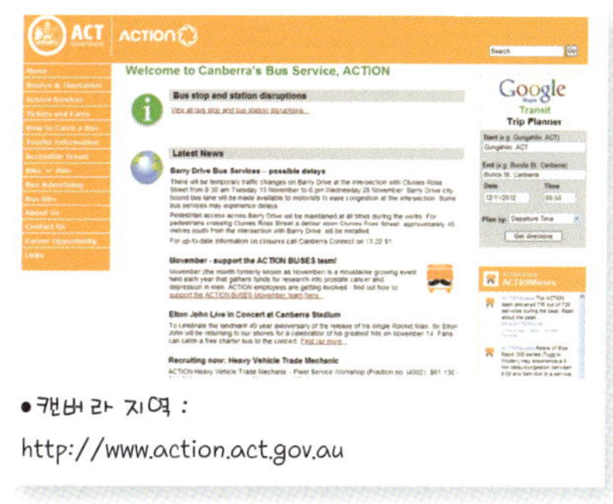

●캔버라 지역 :
http://www.action.act.gov.au

●호바트 지역 :
http://www.metrotas.com.au

THEME 05. 지역별 대중교통 이용요금은?

01 시드니

지금부터는 시드니 지역에서 이용되는 대중교통카드와 이용요금에 대해 소개하고자 한다. 일반적으로 시드니에는 MyMulti, Mybus, MyTrain, MyFerry로 이뤄진 MyZone Ticket이 있다.

• MyMulti

먼저 MyMulti는 버스, 시티레일, 페리, 메트로 라이트 레일 등 시드니와 시드니 외곽의 모든 교통편을 이용할 수 있는 티켓이다. MyMulti 티켓은 이용 기간에 따라 1일(Daily), 7일(Weekly), 28일(Monthly), 90일(Quarterly), 1년(Yearly) 패스로 나누어진다.

이 MyMulti 티켓은 다시 시드니를 중심으로 이동 거리(Zone)에 따라 MyMulti 1부터 MyMulti 3까지 나눠지는데 가장 광범위한 이동이 가능한 티켓은 MyMulti 3으로 그만큼 가격도 가장 비싸다. 티켓별 요금은 아래 표와 같은데, Concession은 학생 할인이지만 안타깝게도 유학생은 학생 할인을 받을 수 없다. 유학생이 구입할 수 있는 티켓 요금은 파란색으로 표시된 부분이다.

Ticket	MyMulti DayPass	MyMulti1	MyMulti2	MyMulti3
Adult	$21.00	–	–	–
Concession	$10.50	–	–	–

Adult Weekly	–	$43.00	$51.00	$60.00
Concession Weekly	–	$21.50	$25.50	$30.00
Adult Monthly	–	$164.00	$194.00	$232.00
Concession Monthly	–	–	–	–
Adult Quarterly	–	$452.00	$533.00	$638.00
Concessions Quarterly	–	–	–	–
Adult Yearly	–	$1632.00	$1929.00	$2311.00
Concession Yearly	–	–	–	–

• Mybus

Mybus 티켓은 섹션(구간)별로 Mybus 1부터 Mybus 3까지 있다.

MyMulti 티켓의 'Zone'이 시드니를 중심으로 이동 거리를 측정하는 방식이라면, Mybus 의 'Section'은 버스 이용자가 승차하는 곳을 중심으로 놓고 하차 지점까지의 거리를 측정 하는 방식이다. 한 섹션이 대략 1.6km 정도 되는데, http://www.sydneybuses.info/routes 에서 미리 자신이 출발 지점부터 도착 지점까지의 섹션을 확인해 두면 버스를 편하게 이 용할 수 있다.

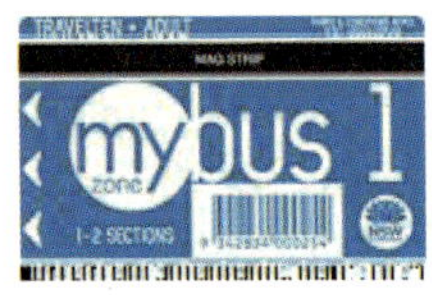

Ticket	MyBus1 1–2 Sections	MyBus2 3–5 Sections	MyBus3 6+ Sections
Adult Single	$2.10	$3.50	$4.50
Concession Single	$1.00	$1.70	$2.20
Adult TravelTen	$16.80	$28.00	$36.00
Concession TravelTen	$8.40	$14.00	$18.00

• MyTrain

시티레일(트레인)만 이용할 수 있는 MyTrain 티켓은 이동 거리에 따라 MyTrain 1에서 MyTrain 5까지 있고, 편도와 왕복, 1주, 2주, 1개월, 90일, 1년짜리로 구분된다. 기간별 티 켓(편도와 왕복 제외)으로는 해당 기간 동안 시티레일을 무제한으로 탈 수 있다. 그리고 이동하는 사람들이 많은 '피크타임' 외 시간대, 즉, 오전 9시 이후 오프피크(off-peak) 왕 복권을 구입하면 일반 왕복권보다 저렴한 가격으로 이용할 수 있다.

Ticket	MyTrain1 0 – 10kms	MyTrain2 10 – 20kms	MyTrain3 20 – 35kms	MyTrain4 35 – 65kms	MyTrain5 65kms +
Adult Single	$3.40	$4.20	$4.80	$6.40	$8.20
Concession Single	$1.70	$2.10	$2.40	$3.20	$4.10
Adult off–peak Return	$4.60	$5.80	$6.60	$8.80	$11.40
Child off–peak Return	$2.30	$2.90	$3.30	$4.40	$5.70
Adult Return	$6.80	$8.40	$9.60	$12.80	$16.40
Child Concession	$3.40	$4.20	$4.80	$6.40	$8.20
Adult Weekly	$26.00	$33.00	$39.00	$50.00	$59.00
Concession Weekly	$13.00	$16.50	$19.50	$25.00	$29.50
Adult 14–day	$52.00	$66.00	$78.00	$100.00	$118.00
Concession 14–day	$26.00	$33.00	$39.00	$50.00	$59.00
Adult Monthly	$95.00	$120.00	$142.00	$182.00	$215.00
Concession Monthly	$47.50	$60.00	$71.00	$91.00	$107.50
Adult Quarterly	$260.00	$330.00	$390.00	$500.00	$590.00
Concession Quarterly	$130.00	$165.00	$195.00	$250.00	$295.00
Adult Yearly	$1040.00	$1320.00	$1560.00	$2000.00	$2360.00
Concession Yearly	$520.00	$660.00	$780.00	$1000.00	$1180.00

• MyFerry

MyFerry 티켓은 페리용 티켓이다. MyFerry 티켓은 구간별 요금이 적용되고, Mybus처럼 1회권과 10회권으로 구분된다.

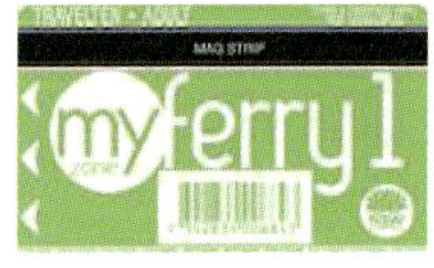

Ticket	MyFerry1	MyFerry2
Adult Single	$5.60	$7.00
Concession Single	$2.80	$3.50
Adult Return	$11.20	$14.00
Concession Return	$5.60	$7.00
Adult TravelTen (FerryTen)	$44.80	$56.00
Concession TravelTen (FerryTen)	$22.40	$28.00

02 멜버른

멜버른에는 트레인, 트램, 버스 이 3가지 교통수단을 한 번에 이용할 수 있는 멧카드 (Metcard)와 마이키카드(Myki)가 있다. 멧카드는 기존에 있던 종이 형태의 카드(티켓)이 고, 마이키카드는 2010년 도입된 플라스틱 재질의 전자식 교통카드이다. 현재는 이 두 카 드가 같이 쓰이고 있지만 2013년부터는 마이키카드만 사용 가능해진다.

• 멧카드(Metcard)

일단 멧카드(Metcard)부터 살펴보면 멜버른 시내를 이동할 수 있는 Zone1, 멜버른 외곽 이 동이 가능한 Zone2, 멜버른 안팎으로 다 돌아다닐 수 있는 Zone1+2 이렇게 3가지가 있다. 가격은 Zone2가 가장 저렴하고 Zone1+2가 가장 비싸다.

이용 시간에 따라 2시간짜리와 하루짜리로 구분되고, 2시간권과 1일권을 각각 10회, 5회로 묶은 멧카드도 있다.

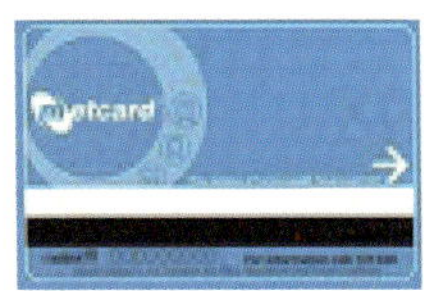

Zones		1	2	1+2
2 hour	Full fare	$4.00	$3.00	$6.50
	Concession	$2.60	$2.00	$3.70
Daily	Full fare	$7.60	$5.40	$11.90
	Concession	$4.00	$3.00	$6.30
10 x 2 hour	Full fare	$32.80	$22.60	$55.40
5 x Daily	Concession	$16.40	$11.30	$27.70

• 마이키카드(Mykcardi)

마이키카드(Mykcardi)는 마이키패스와 마이키머니, 2종류로 나뉜다.

먼저 마이키패스는 카드에 일정 요금을 충전하면 정해진 기간 동안 정해진 Zone에서 무제 한으로 사용할 수 있다.

마이키머니는 이용할 때마다 카드에서 요금이 빠져 나가는 카드이다. 두 가지 카드를 더 쉽게 구분한다면 마이키패스는 정액권과 비슷하고 마이키머니는 한국의 교통카드와 비슷하다고 생각하면 된다.

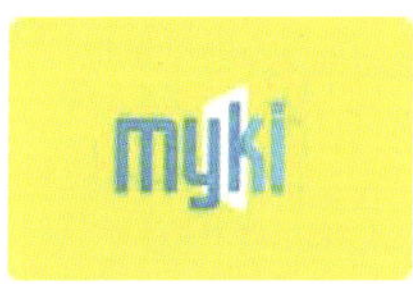

마이키패스 요금

Weekly rate 7 day pass			
	Zone 1	Zone 2	Zone 1 + 2
Full fare	$32.80	$22.60	$55.40
Concession	$16.40	$11.30	$27.70

Daily rate for 28 – 325 day pass
All 325 – 365 day passes are the same cost as a 325 day pass and includes up to 40 days free

	Zone 1	Zone 2	Zone 1 + 2
Full fare	$4.02	$2.68	$6.22
Concession	$2.01	$1.34	$3.11

마이키머니 요금

2 hour			
	Zone 1	Zone 2	Zone 1 + 2
Full fare	$3.28	$2.26	$5.54
Concession	$1.64	$1.13	$2.77

Daily			
	Zone 1	Zone 2	Zone 1 + 2
Full fare	$6.56	$4.52	$11.08
Concession	$3.28	$2.26	$5.54

03 브리즈번

멜버른에 마이키카드와 같은 시스템이 바로 브리즈번의 고카드(Gocard)로 버스, 트레인, 페리(시티캣)를 모두 이용할 수 있는 교통카드이다. 브리즈번도 멜버른처럼 Zone 제도를 실시하고 있어 멀리 갈수록 요금이 비싸진다. 브리즈번에서는 현금으로 요금을 결제할 때와 고카드로 요금을 결제할 때 30%나 요금 차이가 나기 때문에 가급적 고카드를 쓰는 것을 추천한다.

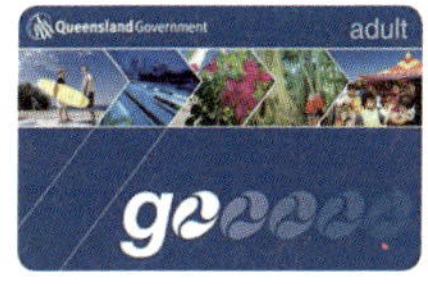

Zones travelled	Adult fares(January 2012)			Zones travelled	Concession fares(January 2012)		
	go card	go card off-peak	Single Paper		go card	go card off-peak	Single Paper
1	$3.05	$2.44	$4.50	1	$1.53	$1.22	$2.30
2	$3.58	$2.87	$5.20	2	$1.79	$1.44	$2.60
3	$4.24	$3.40	$6.20	3	$2.12	$1.70	$3.10
4	$4.77	$3.82	$7.00	4	$2.39	$1.91	$3.50
5	$5.43	$4.35	$7.90	5	$2.72	$2.18	$4.00
6	$6.09	$4.88	$8.90	6	$3.05	$2.44	$4.50
7	$6.62	$5.30	$9.60	7	$3.31	$2.65	$4.80
8	$7.15	$5.72	$10.40	8	$3.58	$2.86	$5.20
9	$7.68	$6.15	$11.20	9	$3.84	$3.08	$5.60
10	$8.87	$7.10	$12.90	10	$4.44	$3.55	$6.50
11	$9.40	$7.52	$13.70	11	$4.70	$3.76	$6.90
12	$9.79	$7.84	$14.20	12	$4.90	$3.92	$7.10
13	$10.19	$8.16	$14.80	13	$5.10	$4.08	$7.40
14	$10.99	$8.80	$16.00	14	$5.50	$4.40	$8.00
15	$11.91	$9.53	$17.30	15	$5.96	$4.77	$8.70
16	$12.84	$10.28	$18.70	16	$6.42	$5.14	$9.40
17	$14.02	$11.22	$20.40	17	$7.01	$5.61	$10.20
18	$14.82	$11.86	$21.50	18	$7.41	$5.93	$10.80
19	$15.61	$12.49	$22.70	19	$7.81	$6.25	$11.40
20	$16.81	$13.45	$24.40	20	$8.41	$6.73	$12.20
21	$17.60	$14.08	$25.60	21	$8.80	$7.04	$12.80
22	$18.52	$14.82	$26.90	22	$9.26	$7.41	$13.50
23	$19.45	$15.56	$28.30	23	$9.73	$7.78	$14.20

• 똑똑한 브리즈번 대중교통 이용을 위한 상식

① Adult fare와 Concession fare의 차이점은?

Adult fare는 만 14세 이상이고 학생이 아닌 경우에 적용되는 요금이다. 학생임을 증명하기 위해서는 반드시 학생증을 소지하고 있어야 하는데, 아무 학생증이나 되는 것은 아니고 반드시 퀸즐랜드(Queensland) 교통마크가 찍힌 학생증이어야 한다. 이 교통마크는 TAFE, College, 대학교 학생증에 붙어있는 마크로 일반 영어연수기관에서는 발급할 수 없다. 그러나 브리즈번의 경우 몇몇 영어연수기관에서 교통마크가 찍힌 학생증을 발급할 수 있다. 이 영어연수기관에서 수업을 받는 학생들의 경우 Concession fare로 브리즈번 대중교통을 이용할 수 있다.

② Go Card란?

퀸즐랜드 대중교통카드를 Go Card라고 한다. 현금으로 요금을 지불하는 것보다 30% 정도 저렴하다. Go Card는 편의점에서 구입할 수 있으며 처음 구입할 때 카드값 $5, 보증금 $5를 내야 한다.

③ Go Card Off Peak란?

Off Peak이란 출퇴근시간을 피한 시간대라고 생각하면 되는데 출퇴근시간을 제외한 시간에 대중교통을 이용하면 적용 받는 요금이 바로 이 Go Card Off Peak다. Off Peak 시간대는 오전 9시~오후 3시 30분, 그리고 오후 7시~오전 2시까지로 이 요금을 이용하면 일반 요금보다 20% 저렴하게 대중교통을 이용할 수 있다.

단, Off Peak 요금은 Go Card 이용 시에만 적용이 된다.

④ Zone Travelled란?

다음에 보이는 사진이 바로 브리즈번의 City 및 인근 지방까지 보여지는 지도이다. 해당 지도는 버스용 Zone으로 구역을 나누어 놓았고, 각 Zone간의 간격은 약 2km 정도이다.

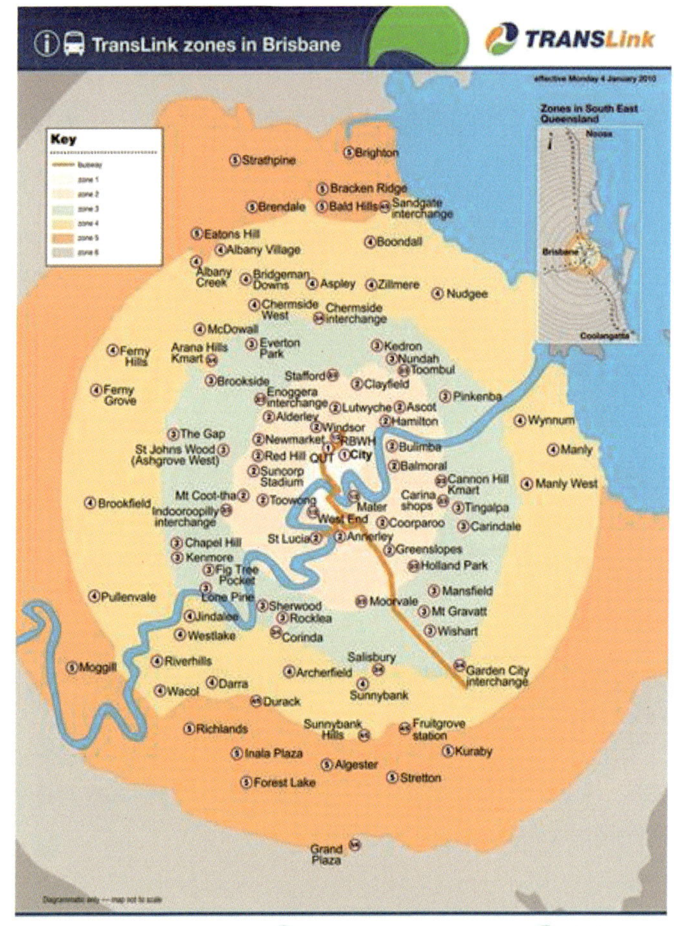

04 애들레이드와 퍼스

애들레이드는 거리제를 적용하고 있고 버스, 트레인, 트램을 하나의 티켓으로 이용할 수 있다. 이곳에서는 2시간 싱글 티켓, 2시간권이 10회 묶인 멀티트립 티켓과 오프피크 티켓이 있고, 퍼스에서는 스마트 라이더란 충전식 교통카드를 사용할 수 있다.

이렇게 호주의 각 지역별 대중교통 이용 카드를 알아보았다. 여기에서 가장 중요한 것은 시드니, 멜버른은 유학생의 경우 학생요금(Concession) 할인이 불가능하며, 브리즈번은 위에 언급했듯이 TAFE 등 VET 과정을 공부하는 학생과 대학 과정을 공부하는 학생들만 학생요금 할인이 가능하다는 것이다. 그러나 학생비자를 가지고 있는 애들레이드와 퍼스의 유학생은 누구나 학생 요금(Concession)으로 할인 받을 수 있다는 사실을 기억하면서 대중교통카드를 이용해 보자.

THEME 06. 교통비가 Free! 무료 교통편 살펴보기

지금까지 앞서 언급한 대중교통수단이 요금을 지불하는 유료 교통제였다면 이제는 무료로 이용할 수 있는 교통편을 알아보도록 하겠다.

호주의 주요 도시에는 관광객 및 시민을 위해서 무료로 운영하고 있는 교통수단이 있다.

01 시드니

시드니에서는 서큘러키와 센트럴역 사이를 순환하는 555번 무료버스가 운행된다. 파란색인 다른 시드니 버스와 달리 555번 버스는 초록색이라 찾기 쉽고, 배차 간격도 10분이라 오래 기다리지 않고 탈 수 있다.

02 멜버른

멜버른에는 트램 가운데 35번 시티 서클 트램이 무료이다. 이름 그대로 멜버른 시내를 한 바퀴 돌고, 시계 방향과 반 시계 방향 양쪽으로 다 운행되며 배차 간격도 10분 정도라 쉽게 이용할 수 있다.

03 브리즈번

브리즈번에는 시티 루프란 무료 버스가 다닌다. 빨간색에다가 버스 앞 표지판에 'Free Loop'이라 적혀 있고 오전 7시부터 오후 6시까지 10분 간격으로 운행이 된다.

04 애들레이드

애들레이드는 무료 버스와 무료 트램이 다 운영되고 있는데 무료 버스에는 시티 루프와 비 라인이 있고 도시 남북을 가로지르는 트램도 운행한다.

05 퍼스

퍼스에는 버스 외벽에 커다란 고양이가 그려져 있는 무료 버스 City Cat이 다닌다. City Cat의 노선이 무려 5가지나 있어 City Cat으로 이동할 수 있는 범위가 넓은 편이다. 다만 브리즈번의 브리즈번 강을 가로지르는 City Cat과 다르다.

우리나라에 수많은 통신사와 고객들을 사로잡기 위한 다양한 혜택이 포함된 요금제들이 준비되어 있듯이 호주도 예외는 아니다. 호주에서도 LG U$^+$, SKT 등과 같이 대표할만한 브랜드들이 있으며 각 통신사에 따라 마련된 요금제도 다르다. 지금부터는 호주에서 핸드폰을 이용하기 전에 어떤 통신사가 있고, 각 통신사는 어떤 휴대폰 요금제를 갖춰두고 있는지를 소개한다.

THEME 01. 호주의 대표적인 휴대폰 요금 방식

먼저 호주의 핸드폰 요금제는 크게 3가지 방식이 있다.

01 프리페이드(Pre-Paid)

2년 미만의 학생비자 또는 워킹홀리데이비자로 오는 학생의 대부분이 이 프리페이드(Pre-Paid) 요금제를 쓰고 있는데 요금 방식은 쉽게 말해 선불폰으로 이해하면 된다. 즉, 일정 금액을 충전한 후 그 금액만큼 쓰는 방식이며 유효 기간이 있다. 이 요금제는 단기영어연수생 또는 워킹홀리데이비자 소지자들이 쓰는 것을 추천한다.

02 포스트 페이드(Post Paid)

자신이 소지한 휴대폰을 쓴 만큼 요금을 내는 후불제 방식으로 장기학생비자만 가능한 *플랜이다. 그러나 Cap Plan이 나온 이후 이 요금제를 이용하는 사람은 많지 않다.

Q&A

Q. 플랜이란?
A. 플랜은 후불제 핸드폰 요금의 또 다른 표현입니다.

03 캡 플랜(Cap Plan)

캡 플랜(Cap Plan)은 우리나라의 스마트폰 요금제와 비슷한 요금 방식으로 장기학생비자 또는 영주권자 이상만 사용이 가능한 요금제이다.

프리페이드 요금제의 경우 핸드폰 기계를 구입해야만 하지만 iPhone 또는 갤럭시 등 스마트폰을 한국에서 사용하고 있다면 호주로 가져와서 쓸 수도 있다. 요즘 한국에서 구입할 수 있는 핸드폰은 대부분 *컨트리락이 해제되어서 나오지만, 본인의 통신사에 컨트리락 해제 여부를 물어보는 것도 좋은 방법일 듯 싶다.

> **Q&A**
>
> **Q. 컨트리락이란?**
>
> A. 컨트리락(Country Lock)은 해외 이동통신 사업자의 서비스 이용을 제한하는 핸드폰 설정입니다. 초창기, 스마트폰의 경우 기계가 출시된 나라 이외에서는 컨트리락(Country Lock)이 있어 다른 나라에서 사용이 어려웠습니다만 지금은 대부분 해제되어서 출시가 됩니다.

이제 각 통신 회사별로 요금제를 살펴보기로 하자.

THEME 02. 이용 통신사별 요금제

01 OPTUS

OPTUS는 대부분의 호주에 있는 한국 사람들이 쓰는 통신 회사이다. 또한 워킹홀리데이비자 소지자는 거의 OPTUS를 쓴다고 해도 과언이 아니다.

• New Turbo Cap Plus

프리페이드(Pre-Paid) 요금제를 사용하는 한국 사람들이 가장 많이 쓰는 요금제이다. $30을 충전하면 총 $300을 이용할 수 있으며 호주 내에서는 SMS, MMS 등 문자의 무제한 이용이 가능하다. 또 Data 500MB를 포함하고 있으며 페이스북, 트위터 등 SNS 이용은 무제한 무료라는 혜택을 주고 있지만 이 요금제의 유효 기간은 28일이다.

New Turbo Cap Plus

I want a bit of everything.

RECHARGE	$10	$15	$20	$30	$40	$50	$70	$100
Total Value	$60 ($10 Credit[11] + $50 MyBonus[12])	$90 ($15 Credit[11] + $75 MyBonus[12])	$140 ($20 Credit[11] + $120 MyBonus[12])	$300 ($30 Credit[11] + $270 MyBonus[12])	$600 ($40 Credit[11] + $560 MyBonus[12])	$1,000 ($50 Credit[11] + $950 MyBonus[12])	$1,000 ($70 Credit[11] + $930 MyBonus[12])	$1,200 ($100 Credit[11] + $1,100 MyBonus[12])
Standard National SMS/MMS*	Unlimited	Unlimited	Unlimited	Unlimited	Unlimited	Unlimited	Unlimited	Unlimited
Standard National Voice Calls to Optus Mobiles*	Standard rates apply	Standard rates apply	Standard rates apply	Standard rates apply	Standard rates apply	Unlimited	Unlimited	Unlimited
Standard National Voice Calls to Mobiles, Fixed Lines & 13/800 Numbers*	Standard rates apply	Standard rates apply	Standard rates apply	Standard rates apply	Standard rates apply	Standard rates apply	Unlimited	Unlimited
Oz Data[13]	60MB	90MB	140MB	500MB	1GB	3GB	5GB	7GB
Unlimited Mobile Access to[9]	✔	✔	✔	✔	✔	✔	✔	✔
Expiry	7 days	10 days	14 days	28 days	28 days	28 days	28 days	28 days

ALL WITHIN AUSTRALIA

Credit expires on recharge or depending on your recharge amount expiry, whichever comes first

Calling Rates

Standard Voice Calls to Australian Fixed Lines and Mobiles^	89c per min	Standard International calls	Turbo Cap Plus International Rates
Standard Flagfall to Australian Fixed Line and Mobiles	39c per min	National video calling	$1 per minute 39c flagfall
Standard SMS to Australian Mobiles	29c	Mobile Internet Access within Australia	$2 per 1MB increments
Standard MMS to Australian Mobiles	50c	Voicemail Deposit	Free
Standard International SMS	35c	Voicemail Retrieval	89c per minute 39c flagfall
Standard International MMS	75c		

^ Charged in 1 minute increments

● Crew Cap(크루 캡)

전화 사용이 그다지 많지 않은 사람들이 선택하는 요금제이다. 뉴 터보 캡 플러스(New Turbo Cap Plus)에 비해 보너스 충전 금액과 Data는 적지만 유효 기간이 무려 60일이다. 크루 캡(Crew Cap)은 $30 충전 기준으로 총 $200을 사용할 수 있으며 Data는 100MB를 이용할 수 있다. Crew Cap의 요금제는 New Turbo Cap Plus와 같다.

Crew Cap

SMS your Optus friends to your heart's content.

RECHARGE	$30	$40	$50	$70	$100
Total Value	$200	$300	$400	$600	$900
Included Value	$30 MyCredit[11] + $70 MyBonus[12] + $100 Optus to Optus mobile call value[8]	$40 MyCredit[11] + $110 MyBonus[12] + $150 Optus to Optus mobile call value[8]	$50 MyCredit[11] + $150 MyBonus[12] + $200 Optus to Optus mobile call value[8]	$70 MyCredit[11] + $230 MyBonus[12] + $300 Optus to Optus mobile call value[8]	$100 MyCredit[11] + $350 MyBonus[12] + $450 Optus to Optus mobile call value[8]
SMS to Optus Mobile[10]	Unlimited Standard national SMS to Optus mobiles within Australia				
Oz Data[13]	100MB	200MB	300MB	500MB	700MB

ALL WITHIN AUSTRALIA

Credit expires after 60 days. Unused credit will rollover[17] when you recharge before credit expiry.

• Long Expiry Cap(롱 익스파이어리 캡)

전화 사용이 거의 없는 사람들이 선택하는 요금제로, 발신보다 수신을 더 많이 하는 사람에게 적당한 듯하다.

Long Expiry Cap

Great value if you don't use your mobile very often - your credit lasts up to 6 months.

RECHARGE	$30	$40	$50	$70	$100
Total Value	$150	$200	$250	$300	$400
Included Value	$30 MyCredit[11] + $20 MyBonus[12] + $100 Optus to Optus mobile call value[8]	$40 MyCredit[11] + $30 MyBonus[12] + $130 Optus to Optus mobile call value[8]	$50 MyCredit[11] + $50 MyBonus[12] + $150 Optus to Optus mobile call value[8]	$70 MyCredit[11] + $50 MyBonus[12] + $180 Optus to Optus mobile call value[8]	$100 MyCredit[11] + $50 MyBonus[12] + $250 Optus to Optus mobile call value[8]
	ALL WITHIN AUSTRALIA				
Expiry	Credit expires after 186 days. Unused credit will rollover[17] when you recharge before credit expiry.				

$30 충전 기준으로 총 $150을 사용할 수 있으며 무료 Data는 지원되지 않지만 유효 기간이 가장 긴 186일로 약 6개월 동안 충전 없이 사용이 가능하다.

02 Telstra(텔스트라)

호주 사람들은 우리나라 KT처럼 국영기업이었다가 민영기업으로 바뀐 이 회사를 대부분 이용한다. 그런 이유로 인터넷도 가장 빠르고 핸드폰도 가장 잘 터지지만 그만큼 요금이 비싸다는 단점이 있다.

• Telstra Pre-Paid Cap Encore(텔스트라 프리페이드 캡 앙코르)

Telstra의 대표적인 요금제로, OPTUS의 New Turbo Cap Plus와 비슷한 요금제를 취하고 있다. $30 충전할 경우 총 $250 사용이 가능하고 Data는 400MB 이용이 가능하며 유효 기간은 30일로 정하고 있다.

I like a Cap with the works

Want heaps of value? Your Cap Credit can be used for talk and text to standard Australian and international numbers. Plus you'll get Free Talk & Text Every Night to standard Australian numbers.

RECHARGE	= TOTAL CREDIT	+ DATA (charged per kB)
$30	$250 ($30 Recharge and $220 Cap Credit)	Max 400MB
$40	$550 ($40 Recharge and $510 Cap Credit)	Max 800MB
$50	$1,000 ($50 Recharge and $950 Cap Credit)	Max 2GB
$70	$1,500 ($70 Recharge and $1430 Cap Credit)	Max 3GB
$100	$2,000 ($100 Recharge and $1,900 Cap Credit)	Max 4GB
INCLUDES FREE TALK & TEXT EVERY NIGHT to standard Australian numbers between 6pm–6am.		
All to use within Australia in 30 days		

03 Vodafone(보다폰)

호주에서는 3번째로 큰 규모를 자랑하지만, 잘 터지지 않아 가입자의 불만이 많은 통신회사라는 이야기가 있다. Vodafone의 요금제는 다음 두 가지와 같다.

• Vodafone Prepaid Cap(보다폰 프리페이드 캡)

$30을 충전할 경우 총 $450을 쓸 수 있고, 500MB의 Data를 사용할 수 있으며 유효 기간은 28일로 정하고 있다.

	Prepaid Cap $10 BUY NOW	Prepaid Cap $30 BUY NOW	Prepaid Cap $50 BUY NOW	Prepaid Cap $70 BUY NOW
Included flexible credit	$100	$450	$1,000	$1,500
Included data within Australia (Need more data?)	-	500MB	1GB	2GB
Standard national TXT	30c	Infinite	Infinite	Infinite
Expiry period	7 days	28 days	30 days	30 days
More information	VIEW INFO	VIEW INFO	VIEW INFO	VIEW INFO
VIEW TERMS AND CONDITIONS				

• All-time

무제한 이용이 가능한 요금제로, $35을 충전할 경우 500MB의 Data와 저녁 7시부터 다음 날 아침 7시까지, 그리고 주말에 무제한으로 전화 이용이 가능하다. 또 같은 통신회사인 Vodafone과 Three 통신사 이용자끼리는 언제라도 무제한으로 이용이 가능하다. 유효 기간은 30일로 정해져 있다.

	All-time $35 BUY NOW	All-time $50 BUY NOW	All-time $90 BUY NOW
Included data within Australia (Need more data?)	500MB	1GB	1GB
Standard national voice calls	Infinite - on nights (7pm - 7am) & weekends	Infinite	Infinite
Standard national TXT	Infinite	Infinite	Infinite
Standard national voice calls to Vodafone and 3 mobiles	Infinite	Infinite	Infinite
Expiry period	30 Days	30 Days	60 Days
Included flexible credit (What's included?)	$35	$50	$90
More information	VIEW INFO	VIEW INFO	VIEW INFO

04 Virgin Mobile

통신사 Virgin Mobile의 대표적인 요금제로 Your Caps 요금제가 있다. 이 요금제는 $29을 충전할 경우 $500, 그리고 1GB의 Data를 사용할 수 있다. 또한 같은 Virgin 통신사 이용자들끼리는 전화가 무료로 제공된다.

Your Caps - loads of great inclusions

You pay	Credit[1]	Data[2]	Virgin to Virgin Calls	Text	To other networks Calls	Text	Fine print
Starter pack			To join us, buy this starter pack then change your plan type in My Account before you recharge				
$5 ($5 SIM Kit)	$10 (10 day expiry, 28 days on each Cap recharge)	0MB included. We recommend you add a data pack	Unlimited Virgin to Virgin		90c/min (billed per min) + 40c call connection	25c	Join now
Recharge options							
$19 (Offer ends 31/8/12)	$250 (28 day expiry)	250 MB					
$29	$500 (28 day expiry)	1 GB					
$49	$1000 (28 day expiry)	1 GB	Unlimited Virgin to Virgin		90c/min (billed per min) + 40c call connection	25c	Recharge Now in My Account
$79	$1600 (28 day expiry)	1 GB					
$99	$2000 (28 day expiry)	1 GB					

05 Amaysim

얼마 전부터 워킹홀리데이비자 소지자들에게 크게 인기를 끌고 있는 회사이다.

OPTUS 통신망을 같이 사용하며 $39.90의 요금으로 4GB의 Data와 함께 무제한으로 전화 이용이 가능하며 30일의 유효 기간을 갖고 있다.

06 Woolworths Mobile

가장 최근에 나온 통신회사이다. Coles와 함께 호주의 대표적인 슈퍼마켓인 Woolworths에서 OPTUS 통신망을 이용해서 새로운 회사를 만들었다.

$29을 충전하면 $500 사용이 가능하며 5GB의 Data를 사용할 수 있다. 이 회사의 장점은 뭐니뭐니해도 다른 통신회사와 비교했을 때 유효 기간이 45일이라는 점이다.

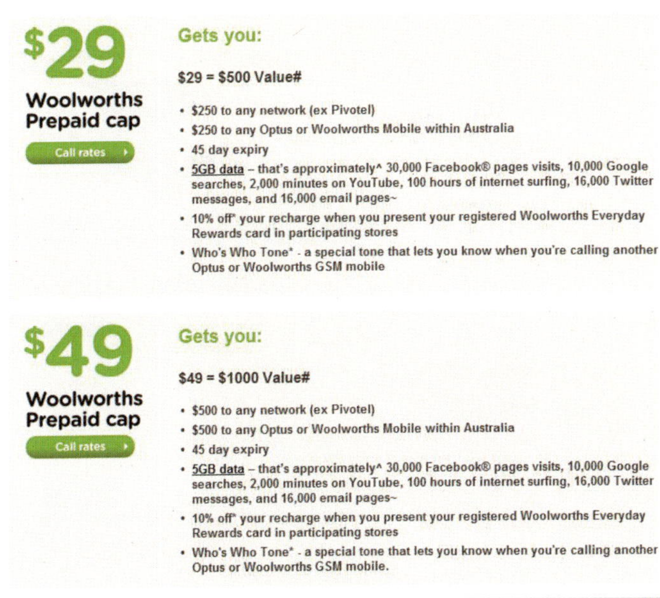

THEME 03. 호주에서 핸드폰 개통하기

호주에서 한국인이 가장 많이 쓰는 통신사인 OPTUS 모바일 요금을 설명하자면 다음 두 가지 요금 – Post Paid와 Pre Paid – 을 권한다.

대체로 비자 기간이 2년 이상이면 우리나라와 같이 후불제인 Post Paid를 사용할 수 있지만 대부분의 학생비자 소지자, 혹은 워킹홀리데이비자 소지자는 선불제인 Pre Paid를 이용한다.

휴대폰에 사용되는 SIM 카드는 통신사 매장, 우체국, 편의점 등에서 구입 가능하다.

휴대폰을 구한 후, 통신사 홈페이지에서 개통하는 법은 다음과 같다.

01 OPTUS 홈페이지에 접속한다.

홈페이지 : www.optus.com.au

02 홈페이지 화면 상단에 위치한 [Activate Service]에 마우스를 갖다 대면 [Pre-paid Service], [Post-paid Service] 메뉴가 뜬다. 여기에서 [Pre-paid Service] 메뉴를 클릭한다.

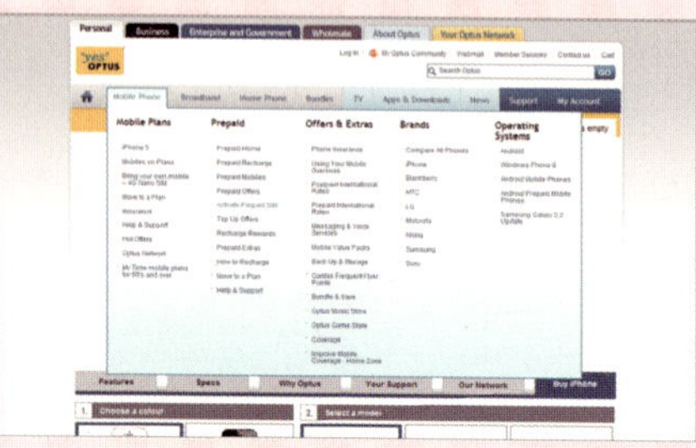

03 SIM 카드번호 입력하기

이제 남은 것은 SIM 카드번호를 입력하는 것이다. SIM 카드번호는 SIM 카드가 붙어 있는 작은 책자에 있거나 자체에 적혀있다. 이제 SIM 카드번호를 입력했다면 [Next]를 클릭한다.

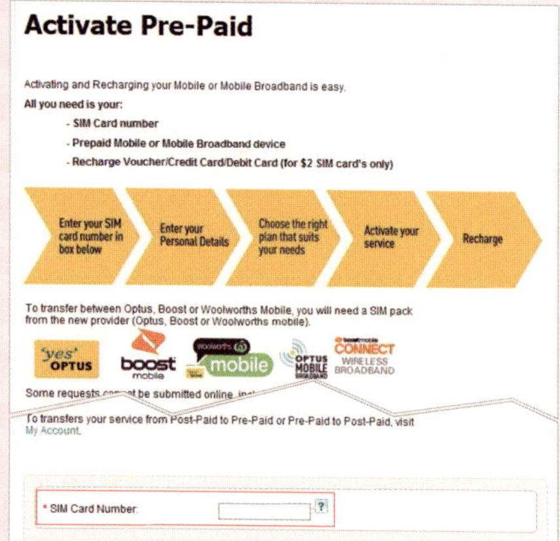

SIM 카드 설정

04 이 질문들에 해당하는 답(예/아니오) 들을 입력했다면 [Next]를 클릭한다.

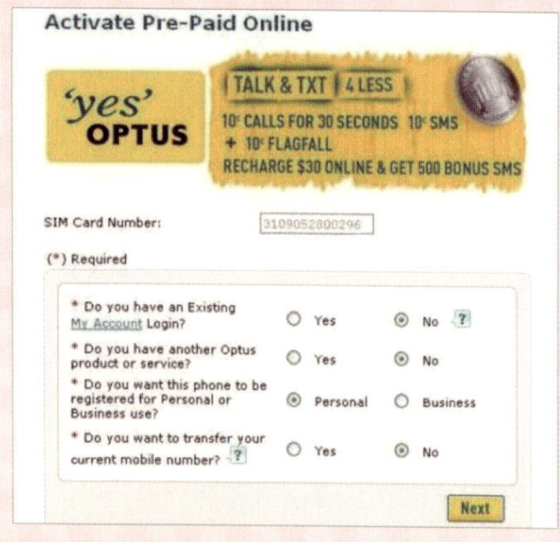

질문 상세내역 살펴보기

- 현재 OPTUS 아이디를 가지고 계십니까? 답변 : 네 / 아니오

- 다른 OPTUS 제품이나 서비스를 사용하고 계십니까? 답변 : 네 / 아니오

- 개인용 또는 비즈니스용 중 어떤 서비스를 원하십니까? 답변 : 개인용 / 비즈니스용

- 현재 사용하고 있는 번호를 계속 사용하길 원하십니까? 답변 : 네 / 아니오

05 아래 질문에 해당하는 개인정보를 입력한 후 [Next] 버튼을 클릭한다.

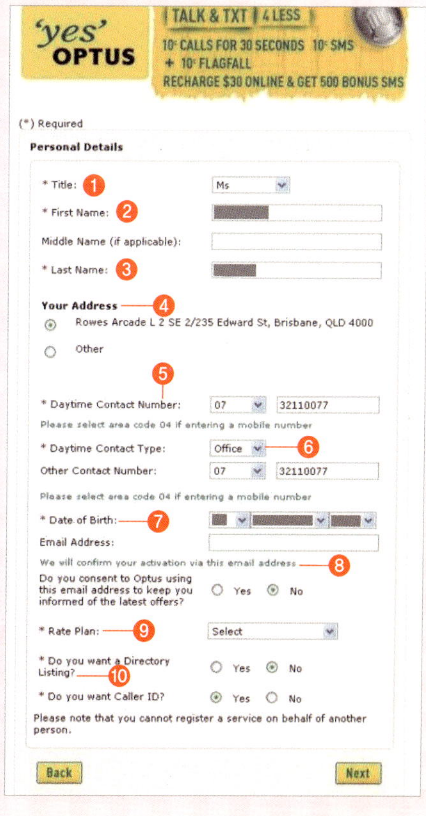

개인정보 상세내역 살펴보기

① Mr, Miss, Mr 가운데서 타이틀 고르기   ② (성을 뺀 나머지)이름   ③ 성   ④ 주소

⑤ 낮 시간대 연락 가능한 연락처   ⑥ 집 전화 / 사무실 전화   ⑦ 생년월일

⑧ OPTUS의 다양한 서비스와 혜택을 E-Mail로 받으시겠습니까?

⑨ 요금제 고르기 : 대부분의 유학생들은 OPTUS의 New Turbo Cap Plus를 선택합니다.

⑩ 발신자 표시 기능 사용을 원하십니까? 답변 : 네 / 아니오

06 입력한 정보를 다시 한 번 확인
하자. 만약 잘못 기입된 부분이 있다
면 [Back] 버튼을 클릭한 후에 수정한
다. 그리고 아래 부분에 있는 [Terms
and Conditions] 항목을 읽어보고 동의함
(I Agree)을 체크한다. 이 순서를 거치면
[Activate(개통하기)] 버튼을 클릭한다.

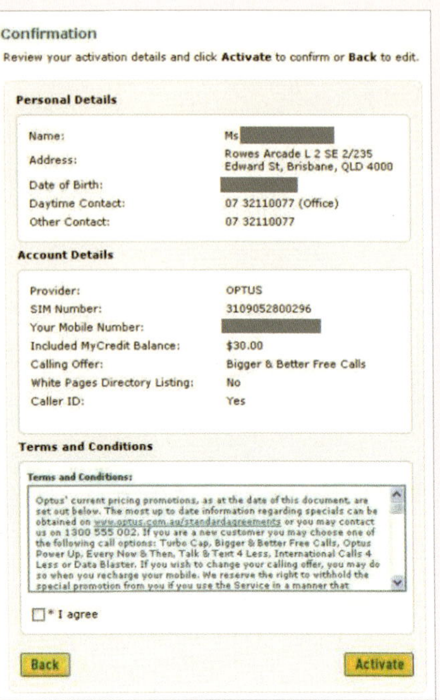

07 이제 남은 순서는 개통이다. 이 화
면이 뜨면 핸드폰의 뒷면에 SIM 카드를
넣고 핸드폰 전원을 켠다. 이어서 30분
안에 OPTUS에서 개통이 성공적으로 되
었다는 문구와 함께 개통된 전화번호를
문자로 보내온다.

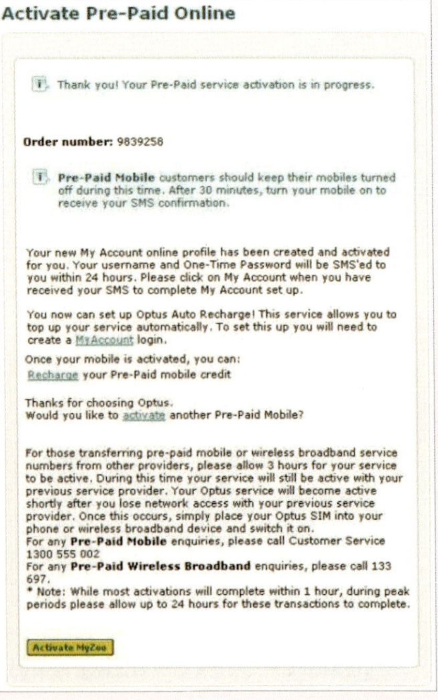

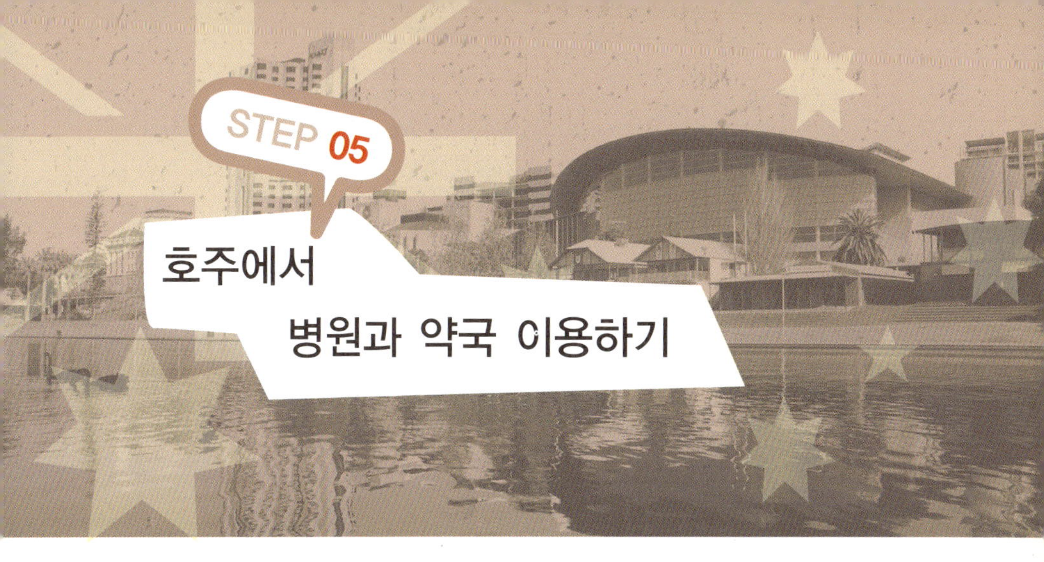

호주의 병원 체계는 한국과 매우 다르다.

우리나라는 소아과, 내과, 안과 등 아픈 부위별로 갈 수 있는 개인병원이 동네마다 있지만, 우선 호주에서는 GP(General Practitioner)라고 불리는 1차 진료기관을 반드시 거쳐야 한다.

즉, 호주는 크게 GP(General Practitioner, 일반의)와 Specialist(Specialist, 전문의)로 의사가 구분되며 병원도 공립병원과 사립병원으로 나누어져 아픈 상황에도 복잡한 과정을 거쳐야만 진료를 받을 수 있는 혜택(?)을 받게 된다.

그렇다면 구체적으로 호주의 진료 체계는 어떻게 되는 걸까?

THEME 01. 호주의 진료 과정

예를 들어 한국에서 가벼운 감기로 병원에서 진료를 받으려 한다면 근처 내과에 가서 저렴한 진료비를 지불하고 주사와 함께 약을 처방받으면 된다. 하지만 호주는 한국과 달리 진료 과정이 그렇게 간단하지 않다.

호주에서 아프다면 일단 그 1단계로 무조건 GP(General Practitioner)에게 먼저 가야 한다. 이 같은 과정은 곧바로 전문의를 만나 수술 예약까지 한 번에 끝나는 의료체계에 익숙해져 있던 우리들에게 쉽게 이해되지 않는 부분이다.

물론 응급실의 상황도 다르지 않다.

특별한 외상이 없다면 아무리 응급실이라도 천년만년 기다려야 하는 곳이 악명높은 호주의 응급실이다. 이 때문인지 호주에 사는 사람들은 농담 반, 진담 반으로 피 안 나면 아픈 게 아니라는 말까지 있을 정도다.

어쨌든 호주에서 아픈 증상이 발견이 된다면 첫 순서로 GP에게 증상을 설명하고 소견서를 받아 이를 바탕으로 큰 병원에 가거나 전문의(Specialist)를 만날 수 있게 된다. 2단계로, 받은 소견서에 병에 대한 증상이 기록되어 있고 전문의의 연락처가 있어 직접 전화해서 진료 예약을 해야 한다. 즉, 의원이 아픈 사람을 찾는 것이 아니라 오히려 아픈 몸을 이끌고 의원을 찾아가야 하는 황당한 현실이다.

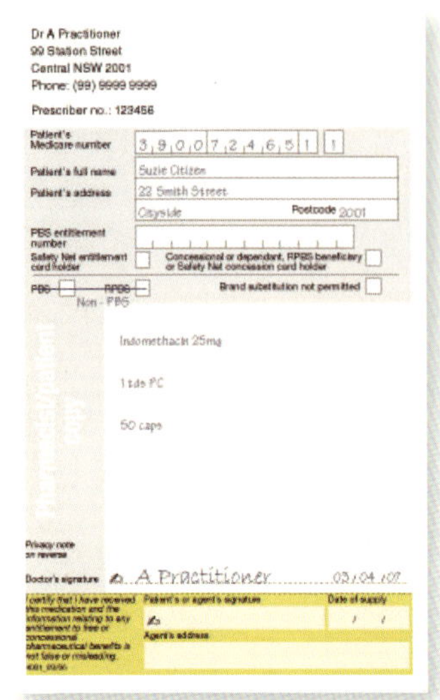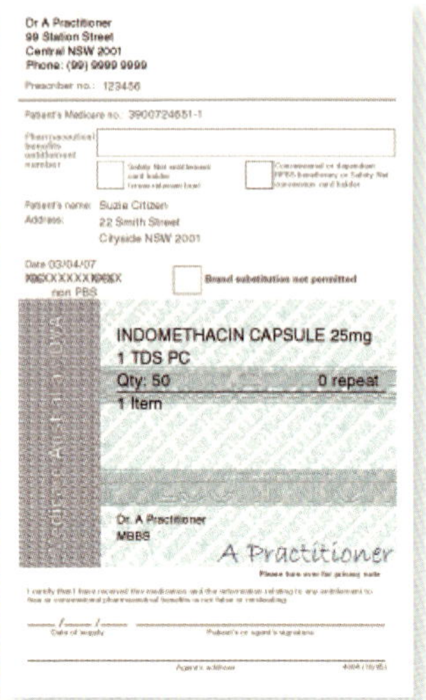

만약 감기, 몸살 등의 가벼운 증상으로 굳이 전문의에게 가지 않아도 된다면, GP가 처방전에 약을 처방해 주게 되며 이것을 들고 약국으로 가서 약을 구입하면 된다.

한국이라면 짧으면 하루, 길어봐야 이틀이면 될 검사 결과를 호주에서는 받아보기까지 총 일주일이 넘게 걸렸다. 최악의 상황은 GP가 도중에 휴가라도 가버린다면 시간은 더 오래 걸릴 수도 있다는 것이다. 상황이 이렇다 보니 호주에서는 무조건 아프지 않는 것이 가장 좋은 방법이다.

호주의 진료 과정 요약 보기

1. 먼저 GP에 가서 소견서를 받기 위해 전화로 예약을 해둡니다.

2. 예약한 날짜, 시간에 GP를 만납니다.

3. GP가 소견서와 함께 Pathology(임상병리사) 리스트를 주는 것을 챙겨둡니다.

4. 이용하기 편리한 Pathology에 가서 검사를 받습니다.

5. 검사 결과가 언제쯤 나오는지 알아보고 다시 GP와 예약을 잡습니다.

6. GP에게 가서 검사 결과를 확인합니다.

호주에서는 메디케어(Medicare)라는 정부기관이 의료보험과 관련된 모든 혜택을 주관한다. 메디케어를 가지고 있으면 공립병원에서 무료로 의료 서비스를 받을 수 있다. 하지만 호주의 의사와 간호사의 수가 부족한 관계로 대기환자가 많아 심한 경우에는 몇 달씩 기다리는 경우도 있다고 한다. 실제로 교민 한 분의 경우 간암말기가 되도록 전문의를 만나지 못해 돌아가셨다는 얘기도 있었다.

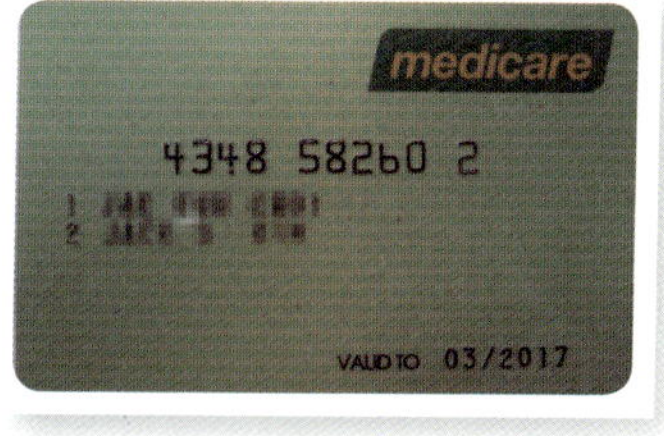

이와 같은 경험 때문에 호주의 많은 사람들은 1년에 많은 금액을 지불하고 그 비싼 금액만큼 메디케어보다 훨씬 더 혜택이 보장되는 개인의료보험에 가입한다. 뭐니뭐니해도 가장 두드러지는 혜택은 공립병원에 비해 기다릴 필요도 없고 더 고급 의료 시설을 제공하는 사립병원으로도 갈 수 있다는 것이다.

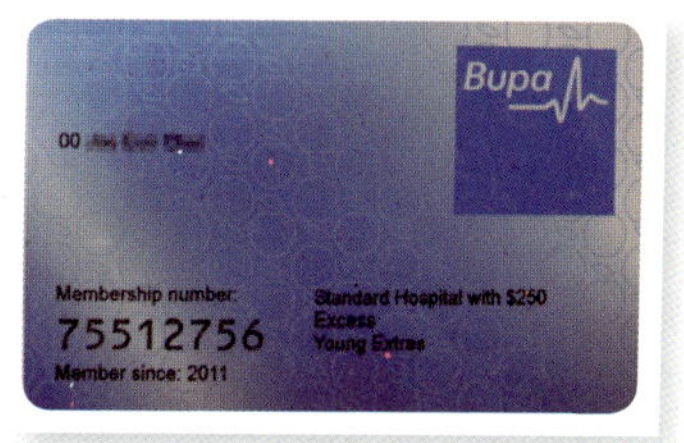

THEME 03. 호주 의료보험(OSHC)이 있다! VS 없다?

01 OSHC가 있는 경우

학생비자라면 필수로 들어야 하는 OSHC(Overseas Student Health Cover)는 다양한 보험회사들이 제공하고 있다. 대표적으로 Medibank, AHM, Worldcare, Bupa 등이다.

이 OSHC가 있으면 호주 영주권자 또는 시민권자가 받는 혜택인 Medicare만큼의 혜택을 받을 수 있다.

기본적으로 GP에게 진찰을 받으면 비용이 약 $60~80까지 나오는데 일단 돈을 내고 그 영수증을 지참한 후 본인이 가입한 보험회사에사 Claim을 하면 일정액을 환급받을 수 있다.

02 OSHC가 없는 경우

본인이 100% 모두 진료비를 부담해야 한다. 만약 워킹홀리데이비자로 왔다면 한국에서 꼭 워킹홀리데이 보험을 들고 호주로 오도록 한다. 보험 종류에 따라 다르지만 이 보험 역시 추후에 일정액의 환급이 가능하다.

한국에서 온 워킹홀리데이비자 소지자 가운데 보험도 가입하지 않은 학생이 있었다.
어느 날 밤, 갑자기 너무 배가 아파서 병원 응급실로 무작정 갔는데 한밤중이라서 GP에게
갈 수도 없었다. 하지만 병원 응급실을 무료로 이용했다는 같은 반 친구 이야기도 들었기
때문에 일단 병원 응급실로 갔다고 한다.

응급실로 간 그 학생은 맹장수술을 받아야 했는데 워낙 상황이 급했기 때문에 보험 여부
에 관계없이 일단 수술을 했다. 그러나 병원 영수증을 받고 난 후 학생은 까무러칠 뻔했다
고 한다.
무료로 이용했던 그 친구는 학생비자 소지자로, 호주의 OSHC 보험이 있었기 때문에 무료
로 응급실을 이용했지만 자신은 아무런 보험이 없었기 때문에 $8,000의 병원비를 내야만
했던 것이다.

THEME 04. 호주에서 약국 이용하기

호주의 약국에서는 의사의 처방전이 필요한 약
과 그렇지 않은 약, 두 가지의 약을 판매한다. 처
방전이 필요 없는 감기약, 진통제 등의 경우 일반
슈퍼에서도 구입할 수 있다.

감기약 또는 진통제의 경우 성분에 따라 슈퍼에서
는 절대 구입할 수 없고 약국에서만 구입할 수 있
는 약이 있다. 또 약국에서만 구입이 가능한 약도
의사의 처방전이 필요한 경우와 그렇지 않은 경우로 나누어진다.

처방전이 필요 없는 약의 경우, 약국의 약사에게 증상을 설명하면 약사에게 바로 구입을
할 수도 있다. 또한 호주의 약국이 우리나라와 많이 다른 경우는 약품만 전문적으로 판매
하는 것이 아니라 화장품, 비누, 치약 등 다양한 잡화도 함께 판매하고 있다는 것이다. 이로

인해 처음 본 사람들은 약국이 아니라 일반 슈퍼로 오해하고 그냥 지나치는 경우도 있다.

THEME 05. 알아두면 좋은 간단한 의료용어

Abdomen	복부	Dysphasia	삼키기 곤란
Abdominal pain	복통	Dyspnea	호흡곤란
Abortion	임신중절	Dysuria	소변 시 통증
Abscess	화농	Edema	부종
Acne	여드름	Enuresis	야뇨증
Acute pain	급성통증	Epilepsy	간질
Adhesive tape	반창고	Esophagus	식도
Allergy	알레르기	Exanthems	발진
Analgesics	진통제	External wound	외상
Anemia	빈혈	Facial palsy	안면 신경마비
Anesthesia	마취	Fainting, syncope	실신, 기절
Anorexia	식욕부진	Febrile seizure	열성 경련
Antibiotics	항생제	Feel bloated	팽만감
Antipyretics	해열제	Fever	발열
Appendicitis	맹장염	Fracture	골절
Arm	팔	Fruncle, Tumor	종기
Back pain	요통	Gall bladder	쓸개
Bandage	붕대	Gastric cancer	위암
Bladder	방광	Gastric ulcer	위궤양
Blood pressure	혈압	Gastritis	위염
Bronchitis	기관지염	German measles, Rubella	풍진
Burning pain	따가운 듯 아픈 통증	Glycosuria	당뇨
Burn	화상	Goiter	갑상선종
Cataract	백내장	Gonorrhea	임질
Cerebral palsy	뇌성마비	Groin	사타구니
Cervical cancer	자궁경부암	Headache	두통
Cervix	자궁경부	Heart burn	가슴 쓰린 것
Chest pain	가슴통증	Heart	심장
Chest	가슴	Hemangioma	혈관종
Chilling sensation	오한	Hematemesis	토혈
Colic pain	쥐어짜는 통증	Hematuria	혈뇨
Colon	대장	Hemophilia	혈우병
Constipation	변비	Hemoptysis	각혈

English	Korean	English	Korean
Continuous pain	계속되는 통증	Hemorrhage	출혈
Contusion	타박상	Hernia	탈장
Convulsive	경련성질환	Hiccup	딸국질
Cough	기침	High fever	고열
Cut	베인 것	Hoarseness	쉰 목소리
Cystitis	방광염	Hyperacidity	위산과다
Dehydration	탈수	Hypertension	고혈압
Diagnosis	진단	Hypertensive	고혈압 환자
Diarrhea	설사	Hypotension	저혈압
Dizziness	현기증	Hypothyroidism	갑상선 기능 부전증
Dry cough	마른기침	Ileum	회장
Drooling	침 흘림	Immunization	예방접종
Dull pain	둔한 통증	Impaired consciousness	의식장애
Duodenal ulcer	십이지장 궤양	Impetigo	농가진
Duodenum	십이지장	Incontinence	요실금
Dysmenorrheal	생리 시 통증	Respiration	호흡
Injection	주사	Short of Breath	숨가쁨
Insect bites	벌레 물린 것	Skull	두개골
Insomnia	불면증	Sneezing	재채기
Intermittent pain	간헐적 통증	Spleen	비장
Intussuception	장중첩중	Stomach cancer	위암
Irrigation	세척	Stomach ulcer	위궤양
Jejunum	공장	Sublingual tablet	혀 밑에 넣는약
Kidney	콩팥	Temperature	체온
Labor	진통	Thermometer	체온계
Laceration	베인 것	Tiredness, Fatigue	피곤
Laryngitis	후두염	Tonsil	편도선
Larynx	성대,후두	Trachea	기도
Laxative	설사약	Trauma	외상
Liver	간	Treatment	치료
Lung	폐	Tuberculosis	결핵
Medicine	약	Urine	소변
Meleana	혈변	Ureter	요관
Menorrlgia	월경과잉	Urethra	요도
Mild fever	미열	Urinary bladder	방광
Moist cough	습한 기침	Urinary urgency	급한 소변
Morning sickness	임신구토	Urinary incontinence	소변을 가리지 못함

Myalgia	근육통	Urticaria	두드러기
Narcotics	마취제	Uterus	자궁
Narcotism	마약중독	Vaginal bleeding	질출혈
Night sweats	밤새 땀을 흘림	Vaginal discharge	질에서 분비물
Nutrition	영양	Vagina	질
Oliguria	소변이 적게 나옴	Vomiting	구토
Operation permit	수술 승인서	Windpipe	기관, 숨통
Operation	수술	Yawning	하품
Otalgia	귀가 아픈 것		
Otorrhoea	귀에서 분비물이 나옴		
Ovary	난소		
Ozena, empyema	축농증		
Pain	통증		
Pallor	안색이 창백함		
Pancreas	췌장		
Paralysis	운동마비		
Physical examination	진찰		
Poisoning	중독		
Polyuria	소변이 많이 나옴		
Pressing pain	누르는 듯한 통증		
Prevention	예방		
Prostate	전립선		

THEME 01. 호주 대표 마트, Woolworths와 Coles

호주에서 가장 많이 이용되는 마트는 Woolworths와 Coles가 있다.

그 외에도 ALDI, BILO 등의 마트들이 있지만 규모나 매장 수가 위의 두 마트를 따라가지 못한다. 동네마다 쇼핑센터에는 '울리'라고 불리는 Woolworths와 Coles가 적어도 하나씩은 위치하고 있어 호주 국민 마트의 위치를 굳건히 지키고 있다.

이곳들은 식료품뿐만 아니라 생활필수품도 판매를 한다. 각 마트에서는 매주 할인을 하는 제품이 있으며 할인 제품은 두 마트가 절대로 겹치지 않는다. 한 주에 한 곳에서 세일하는 제품을 구하지 못했다면 다음주에 다른 곳에서 반드시 그 제품에 대한 할인 행사가 진행되어 저렴하게 제품을 구입할 수 있다.

특히 저녁시간, 문 닫기 전에 가면 당일 팔아야 하
는 전기구이 통닭, 빵 등을 할인해서 팔기 때문에
한때는 문 닫기 전까지 어슬렁거리다 할인된 가격
에 통닭을 가져와서 맥주 한 잔과 맛보기도 했다.

호주 마트 역시 우리나라와 마찬가지로 매주 집으로 배달되는 할인전단지를 반드시 살펴
보는 것도 중요하다.

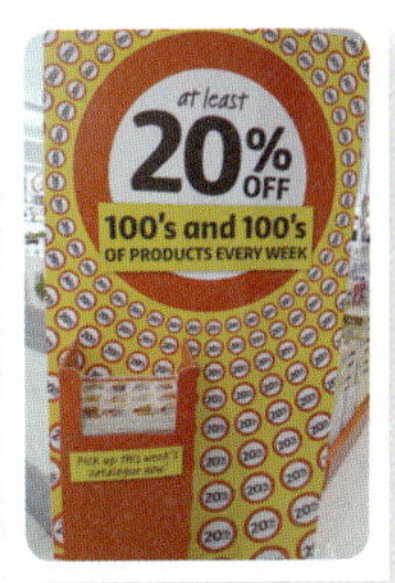

또 호주에서도 역시 물건을 구입하고 반드시 영수증을 챙겨야 한다. 이 영수증이 있어야
만 반품 및 교환이 가능하고, 잘못된 계산을 바로 잡을 수도 있다.

언젠가 평소에는 전혀 찾지 않던 포도가 먹고 싶어 Coles 마트에 들러 몇 가지 다른 것과
포도 한 송이를 샀다. 한국에서는 씨를 뱉어내기 귀찮아서 먹지 않던 포도인데 여기서는
씨 없는 포도가 판매되고 있어 한 송이를 카트에 넣고 계산한 뒤 영수증을 본 순간!!
분명 kg에 $5 정도로 기억했던 포도가 영수증에는 $9.98로 둔갑을 해 있는 것이 아닌가?

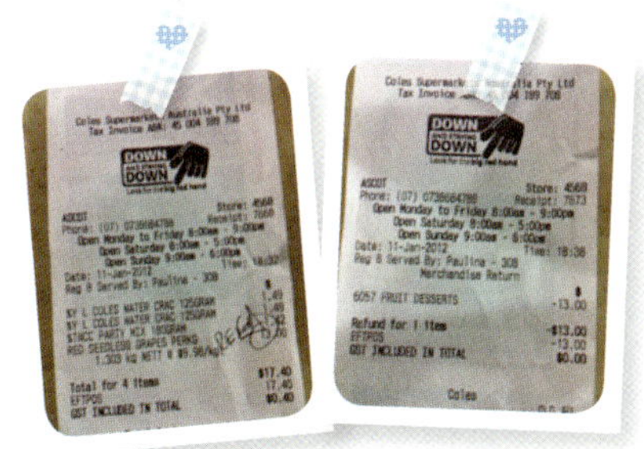

다시 돌아가서 직원에게 계산이 잘못 되었다고 얘기를 했다. 난 분명히 kg에 $5짜리 포도
를 샀는데 이게 어떻게 된 거냐 다다다 항의를 했다.
잠시 후…
직원의 확인 후에 미안하다는 얘기와 함께 환불을 해주겠단다.
어…난 포도를 먹어야 하는데…

음? 뭐지? 이 난데없는 횡재는?
홈스테이 아주머니에게 물어보니, 직원의 실수 또는 가격표가 잘못 붙어서 계산이 잘못되었을 경우, 무조건 전액 환불과 함께 그 품목은 무료로 가져올 수 있다고 한다.
이런 경우가 있으니(횡재를 기대하면서?) 영수증을 꼭 확인하는 것이 좋다.

또한 Woolworths나 Coles에는 Self Serve Checkout이라는 셀프계산대도 있다.
모르는 기계가 모여있어 사용법이 쉬워 보이지 않지만 방법만 알면 간단하다!

먼저 터치패드의 [Start]를 누르고 계산을 시작한다. 바코드를 스캔하면 가격이 화면에 뜨고 오른쪽의 비닐봉투 있는 곳에 물건을 놓아야 한다. 물건을 두면 이 기계가 바코드에 찍힌 상품과 무게가 동일한지 측정한다. 이 과정을 거친 후 결제에서는 카드결제, 현금결제 모두가 가능하다.

THEME 02. 한국 슈퍼 이용하기

호주에도 한국 슈퍼마켓이 있는데 이곳에는 어지간한 제품은 다 있다고 보면 된다. 굳이 한국에서 먹을거리를 바리바리 무겁게 가져오지 않아도 다 구할 수 있다.

즉석요리들

컵라면들

각종 장류들

가격도 한국과 큰 차이가 없고(심지어 라면 같은 경우는 한국보다 더 쌀 때도 있다.), 웬만한 상품은 거의 구할 수 있다. 따라서 힘만 빠지고 무게만 차지해 괜히 무게 초과 요금을 내면서까지 한국에서부터 한국식품을 가져올 일도, 한국에서 비싼 EMS로 물건을 받을 일도 없다.

필자는 이렇게 호주 마트와 한국 슈퍼마켓을 이용했습니다.

야채, 고기 등의 신선식품은 호주 슈퍼마켓에서, 양념, 장류, 라면 등은 한국 슈퍼마켓에서 구입하는 편이 제일 저렴한 듯합니다.

일반적으로 한국 슈퍼의 경우 대도시의 중심부에 위치한다. 또는 시드니의 스트라스필드, 캠시나 브리즈번의 써니뱅크 등 한국인이 많이 거주하는 동네에도 한국 슈퍼가 위치한다. Coles나 Woolworths에도 신라면, 새우깡, 양파링 등 한국 제품이 있지만 가격이나 물건의 다양성에서 한국 슈퍼를 따라가지 못한다.

예전에는 한국 슈퍼에 있는 물건들의 가격이 높아 한국에서 소포로 받거나 한국에서 들어올 때 사 가지고 오는 경우도 있었다. 그러다가 공항에서 반입금지품목으로 간주되어 압수도 많이 당하곤 했다.

최근에는 많은 한국인들이 호주에 거주하다 보니 슈퍼도 늘어나고 그에 따라 가격도 많이 내려서 어떤 품목의 경우 한국보다 더 저렴한 경우도 있다. 물론 종류의 다양성도 빼 놓을 수 없는데 어지간한 상품은 다 있다고 보면 된다.

호주에서 운전을 하려면 호주 내에서 인정이 되는 면허증을 소지해야 한다.

일반적으로 국제운전면허증(International Driving License)이 필요하다. 이 국제운전면허증의 유효 기간은 1년으로, 우리나라 운전면허증을 *호주공증인(JP)에 의해 번역공증해서 사용하는 경우가 있다.

Q&A

Q. 호주공증인(JP : Justice of the Peace)이란?

A. 관공서 등에 서류를 제출할 때 일반적으로 원본이 아닌 사본을 제출하는 경우가 있습니다. 이 경우 원본과 사본이 동일하다는 것을 공증을 해주는 사람을 가리킵니다. JP 공증은 무료이며 원본과 공증 받을 사본을 지참해서 공증을 받으면 됩니다.

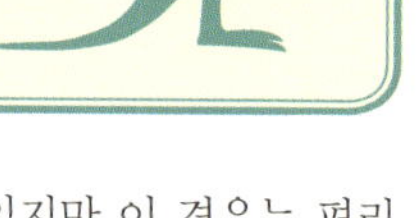

번역공증을 위해서 공인된 번역공증사에게 번역을 맡기는 경우도 있지만 이 경우는 편리한 대신 상당히 많은 비용이 많이 들어간다.

비용을 아끼고 싶다면 시드니에 위치한 호주영사관이나, 캔버라의 호주대사관을 방문하도록 하자. 이곳에서 번역공증업무를 저렴한 가격에 해준다.

THEME 01. 번역공증 준비물

접수할 때 준비물은 직접 방문할 때와 우편 접수할 때의 경우가 다르며, 자세한 사항은 다음과 같다.

01 직접 방문할 경우

여권, 한국 운전면허증 원본, 운전면허증 번역공증 신청서, 수수료 $4

02 우편 접수할 경우

한국 운전면허증 원본 또는 호주공증인(JP : Justice of the Peace)의 공증을 받은 면허증 사본, JP의 공증을 받은 여권사본, 운전면허 번역공증신청서, 호주전신환 $4, 반송용 봉투

운전면허증 번역공증에 대한 자세한 사항은 아래에서 확인할 수 있다.

 http://aus-sydney.mofat.go.kr/korean/as/aus-sydney/main/index.jsp

THEME 02. 한국 운전면허증이 있으면 시험없이 호주 운전면허증이 발급된다고?

최근 발표된 소식에 따르면, 우리나라 운전면허증을 가진 사람은 별도의 시험 없이 호주 운전면허증이 발부된다고 한다. 이는 한국과 호주간 '운전면허상호인정제도' 시행으로 인한 결과로 한국 운전면허증을 보유한 만 24세 이상의 한국인은 호주에서 필기 및 실기시험 없이 바로 호주 운전면허증을 교부받을 수 있다.

그러나 주마다 제도의 시행 시기가 조금씩 다르기 때문에 본인이 갈 지역을 확인해 두는 것이 중요하다.

01 이미 시행 중인 지역

South Australia 주, Victoria 주, Australia Capital Territory

02 2012년 8월 31일부터 시행 예정

Western Australia 주

03 2012년 11월 30일부터 시행 예정

Queensland 주

04 2013년 2월 28일부터 시행 예정

New South Wales 주

THEME 01. 한국은 119, 호주는 000!

우리가 일반적으로 위급한 상황에 처했을 때 한국에서는 119번을 호출한다. 호주에서 응급상황에 처했을 때는 '000번'으로 전화를 걸면 해결된다. 이 번호는 어디서나 무료이며, 상담원이 상황에 맞게 경찰, 앰뷸런스, 또는 소방소로 연결해 준다. 이때 000으로 통화된 모든 내용은 녹음이 된다.

먼저 응급 시, *전화를 걸게 되면, 주소를 먼저 말하고, 그 다음 자신이 처한 상황을 침착하게 설명해야 한다. 만약, 영어 의사표현이 힘들다면, 전화통역 서비스(TIS)로 연락해 달라고 하거나, TIS로 먼저 연락해도 된다.

Q&A

Q. 우리나라의 114번과 같은 호주의 전화번호 안내서비스 번호가 있나요?

A. 있습니다. 호주의 전화번호 안내서비스는 12455번 또는 12234번입니다. 전화 후, 원하는 곳의 이름을 말하면 Operator와 연결이 되고, Operator가 한 번 더 확인 후, 번호 안내를 받을 수 있습니다.

CHECK

TIS-Translating and Interpreting Service

TIS 전화번호는 131 450입니다. 전화 후, 필요한 언어를 말하고, 걸고자 하는 전화번호와 이름을 얘기하면 됩니다. TIS는 유료 서비스지만, 정부기관 또는 정부지원을 받는 기관(경찰서, 소방서, 병원 등)은 무료로 적용됩니다. 전화통역은 24시간, 1년 365일 가능하지만 간혹 주말이나 저녁에는 가능하지 않을 수도 있습니다.

호주에서는 ID가 매우 중요하다. 수업 후 같은 반 사람들과 Pub을 가더라도 입구에서 ID를 요청받는 경우가 생기며 보통 사진이 붙어있는 신분증을 요구하게 된다. 이 경우 여권 말고는 딱히 대신할 만한 신분증이 없다. 그런 이유로 많은 사람들이 *Proof of Age Card를 신청하기도 한다. 그러나 비용이 들어가다 보니 그냥 여권을 가지고 다니는 사람들도 많이 있다.

Q&A

Q. Proof of Age Card를 만들 때는?

A. 우선 여권, 수수료를 지불할 신용카드나 체크카드, 그리고 카드 발급 수수료인 $42.80가 필요합니다.

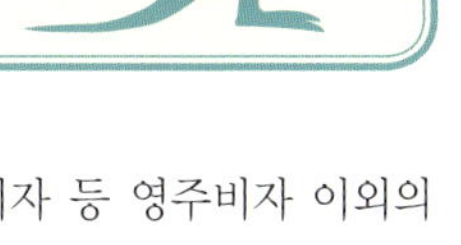

이처럼 학생비자, 관광비자, 워킹홀리데이비자, 사업비자, 종교비자 등 영주비자 이외의 비자 소지자가 분실, 멸실 및 훼손에 의한 재발급이 필요한 경우, 본인이 직접 캔버라 대사관이나 시드니 총영사관을 방문, 본인 확인을 한 후 신청이 가능하다.

01 여권 재발급 구비서류

· 여권발급신청서
· 여권분실신고서(분실자의 경우) 또는 여권 재발급 사유서(멸실, 훼손의 경우)
· 사진 2매(분실자는 3매) : 반드시 최근 6개월 이내에 촬영한 여권용 사이즈 사진.
  (전체: 3.5cm×4.5cm / 얼굴: 2.5cm×2.5cm)
· 다음 비자 증빙 서류 중 한 가지 : 유효한 호주비자 스티커 or 유효한 비자 사본.
  비자 연장 신청 영수증 or 입학허가서 : Confirmation of Enrolment (CoE) or
  Working Holiday Visa 승인 메일 or 비자신청접수를 받았다는 이민성 서한.
· 18세 미만의 미성년자는 부모의 여권발급 동의서
  미성년자 여권발급 시, 반드시 친권자인 부모가 꼭 공관을 방문하여 미성년자의 여권발급을 해야 하며, 친권자가 해외에 있는 경우 미성년자가 본인이 공증을 받은 부모의 여권사본 및 여권발급 동의서 원본을 지참해야 한다.
  부모가 이혼한 경우에는 반드시 친권이 있는 부 또는 모의 동의가 필요하다.
· 분실자의 경우, 주민등록증, 한국 운전면허증, 또는 기타 본인이 한국인임을 증명할 수 있는 사진이 부착된 신분증.
· 분실자의 경우 경찰 신고 Event No. 또는 신고 접수증.(Police Report Number)
· 수수료 만 18세 이상 $55 / 만 8세 이상~18세 미만 $47 / 8세 미만의 경우 $35.
· 우편 수령 희망 시, 반드시 우편수령 신청서를 작성하여 수령인의 성명 및 주소 등을 기

재한 반송봉투(우편료가 선물처리 되어 있고, 수령인의 주소가 기입되어 있는 봉투)와 함께 제출해야 한다.

여권 재발급 신청 과정 살펴보기

한 번은 학원 친구 녀석 하나가 금요일 밤, 지나치게 술을 마시고 가방을 잃어버렸는데, 가방 안에 여권도 들어 있어 함께 잃어버린 적이 있었다. 막상 해외에 나가 여권 분실을 주의하라는 얘기는 수없이 들었지만 막상 주위에서 이런 일이 일어나니 남의 일 같지가 않았다.

특히나 친구 녀석은 곧 한국으로 돌아갈 녀석인지라 여권을 다시 만들어야 하는 상황이었다. 주위 사람들에게 물어보니 우편접수가 가능하다고 해서 인터넷을 이용해서 한국대사관에 접속했으나 전자여권으로 바뀌면서 우편접수가 불가능하다는 소식을 전해왔다. 거기다 브리즈번은 대사관과 영사관의 관할 지역이 또 다르단다.

캔버라에 위치한 한국대사관의 관할 지역은 ACT 주, Victoria 주, South Australia 주, Western Australia 주 그리고 Tasmania 주이고, 시드니에 위치한 한국영사관의 관할 지역은 New South Wales 주, Queensland 주 그리고 Northern Territory였던 것이다.

사실 1년에 두 번 정도 영사업무를 보러 브리즈번, 퍼스, 애들레이드 등 영사관이나 대사관에서 먼 도시로 순회영사 업무를 보기도 한다. 그러나 이 친구는 조만간에 한국으로 돌아가야 했기 때문에 기다릴 시간이 없어 결국에는 시드니 영사관에 다녀왔다. 그리고 시드니 영사관에서 다음과 같은 과정을 거쳐 어렵게 여권 재발급 신청을 할 수 있었다.

시드니 영사관

- 주소 : St. James Centre, Level 13, 111 Elizabeth Street, Sydney, NSW 2000.
- 전화번호 : 61-2-9210-0200
- FAX : +61-2-9210-0202

 먼저 시드니 영사관을 가기 위해 시드니 트레인 St. James역에서 하차했다. 하차 후에 Elizabeth Street 출구로 나오니 영사관을 쉽게 찾을 수 있었다.

02 대한민국 영사관은 건물의 13층에
위치하고 있었다.

03 영사관의 내부 모습이다.

04 여권 재발급에 필요한 서류를 제출하면 한국의 외교통상부로 접수된 서류를 보낸다.
한국에서 전자여권이 발급되면 다시 호주영사관으로 보내지게 된다. 이때 시드니에 거주하
고 있다면 직접 수령하면 되지만 타 도시에서 거주 중인 사람은 다시 오기가 번거롭다.
따라서 서류를 접수할 때 반송용 봉투를 같이 접수하면 영사관에서 반송용 봉투를 이용해
서 우편으로 보내준다.

CHECK 여권 접수와 DHL 서비스

여권 접수 시, DHL 서비스 이용 여부를 묻습니다. 이 서비스는 한국에서 호주로 여권을
보낼 때 사용되며 이 서비스를 이용하면 일주일 안에 신규 여권을 받을 수 있습니다.

05 시드니 영사관 관할이 아닌 캔버라
대사관 관할인 경우에는 마찬가지 방법으
로 대사관에 직접 가서 여권 신청을 하면
된다.

CHECK 캔버라 대사관

- 주소 : 113 Empire Circuit, Yarralumla, ACT 2600
- 전화번호 : +61-2-6270-4100
- FAX : +61-2-6273-4839

관련 규정에 의거하여 최근 5년 이내 2회 이상 분실하였거나 여권법 위반의 혐의가 있는 경우 수사기관의 수사를 거쳐야 하므로 여권 발급에 상당한 기간이 소요된다.

분실된 여권은 다른 사람에 의해 범죄 등에 악용될 수 있으므로 여권 보관에 각별히 유의해야 한다.

또 여권 수령 후, 여권 내 본인의 서명을 하지 않아 출입국 시, 위조여권으로 오인받는 경우가 종종 있다. 따라서 여권을 소지하고 있을 때는 물론이고, 발급받은 여권을 수령한 후에도 여권 내의 소지인 서명란에 반드시 본인의 서명을 하여 불이익을 받지 않도록 한다.

시드니 총영사관의 관할 구역은 NSW 주, Queensland 주, Northern Territory이고, 캔버라 주 호주 대사관의 관할 구역은 ACT, Victoria, South Australia, Western Australia, Tasmania이니, 반드시 관할 지역에 맞춰 여권신청을 해야 한다.

총영사관 연락처

- 주소 : Consulate General of the Republic of Korea
- Level 13, 111 Elizabeth St Sydney NSW 2001
- E-Mail : sydney@mofat.go.kr
- 전화 : 02-9210-0200
- 팩스 : 02-9210-0206
- 홈페이지 : http://aus-sydney.mofat.go.kr

주 호주 대사관

- 주소 : 113 Empire Circuit, Yarralumla, ACT 2600
- E-Mail : pass@korea.org.au
- 전화 : 02-6270-4100
- 팩스 : 02-6273-4839
- 홈페이지 : http://aus-act.mofat.go.kr

"얘기 들었어요? 옆 반의 J가 비자가 취소된대요."

"왜?"

"출석률 문제라던데?"

"에이, 80% 밑으로 출석률이 내려갔는데 학교에서 연락을 못 받았대?"

"그런가 봐요. 오늘 이민성에서 레러 받았대요."

"무슨 내용인데?"

"비자 캔슬한다고. 이의 있으면 재심을 신청하라는 내용이래요."

어느 날 아침, 학원에 있는 한국 사람들끼리 조그마한 소란이 있었다. 학생비자로 호주에 와서 초반에 잠깐 얼굴을 비치고 거의 두 달째 학원을 안 나오던 J라는 친구의 학생비자 취소 소식이었다.

우선 J의 이야기를 계속해 들려주기 전에 호주의 학생비자 유지 조건을 짚고 넘어가도록 하겠다. 호주의 학생비자는 비자를 유지하는데 여러 가지 조건이 있으며 몇 가지 조건을 살펴보면 다음과 같다.

학생비자 유지 조건

① 출석률이 80% 이상(영어 학교의 경우)일 것

② 학교에서 요구하는 만족할 만한 최소한의 성적을 유지(전문대 또는 대학 과정의 경우)할 것

③ 2주에 40시간까지만 일할 것

④ 2주에 40시간까지만 일할 수 있으나 방학/학업이 종료되면 풀타임 가능

⑤ 호주 내 주소가 변경되었을 경우 반드시 학교에 변경된 주소를 신고할 것

⑥ 호주에 체류하는 동안 OSHC(유학생 의료 보험)에 가입할 것

위의 조건이 지켜지지 않는다면 먼저 학교에서 학생에게 통보를 보낸다. 이 통보는 학교에서 학생에게 출석률 또는 성적이 부진해서 학생의 비자가 취소될 수 있다는 것을 통보해 주는 것이다.

이 통보는 학생에게 우편으로 발송되며 이민성으로 전산통보가 된다. 이 시점에서는 이민성에서 학생에게 별도의 통보는 하지 않는다. 즉, 학교에서 한 번의 기회를 주는 것이다. 이 편지를 받은 학생은 28일 내에 이민성을 방문해서 취소 조치에 대한 입장을 설명해야 한다.

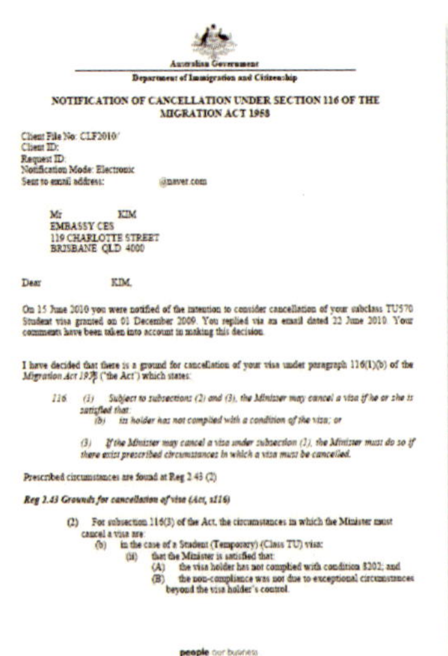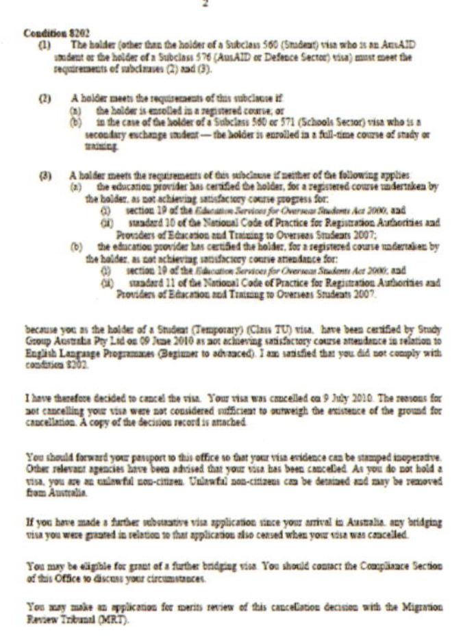

그렇지 않으면 비자가 자동으로 취소되며, 설령 이민성을 방문했다고 하더라도 납득할 만한 이유가 없다면 비자 조건을 위반한 것으로 판단하여 비자는 취소될 수 있다.

출석률 부족뿐만 아니라 J는 그가 머물고 있던 쉐어 주소가 변경된 것도 학교에 신고하지 않았다. 그 결과 학교에서 보낸 통보도 받지 못했고 28일이라는 기간이 지나 결국 이민성에서는 J의 학생비자를 취소하게 된 것이다.

이렇게 학생비자가 자동취소가 되면 3년 동안 호주의 입국이 불가능해진다.

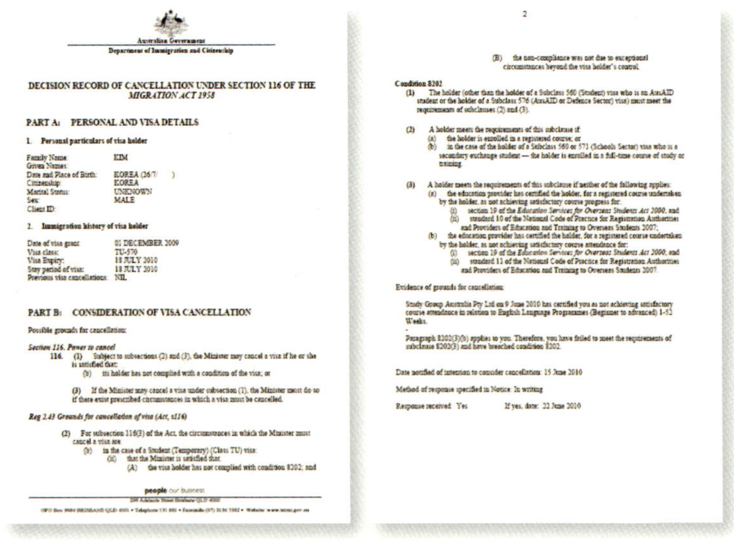

THEME 04. 분실하기 쉬운 여권보다, 휴대 신분증인 Adult Proof of Age Card를 만들자!

호주에서는 저녁 이후부터 Pub 또는 클럽을 출입할 때는 물론 담배나 술을 구입할 때도 가끔 신분증 제시를 요구하기도 한다. 서양인들의 경우 동양인의 얼굴만으로 나이를 판단하는 것을 생각보다 어렵게 생각하기 때문에 더 많이 신분증 제시 요구를 하는 듯하다.

호주에서는 운전면허증이 가장 보편적인 신분증으로 사용되고 있다. 그러나 유학생이나 워킹홀리데이비자 소지자의 경우, 호주의 운전면허증을 취득하기가 쉽지 않기 때문에 여권 또는 국제운전면허증을 가지고 다닌다. 헌데, 문제는 여기서 시작된다.

아무래도 여권이나 국제운전면허증을 지갑에 넣고 다니니 불편함은 물론이요, 여권의 경우 분실하게 되면 재발급 받는데 시간 및 비용이 들어가는 것이다.

이 같은 문제를 해결하기 위해서 각 주정부에서는 별도의 신분증명카드를 발급해 준다. 각 주정부별로 명칭이 다르지만 그 용도는 호주 어디에서나 사용이 가능하다.

01 New South Wales 주 – Photo Card

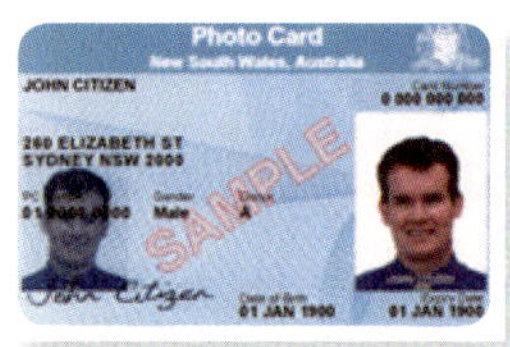

• 신청 자격

· NSW 주 거주자

· 만 16세 이상

· 운전면허증 또는 Proof of Age Card (만약 Photo Card를 받고 싶으면 운전면허증 또는 Proof of Age Card는 사용을 못 함)

• 준비할 서류

· 본인을 증명할 수 있는 신분증 : 여권, 국제운전면허증

· 주소를 증명할 수 있는 서류 : Bank Statement, Bill 등

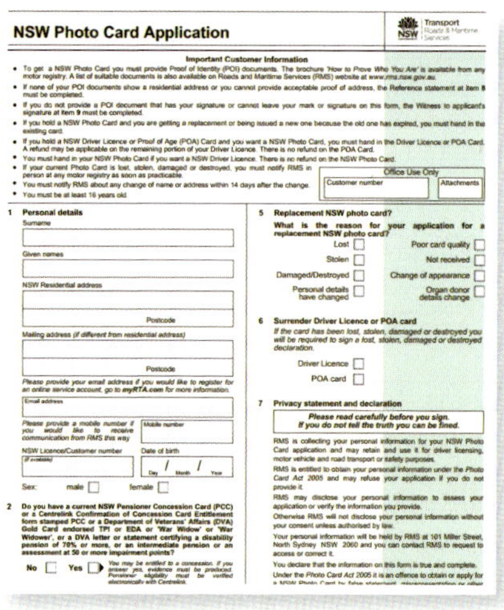

02 Victoria 주 – Proof of Age Card(POA)

• 신청자격

· 만 18세 이상

• 준비할 서류

Category A	Category B
Full Birth Certificate	Drivers Licence or Learners Permit
Passport	Social Security Card
Naturalisation Certificate	Credit card or Bank passbook
Immigration papers	Medicare Card
Citizen Papers	Shooters Licence
–	Student ID Card

*Victoria 주의 경우, 신원증명인이 필요하다. 신원증명인은 알고 지낸 지 1년 이상 되어야 하고 주정부에서 지정하는 직업군에 종사하는 사람이어야 한다.

03 Queensland 주 – Adult Proof of Age Card

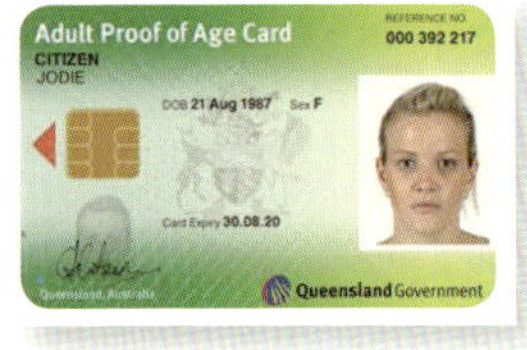

• 준비할 서류

Category A에서 여권, 그리고 Category B에서 은행카드와 학생증, 그리고 Bank Statement 로 신청이 가능하다.

타 주에 비해 Queensland 주에서 발급된 Adult Proof of Age Card는 유효 기간이 없다. 또한 타 주처럼 신원 증명인을 요구하지도 않는다. 따라서 많은 한국인들이 Queensland에서 Adult Proof of Age Card를 발급받는다.

04 Western Australia 주 – Proof of Age Card

만 18세 이상에게 발급하는 신분증으로 보안상 이유로 주소는 기록되지 않는다.

05 South Australia 주 – Proof of Age Card

SA 주에 거주하는 만 18세 이상에게 발급되는 신분증으로, 다른 신분증명서가 있어도 중복 발급이 가능하다. 그러나 이제는 3부 이상의 신청자 신분 확인 증명서류가 필요하다.

06 Northern Territory 주 – Evidence of Age Card

만 18세 이상의 NT(Northern Territory) 주 거주자에게 발급하는 신분증명카드이다. 타 주와 마찬가지로 Category A와 Category B에서 3가지의 서류를 준비해야 하고, 신원증명인이 필요하다.

THEME 05. 지갑을 잃어버렸다면?

지갑이나 여권 등을 도난 또는 분실한 경우, 경찰에 신고가 필요하다. 분실 신고를 하고 Police Report No를 받으면, 경찰에서 수사가 들어가며, 분실했을 경우에도 분실 신고를 해야만 분실 처리를 해준다.

THEME 06. 기타 돌발상황 시, 전화번호는?

· 이민성에 불법 노동 신고 : 1800-009-623
· 탈세 신고(Tax Evasion) : 1800-060-062
· 경찰이 출동하지 않고 수사하는 각종 범죄 신고(Crime Stoppers) :
  1-800-333-000

· 응급 범죄 신고가 아닌 범죄 신고(Police Assistance Line) : 131-444

호주 경찰은 Public authority를 가지고 있어 범죄현장에서 법 집행에 어긋나는 행동이나 언행 또는 경찰의 통제거부 시, 물리력을 사용한다. 경찰은 자체 판단으로 곤봉이나 전자충격기, 또는 최루액을 사용하기도 하며 발포 역시 실탄을 사용한다.

우리나라 사람들이 보기에 과잉진압이라고 할 수 있지만, 일단 폭력이나 폭행 등이 발생되면 경찰은 상대방을 무력화시킬 때까지 자기가 사용할 수 있는 모든 화기와 장비를 사용할 수 있다. 또, 호주 경찰은 공공장소에서 시민을 보호하기 위해 범죄자의 인권을 보장하지 않는다.

호주 경찰은 경찰차에 탑승하지 않고 일반 차에서도 차를 세울 수 있으며, 운전자는 차를 세우라는 신호에 무조건 응해야 한다. 경찰은 차를 세운 후, 영장 없이도 차 수색과 몸수색이 가능하며, 음주운전 검사도 할 수 있다.

호주, 여기만 여행해도 알짜!
Australia

호주,
여기만 여행해도 알짜!

먼저, 호주를 여행하기 전, 가장 기본적으로 알아둬야 할 부분이 바로 호주 국내선 항공에 대한 부분이다. 따라서 영어실력 향상이라는 소기의 목적 외에도 호주 현지에서 여행을 통해 멋진 추억을 남길 수 있도록 이 국내선 항공 이용을 잘 읽어 두도록 하자.

호주 국내선 항공사는 총 6개이다. 호주 국내선의 가격은 매일마다 또는 시간대마다 달라진다.

주로 주중이 저렴한 편이며, 주말 특히 금요일 저녁과 일요일 저녁은 다른 때보다 조금 더 비싸진다.

국제항공티켓과 달리, 호주 국내항공티켓은 여행사를 통해서 구입하는 것보다, 직접 사이트에 가격을 비교한 후 구입하는 것이 훨씬 저렴하다.

웹사이트에서 구입 시, 결제는 신용카드나 호주 은행카드로 가능하다.(호주은행카드로 결제 시에는 계좌에 티켓 가격에 상응하는 잔액이 있어야 한다.)

THEME 01. 호주 국내선 티켓 구입 방법 및 주의할 사항

01 출발/도착 도시 및 날짜를 지정한다.

먼저 편도인지 왕복인지를 선택하고 도시 지정 및 인원수를 선택한다. 날짜 선택이 여유롭다면, [Flexible with dates]에 체크하자. 지정한 날짜에서 앞뒤날짜의 가격을 비교해 볼 수 있다.

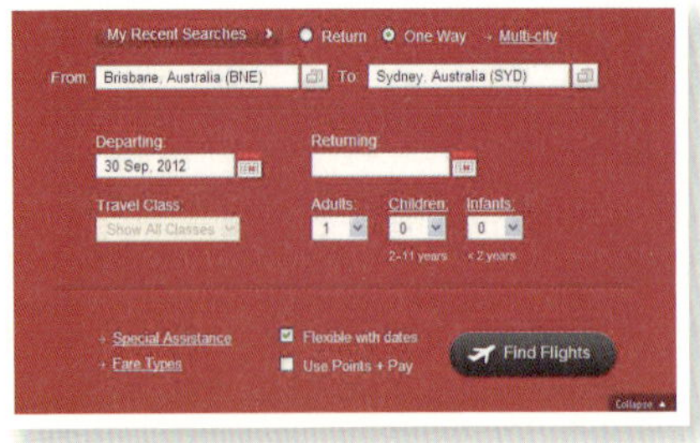

02 공항 위치를 확인한다.

티켓구입 시, 가장 실수를 많이 하는 공항이 멜버른공항이다. 멜버른에는 공항이 두 개가 있는데, 하나는 Avalon공항이고, 또 하나는 Tullamarine공항이다. 멜버른 시티에서 가까운 공항은 Tullamarine공항이고 Avalon공항은 멜버른 시티에서 1시간 떨어진 곳에 위치해 있다. 티켓가격을 보면 Avalon공항이 저렴해서 '같은 멜버른이겠지'라는 생각으로 구입했다가는 큰코 다친다. 일단 항공티켓을 샀다면 목적지변경도 안되고 환불도 안 된다. Avalon공항 주변은 아무것도 없는 허허벌판이고, 멜버른시티까지 가는 셔틀버스가 있긴 하지만, 자주 있지 않을뿐더러 차비가 들기 때문에 저렴하다고 볼 수 없다. 멜버른 시티가 목적지라면 항공티켓 값이 $100 이상 차이나지 않는 한 Tullamarine공항으로 선택하자.

두 공항 다 앞에 멜버른이라고 써 있어 혼동하기 쉽다. 만약 Melbourlne (All airports)을 선택한다면 멜버른공항 두 곳의 스케줄을 다 보여준다.

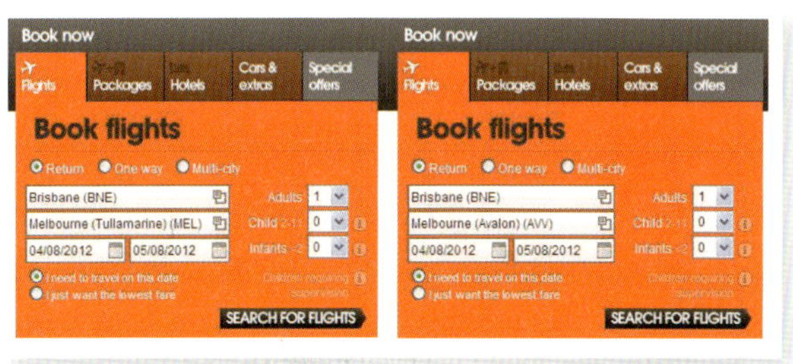

03 환불, 날짜 변경이나 양도가 되는 티켓인지 확인한다.

티켓을 구입할 때, 같은 날짜 같은 시간이라도 가격이 다른 티켓이 있다. 비싼 티켓일수록 티켓 환불이나 변경 양도가 가능하고, 제일 저렴한 티켓은 환불이 안 되고, 날짜 변경이나 양도가 안 될 수도 있으니, 반드시 확인하고 구입해야 한다.

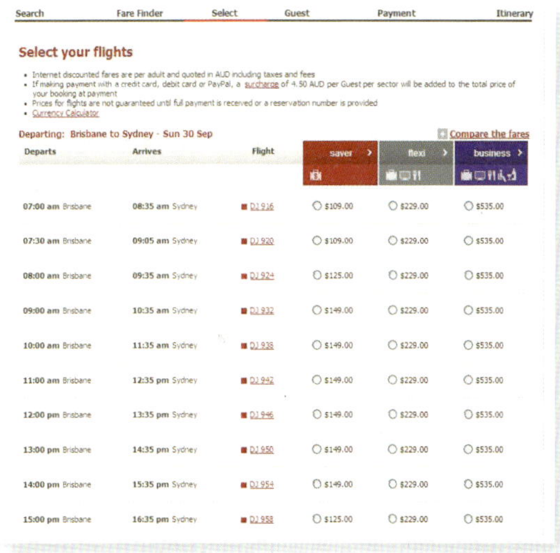

9월 30일에 브리즈번 → 시드니 가는 비행기표를 구입하는데, 같은 날짜라도 시간대별로 가격이 다르고 [Saver/Flexi/Business]에 따라 가격이 다르다.

원하는 티켓을 지정했을 때 환불이 되는지, 날짜변경이 되는지 등을 상세하게 알려주니, 그냥 넘어가지 말고 꼼꼼하게 읽어본다.

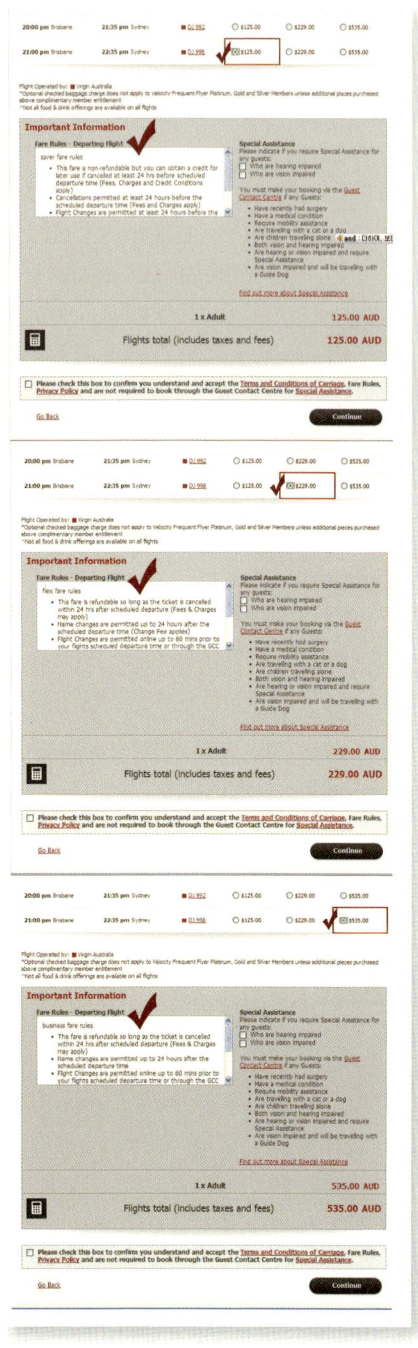

04 **수화물이 포함인지 확인한다.**

저가 티켓은 수화물이 포함되어 있지 있으니 반드시 확인해야 한다. 인터넷 발권 시, 수화물 추가여부와 추가 kg에 해당하는 요금이 추가되지만, 모르고 지나쳤다면, 공항에서 추가요금을 내고 따로 부칠 수 있다.

기내용 가방만 가져간다면, 7kg까지는 무료이다. 가방 하나 23kg까지는 $12이고, 사이트에서 수화물 추가를 하지 않고 나중에 공항에서 추가하면 $40이다.

Fly Carbon Neutral은 정부에서 추진하고 있는 탄소를 줄이는 프로젝트에 기부할 것인지 묻는 것이다. Yes에 클릭하면 $0.77가 추가로 부과된다. No라고 해도 티켓구입에 아무 지장이 없다. 티켓을 구입할 때 차 렌트 여부도 묻는다. 렌트를 하게 될 경우, 꼼꼼히 가격비교해서 하면 되고 하지 않을 거라면 그냥 스킵하면 된다.

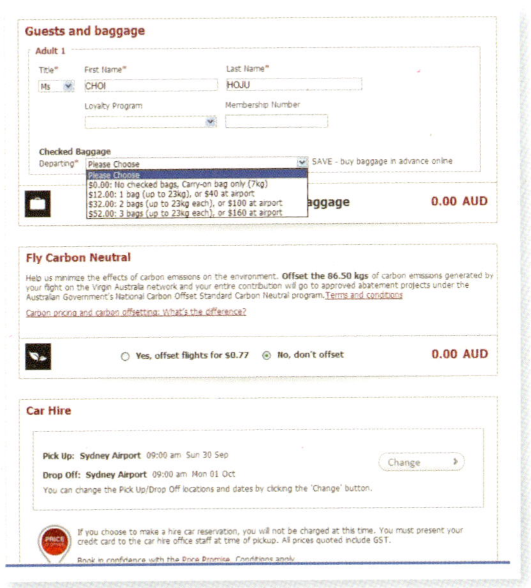

05 **Seat 지정은 추가 요금이 있다.**

인터넷으로 결제하다 보면, 원하는 좌석을 지정할 수 있는 페이지로 넘어가게 된다. 이때 좌석 지정을 하게 되면, 추가 요금이 붙는다. 만약 좌석 지정을 안하고 그냥 넘어가면, 내 좌석은 공항에서 랜덤으로 지정된다.

추가요금이 인당 $35이다. [Select]를 누르면 좌석배치도를 보여주고 좌석선택을 하게 나온다. 만약 좌석배치도가 나오지 않으면 Extra legroom (넓은 좌석)으로 업그레이드된다.

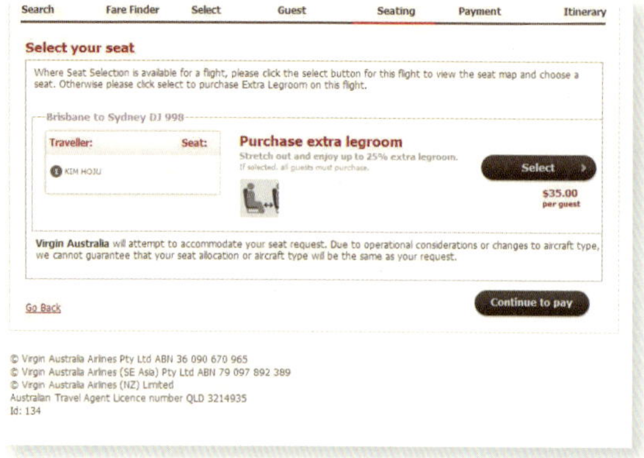

06 이메일 주소를 맞게 적었는지 다시 한 번 확인한다.

결제까지 마쳤다면, Booking no 또는 Reference no를 받게 된다. 혹시 모를 이메일 오타의 경우를 대비해 적어두자. 결제까지 마쳤다면, 영수증과 E-ticket을 이메일로 받게 된다.

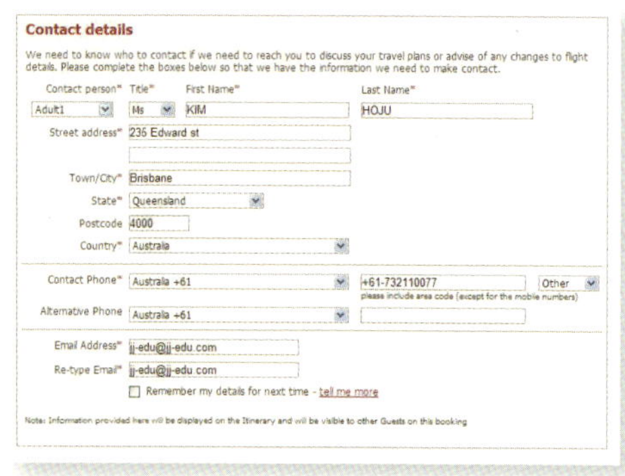

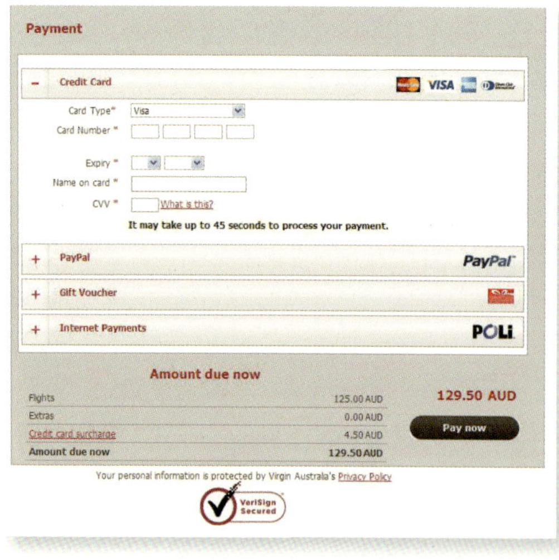

THEME 02. 호주 국내선 항공사 살펴보기

01 Qantas

가장 비싼 항공, 시간대가 다양함, 무료 기내식 제공이 되며 가끔 세일을 할 때는 저가항공보다 저렴해지기 때문에, 비싸다고 그냥 지나치면 후회한다.

 http://www.quantas.com.au

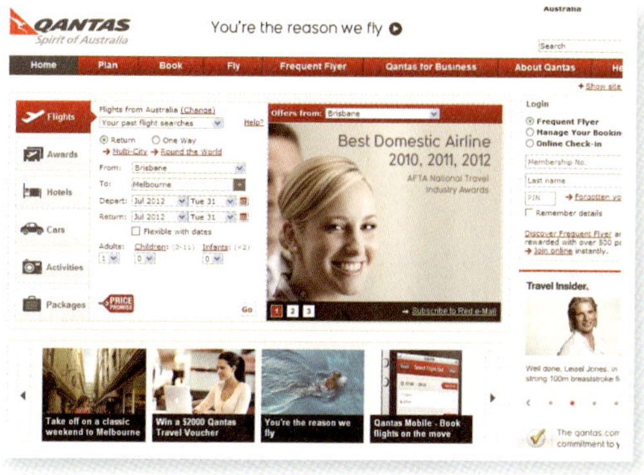

02 Virgin Australia

중저가 항공, 저가항공으로 시작해서 인지도도 넓히면서 중저가 항공으로 변해가는 중이지만 기내식은 제공되지 않는다.(기내에서 음식판매)

 http://www.virginaustralia.com

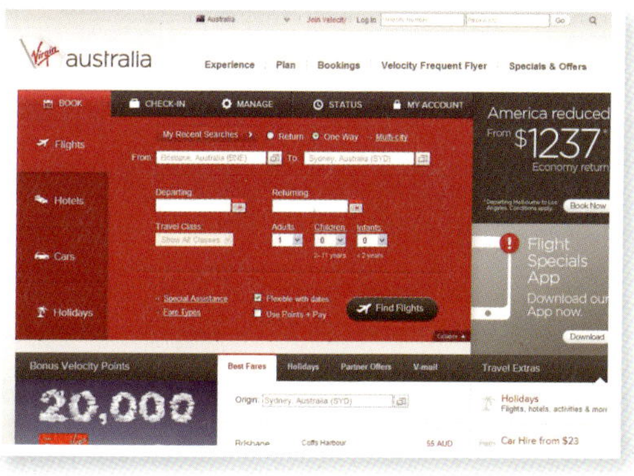

03 Jetstar

Qantas에서 운영하는 저가항공으로, 출발/도착도시 제한이 있고, 시간대도 많지 않을 뿐더러 연착이 자주 생기지만, 저가항공이라 이용해 볼만 하다. 이 항공사 역시 기내식은 제공되지 않는다.(기내에서 음식판매)

 http://www.jetstar.com.au

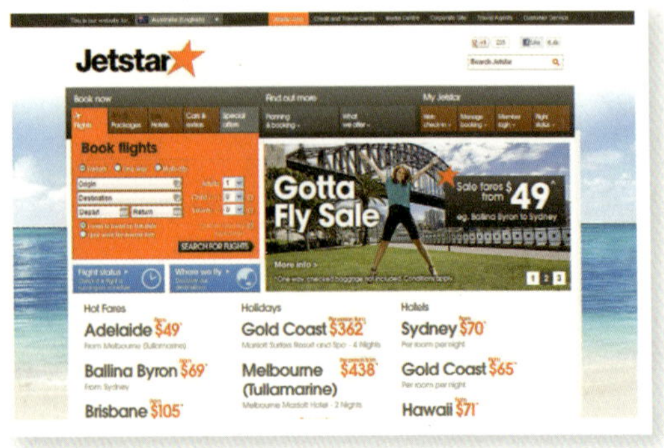

04 Tiger Airways

초저가 항공으로, 시드니-멜버른-브리즈번-골드 코스트-케언즈-애들레이드-퍼스-호바트처럼 대도시만 운행하며, 가격은 호주 국내 항공사 중 제일 저렴하다.

 http://www.tigerairways.com

05 Rex

시드니-멜버른-애들레이드-타운즈빌과 주변 소도시를 운행한다. 주로 소도시를 이동하기에 비용이 저렴하지는 않다.

 http://www.regionalexpress.com.au

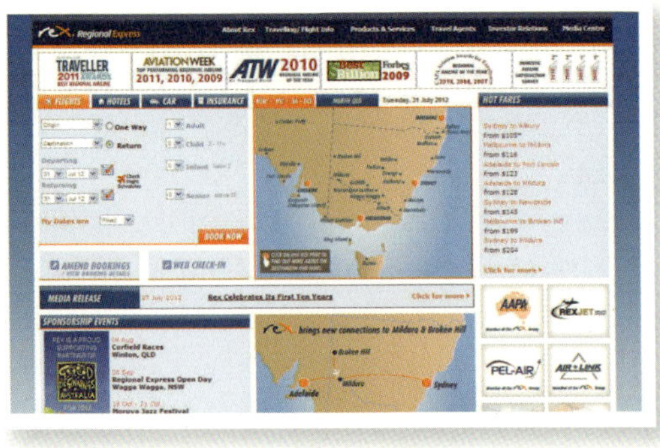

06 Skywest

고가항공, 호주 서부 멜버른-퍼스-다윈과 그 주변 소도시를 운행한다. 운행하는 날짜가 별로 없다. 대도시에서 대도시보다는 대도시에서 소도시 이동 시, 편리하다.

 http://www.skywest.com.au

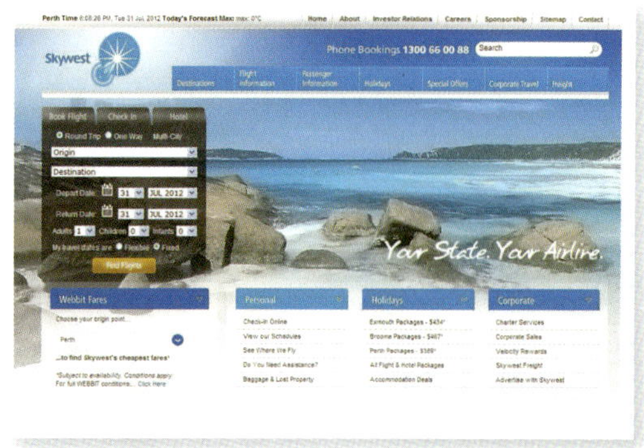

THEME 03. 모든 호주 국내항공 가격을 한눈에 볼 수 있는 사이트

저렴하게 국내선을 이용하려면, 모든 사이트를 다 들어가서 가고자 하는 날짜를 지정하고 가격비교를 하면 되지만, 요즘은 모든 가격을 한 번에 다 보여주는 웹사이트가 있어 인터넷 창을 여러 개 켜고 일일이 비교하지 않아도 된다. 바로 다음 이미지가 가격 비교 사이트이다.

01 Webjet에서 항공권 구입하기

01 webjet 웹사이트(www.webjet.com.au)에 들어가 원하는 도시와 날짜를 입력하고 [Search]를 누르면, 항공사별 시간대 및 가격을 한눈에 볼 수 있다.

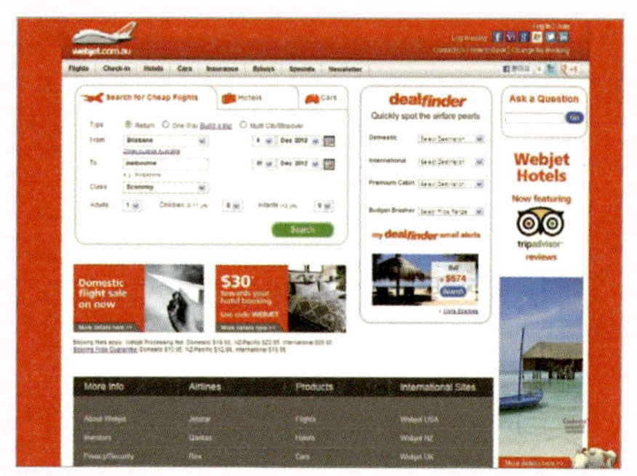

시간대와 가격을 비교 후, 원하는
가격을 클릭한다.

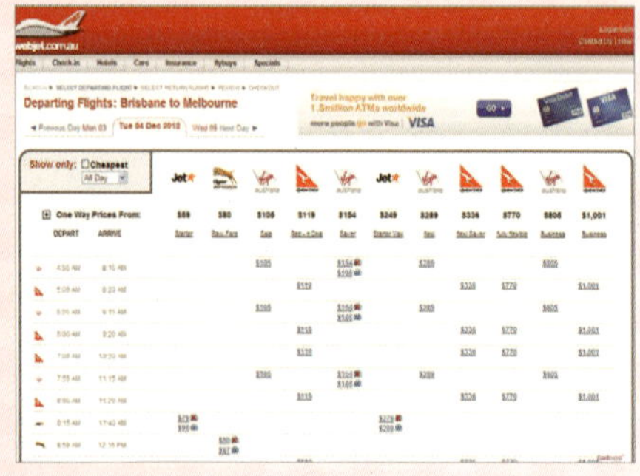

왕복 티켓이 같은 항공사일 필요
는 없으며 호텔이나 렌터카 역시 추가로
선택할 수 있다. 스크롤을 내리면 보험여
부를 묻는 질문이 있다. 보험비는 약 $10
이고 필수선택사항은 아니다. 창 맨 밑에
보면 총금액이 나오는데 확인하고 금액
이 맞으면 [Book Now]를 누른다.

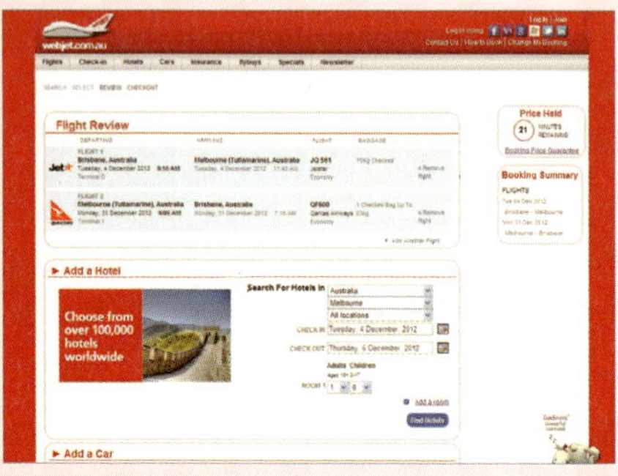

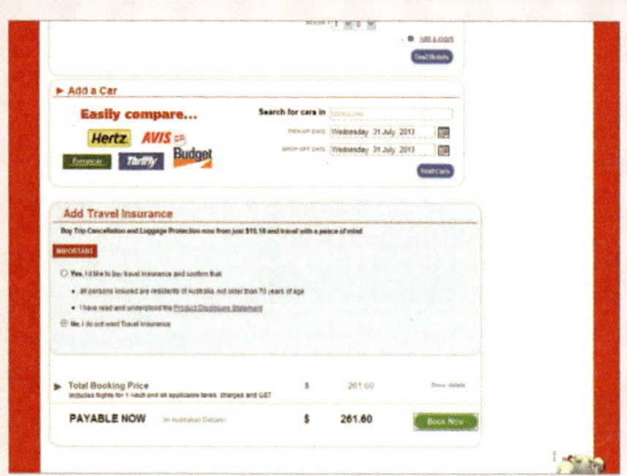

 이 페이지가 뜨기 전에, 로그인하는 페이지가 뜬다. 이때는 Guest login으로 이메일 주소만 적어도 되고, 회원가입을 해도 되니 편한 것으로 선택하자. 로그인을 하고 나면 개인정보를 묻는 페이지가 나온다. 이름과 생년월일은 반드시 여권과 동일하게 적어야 한다.
다 적었으면 [Continue]를 누르자.

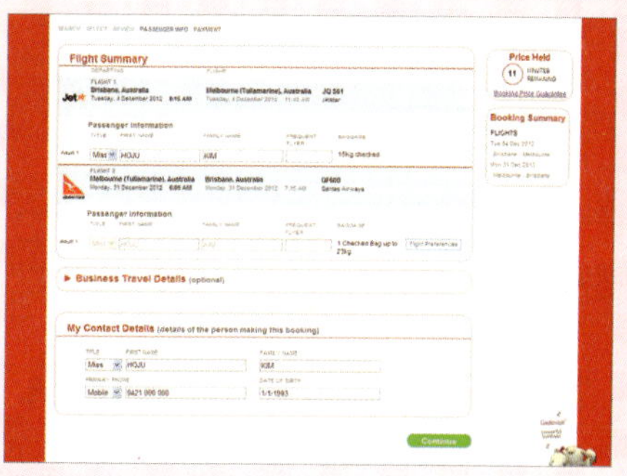

 이제 마지막 단계다. 결제하고 [Pay Now]를 누르면 Booking no를 주므로 따로 적어 두도록 한다. 잠시 후에, e-mail로 티켓을 받아볼 수 있다.

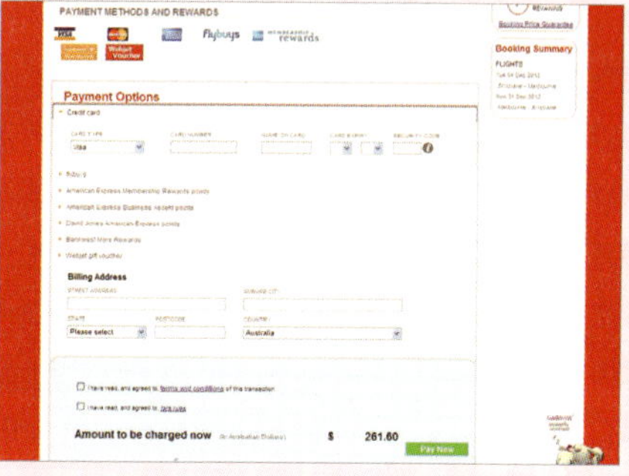

THEME 01. 런들 몰(Rundle Mall)

런들 몰(Rundle Mall)은 애들레이드에서 가장 번화한 곳으로, 카페, 관광안내소, 각종 기념품점 등이 거리 양쪽에 위치하고 있다. 런들 몰에서는 어느 정도 걷다 중간 부분에서 마주치는 마스코트, 청동 돼지 4마리 – 서 있는 돼지, 트러플스(Truffles), 걷고 있는 돼지, 어거스타(Augusta), 앉아있는 돼지, 호라티오(Horatio), 쓰레기통을 뒤적이는 돼지, 올리버(Oliver) – 도 런들 몰에 들린다면 한 번쯤 봐두는 것도 좋다.

THEME 02. 토렌스 강(Torrens River)

토렌스 강(Torrens River)은 애들레이드를 남북으로 가르는 강이다. 아름다운 경치로 인해 강 주변을 산책하는 이들이 많으며 다리 밑으로 흐르는 이 강에는 수달과 흑고니가 살고 있다. 이 강을 기준으로 북쪽은 North Adelaide, 남쪽은 City로 나누어진다.

THEME 03. 센트럴 마켓(Central Market)

우리나라의 재래시장과 비슷한 분위기의 센트럴 마켓은 City 남쪽에 위치하고 있으며 근처에 차이나 타운(China Town)이 위치하고 있다. 이곳에서는 다양한 종류의 과일과 해산물은 물론, 농산물 등이 저렴한 가격에 판매되고 있으며 가끔씩 무료 시식이 진행되기도 한다.

THEME 03. 빅토리아 광장(Victoria Square)

애들레이드 City의 가장 중심부에 위치하는 빅토리아 광장은 교통의 중심지로, City 남부의 주요 명소를 다니는 트램이 출발하는 지점이기도 하다. 또 무료로 탑승이 가능한 비 라인(Bee Line)도 이곳에서 시작한다. 광장 내에는 영국의 엘리자베스 2세 여왕이 방문을 기념해 만든 분수가 중앙에 위치하며 광장 주변에는 성 프란시스 사비에르 대성당과 시청사 힐튼 호텔과 센트럴 마켓이 위치하고 있다.

THEME 04. 글레넬그(Glenelg)

애들레이드에 있는 수많은 비치 중에서 단연 으뜸인 것이 이 글레넬그(Glenelg) 비치이다. 이곳은 관광객들이 자주 찾는 유명소이며 비치 주변으로 레스토랑들이 즐비하다. 이곳은 빅토리아 스퀘어에서 트램을 타고 종점에서 하차하며 애들레이드에서 가장 가까운 바닷가이기도 하다.

앨리스 스프링스에서 애들레이드까지...

이 5박 6일의 여행 이야기에는 호주 내륙의 앨리스 스프링스에서 시작해 애들레이드까지 걸친 여정이 담겨있다.

여행할 당시에는 크리스마스에 연말연시까지 끼어있던 여행성수기인지라 개인 여행이 아닌 Tour를 신청해서 여러 나라 사람들과 어울려 다녀 온 아주 즐거운 시간이었다.

12월 22일 토요일 아침, 이 여행의 시작인 앨리스 스프링스로 향했다.

일찌감치 공항에 도착했지만, 연휴가 시작되는 날이라 그런지 정말 많은 사람들이 길게 줄을 서 있었다. 먼저 셀프 체크인 기계에서 보딩 패스를 받은 후에 수화물을 부쳤다.

비행기에서 본 앨리스 스프링스의 붉은 사막의 모습은 메마른 사막이었음에도 기묘하면서도 깊은 인상을 주었다.

공항에 도착을 하니 '환영'이라는 한글이 나를 반긴다. 이후 묵을 숙소에 짐을 풀고 앨리스 스프링스 타운으로 나가니 처음 보는 낯선 길이 나를 맞이했다. 타운의 활기찬 기운에 빠져있다가 정신을 차려보니 어느새 나는 앨리스 스프링스의 중심지인 Todd Mall에 있었다.

Todd Mall 입구 대각선 길 건너편에는 인포메이션 센터가 있다. 이곳에서 여행에 대한 많은 정보를 얻을 수 있었다.

연휴 시작이라 대부분의 상점이 문을 닫은 관계로 다시 숙소로 돌아와 간단하게 요기를 하고 내일의 투어를 기대하며 하루를 마감했다.

여행기 하나, 투어 첫 날

드디어 본격적인 투어가 시작된 첫 날이다.
새벽 4시 45분에 숙소 앞에서 픽업을 받기로 했다.
얼마간을 기다리니 조금씩 해가 뜨기 시작한다.
헌데 시간이 지나도 데리러 와야할 가이드가 오지 않는 것이 아닌가?

1시간이 지나도 오지 않아 숙소에 물어보니…허허…
우리 팀을 태우기 전에 태워 와야 할 앞 팀이 늦잠을 자는 바람에 픽업이 늦어졌다고 했다.
결국 우리는 예정 시간보다 2시간 늦게 출발을 해야 했다.
15명 정도의 소규모 팀을 예상해 우리를 태우러 올 버스가 그리 크기 않을 거라 생각했는데 도착한 버스는 대형버스였다.

사람을 가득 태운 버스는 우리가 기다린 시간은 기억
도 나지 않는지 빠른 속도로 킹스 캐넌(Kings Canyon)
으로 향한다. 사실 산을 오르는 것을 별로 좋아하지 않
았던 나는 킹스 캐넌에 도착한 후 절망할 수밖에 없었
다. 하지만 투어 첫 날부터 빠지는 것은 이제 막 시작
한 여행에 대한 예의가 아닌 법!
참고…오르기로 했다.

막상 산을 올라보니 결과적으로 빠지지 않기를 잘했다
는 생각이 들었다. 킹스 캐넌의 멋진 풍경들…
그때 찍어놓은 사진들을 지금 다시 보아도 마치 킹스 캐넌 위에 서있는 듯 아직도 생생하다.

그리고 쉼 없이 이어진 여정에 지친 우리들의 허기를 달래주었던 점심은 고된 여행길에서
잊을 수 없는 맛을 선사했다.

크리스마스 이브의 특별한 여행, 그 셋째 날

드디어 여행을 시작한지 셋째 날이 되었다.

셋째 날은 특별하게도 전 세계인의 축제인 12월 24일, 크리스마스 이브였다.

모든 사람들이 Good morning 대신에 'Merry Christmas'를 외치며 오가는 여행객들과 축복이 담긴 인사를 한다.

일정은 영화 '세상의 중심에서 사랑을 외치다'로 유명한 울룰루(Uluru)로 향하는 것이다.

이곳이 특별한 이유는 매일 울룰루 등반코스를 개방하는 것이 아니기 때문에 그러한 듯하다. 또 조건이 허락한다면 등반하는 것이 가능하지만 이곳은 원주민들의 성지라고 할 수 있어 오르지 않는 것을 더 권한다는 가이드의 설명은 나름대로 설득력 있게 우리에게 다가왔다. 이 밖에도 정해진 지역에서만 사진을 찍을 수 있으니 아무 곳에서나 사진을 찍지 말라는 말에 조심스러운 마음이 들었다.

그래서 이곳 울룰루에서의 사진은 유감스럽게도 별로 없다. 아쉬움을 뒤로 한 채 우리는 다음 코스로 향했다. 우리가 다음 목적지로 정한 코스는 The Olgas라고도 불리는 Kata Tjuta였다.

이번 여행 셋째 날의 일정은 여행 중 가장 마음에 드는 일정이었기 때문인지 아쉬운 마음도
컸다. 여행 스케줄 조율을 위해 발걸음을 서둘러 차로 돌아오니 가이드가 크리스마스라며 이
렇게 버스를 꾸며놓았다. 자기도 산타모자를 쓰고….

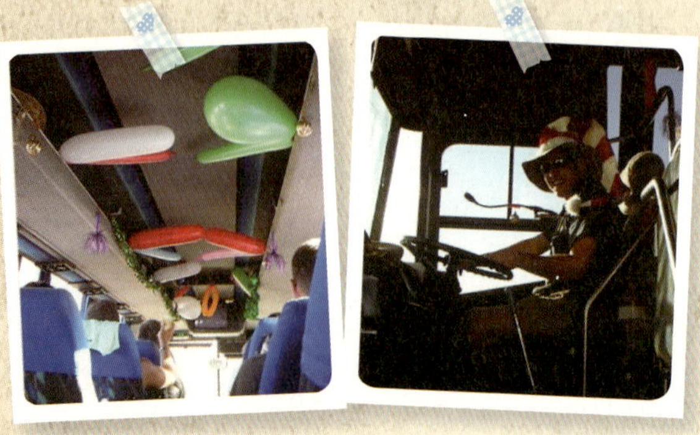

다시 어디론가 차를 모는 가이드를 바라보며 우리는 영문을 몰라했다. 그런 우리들을 향해
가이드는 크리스마스 이브를 기념해 자기가 우리를 위해 특별한 선물을 준비했다고 했다.
과연 특별한 선물이 무엇인지 궁금해 하는 우리들을 데리고 가이드는 멀리서 울룰루가 보이
는 전망 좋은 곳으로 데려가고 있었다.

해가 지면서 조금씩 변하는 울룰루.
'한 폭의 그림같다'라는 표현은 이때 쓰는 것이 아닌가 싶었다.

가이드가 마지막으로 특별히 준비했다는 선물
은 바로 샴페인이었다.

투어 프로그램에 준비되어 있는 것이었지만
크리스마스 이브라는 특별함이 더해져서 더
욱 기분이 좋았다.

비록 플라스틱 컵이었지만, 우리는 모두 손
에 샴페인을 들고 'Merry Christmas'를 외
쳤다.

이동으로 장식하는 투어 넷째 날

넷째 날 아침이다.

가이드는 아침부터 식사 준비를 위해 물을 끓이
느라 분주해 있었다.

오늘의 일정은 이동이란다.

별 다른 Activity 없이 남쪽 방향으로 오팔로 유명한 쿠버 피디(Coober Pedy)까지 계속 내려
간다고 한다. 그렇게 한없이 내려가다가 버스가 잠시 멈춘 곳은 Northern Territory와 South
Australia의 경계선이었다.

경계선에서 잠깐 멈췄던 버스가 다시 달려서 도착한 곳은 쿠버 피디였다. 이곳은 호주 영화배우 Mel Gibson을 알린 MADMAX의 배경이기도 한 도시이다.

쿠퍼 피디는 1년 중 8개월이 여름이고, 그 기간의 평균 기온이 35도가 넘는 사막 지역으로, 비도 많이 내리지 않고 낮 동안은 뜨거운 햇볕 때문에 활동이 어렵다. 반대로 밤에는 급격히 떨어지는 기온 때문에 춥다. 이로 인해 대부분의 주거 건물은 지하에 있다.

이곳에서 우리는 가이드의 말대로 이동이 주를 이뤘던 넷째 날의 투어 일정을 마치고 이 동네에서 가장 유명하다는 John's Pizza로 저녁을 대신했다.

여행기 넷,

드디어 여행을 떠난지 다섯째 되는 날이었다.
가이드는 쿠버 피디를 떠나 남쪽의 애들레이드를 향해 내려간다고 한다.
한참을 달리다보면 호주에서 두 번째로 크다는 소금호수가 나온다.

우메라(Woomera)에서 미사일 실험을 할 때 터질 수도 있기 때문에 들어가지 말라는 경고문의 내용이 있었다. 경고문을 살짝 무시해 주고 호수의 표면을 보니 진짜! 소금 덩어리를 볼수 있었다.

호수를 둘러본 우리는 호주 원주민들이 그려놓은 벽화를 볼 수 있다는 동굴로 향했다.
동굴의 협소한 공간으로 인해 많은 관광객들이 머리 부딪칠 것을 배려한 관리(?) 차원에서 이렇게 머리 조심을 뜻하는 센스있는 표지판도 볼 수 있었다.

여행기 다섯, **여행의 마지막**

여행의 대미를 장식하는 여섯째 날이 밝았다.

오늘은 Wilpena Pound의 Mt. Ohlssen Bagge 등반이다.
Wilpena Pound는 플린더스 산맥에서도 가장 아름답기로 소문이 난 곳이었지만 이 더위에 산의 높이가 무려 914m나 하는 산을 등반하는 것이 내키지 않았다. 특히나 우리가 오를 Mt. Ohlssen Bagge는 매우 가파른 바위산이었다.

설상가상으로 우리가 일어난 아침 8시 30분에 기온은
35도를 넘기고 있었다.

여행의 마지막 날이었음에도 이번 등반은 일정 가운
데 단연코 가장 힘든 코스였다. 일행 중 많은 사람들
이 무더위와 깎아지른 바위산을 이겨내지 못한 채,
중간에 포기하고 다시 내려갔다. 하지만 그 모든 어
려움을 이겨내고 힘들게 정상에 올라와 보니 시원
하고 신선한 바람이 그동안의 어려움을 보상해 주는 듯했다.

킹스 캐넌, 카타추타에서의 바람도 매우 강했지만, 이
곳에서의 바람과 비할 바가 아니었다. 바람뿐만이 아
니라 이곳에서 내려다 본 풍경은 역시 장관이다.

여기는 가이드들이 긴장을 많이 하는 곳이라고 했다.
그 이유를 들어보니 산을 오르는 길이 험해 자칫 잘못
하면 길이 아닌 곳에서 헤매는 관광객들을 찾아야 해
고생이 이만저만이 아니라고 했다.
실제로 우리 일행 중 스위스 여자 하나가 '혼자' 길을
잘못 들어서 가이드가 찾으러 가는 일이 있었다.(더
경악할만한 사실은 이곳에서는 전화도 아예 터지지
않는다고 했다.)
가이드는 하산 후에 추가 비용을 내면 비행기로 저
산을 돌아볼 수 있다고도 했다.

비행기로 산을 돌아볼 수 있다는 가이드의 말에 따라 우리는 추가 비용을 지불하고 비행기
에 탑승한다. 공중에서 보는 색다른 광경은….
비행기를 타기 잘했다는 생각을 하게 했다.

산을 내려온 우리는 점심식사 후 파라칠나(Parachilna)로 이동했다.
숙소에 도착 후 여행의 피날레를 장식하듯 오늘 저녁은 캥거루 스테이크가 준비되어 있었다.
캥거루 스테이크라는 독특한 음식은 처음이었지만 나쁘지 않은 식감에 저녁식사는 만족스러웠다. 비록 낮에 뛰어다니던 캥거루가 생각나기는 했지만…

그렇게 캥거루 스테이크와 함께 우리들의 호주 내륙 여행도 여섯째 날을 끝으로 우리에게 잊지 못할 추억을 만들어 주며 끝이 났다.

브리즈번(Brisbane) 지역 추천 장소

THEME 01. 브리즈번 시티(Brisbane City)

퀸즐랜드(Queensland) 주의 주도, 브리즈번의 시티는 반나절이면 다 구경을 할 수 있을 정도로 작은 규모지만 우리나라에서 느낄 수 없는 여유를 느낄 수 있다. 또 보행자만 오고갈 수 있는 퀸 스트리트(Queen Street)에서 여행을 시작할 수도 있다. 또 도시 내에 위치하는 극장과 영화관, 미술관, 박물관과 콘서트 홀은 퀸즐랜드 예술의 중심부를 담당한다고 해도 과언이 아닐만큼 곳곳에 다양하게 위치하고 있다.

브리즈번 시티 홀

퀸 스트리트

THEME 02. 사우스뱅크(Southbank)

이곳은 1988년 엑스포가 열렸던 곳으로, 지금은 공원으로 조성이 되어있다. 또 에너젝스 브리즈번 아버(Energex Brisbane Arbour) 보도를 따라 사우스뱅크를 제대로 둘러볼 수도 있다. 이 밖에도 인공적으로 만들어진 비치가 있어 이곳에서 휴식을 취할 수 있으며 박물관, 미술관 도서관 등이 있어 구경하는데도 좋다.

사우스뱅크의 비치

THEME 03. 마운틴 쿠사(Mt. Cootha)

서울의 남산과 같이 높은 곳에서 브리즈번을 보는 것으로 유명한 마운틴 쿠사(Mt. Cootha)
에 오르면 브리즈번의 전망 좋은 경치가 눈앞에 펼쳐진다. 특히 야경과 일몰, 그리고 일출
은 마운틴 쿠사에서 으뜸으로 치는 볼거리로 이를 위해 많은 관광객들이 이곳을 찾는다.
이 밖에도 분위기 좋은 카페와 레스토랑들이 자리하고 있어 연인들과의 데이트에도 제격
인 곳이다.

THEME 04. 론 파인 코알라 보호 구역(Lone Pine Koala Sanctuary)

코알라로 유명한 호주에서는 세계 최대의 코알라 보호 구역을 지정해 놓고 있는데 그곳이
바로 론 파인 코알라 보호 구역(Lone Pine Koala Sanctuary)이다. 이곳에서는 보호 중인
코알라 외에도 캥거루, 딩고 등 다양한 호주의 동물들을 볼 수 있으며 깨끗한 자연 속에서
자유롭게 길러지고 있다.
AM 9:00~PM 5:00까지 쉬는 날 없이 개장하고 있으며, 들어가는 입구와 관광객을 위한
카탈로그에 이벤트 시간이 기재되어 있어 이에 맞춰가는 것도 좋다. 입장료의 경우, 퀸즐
랜드 학생증이 있으면 일부가 할인된다.

THEME 05. 골드 코스트(Gold Coast)

브리즈번에서 남쪽으로 약 80km 떨어져 있는 골드 코스트(Gold Coast)는 세계적으로 유명한 관광휴양도시이다. 이곳의 자랑거리는 세계에서 가장 긴 백사장과 호주에서 가장 아름다운 해변으로, 관광객들의 발걸음을 유혹한다.

멜버른(Melbourne) 지역 추천 장소

THEME 01. 플린더스 역(Flinders Station) & 페더레이션 광장(Federation Square)

멜버른 최초의 기차역인 플린더스 역(Flinders Station)과 페더레이션 광장(Federation Square)은 설명이 필요 없는 멜버른 여행의 시작 위치이다. 많은 사람들과 교통으로 인해 플린더스 역은 언제나 북적거린다.

페더레이션 광장 앞에 위치하는 Visitor센터에서는 유익한 각종 여행 정보를 얻을 수 있어 여행에 많은 도움을 준다.

페더레이션 광장의 야경

THEME 02. 야라 강(Yarra River)

야라 강(Yarra River) 주변에 늘어선 높은 건물들이 환상적인 스카이라인을 만들고, 야라 강변에서는 휴식을 즐기는 사람들이 많지만 도심의 혼잡함만큼 북적거리는 편은 아니다. 야라 강변에는 아트센터, 플린더스 역, 페더레이션 광장과 크라운 카지노 등이 위치하고 있다.

THEME 03. 멜버른 뒷골목(Melbourne City Laneways)

멜버른 시티의 뒷골목들은 그래피티, 카페, 바, 부띠끄, 갤러리, 아케이드 등 각자의 개성과 매력을 갖고 있는 골목들이 많아 관광객들을 이끄는 역할을 하기도 한다. 이곳은 드라마 '미안하다 사랑한다'의 촬영지로 잘 알려져 호주에 온 분들이라면 한 번쯤은 들리는 곳이다. 마치 예술가들의 거리에 온 듯한 착각을 일으키며 뒷골목에 위치하는 카페는 반 고흐의 그림에 등장하는 곳과 비슷한 분위기를 주는 곳도 있다.

THEME 04. 세인트 킬다(St. Kilda) 해변

트램으로 30분 거리에 위치하는 멜버른에서 가장 가까운 해변, 세인트 킬다(St. Kilda) 해변에는 다채로운 맛집은 물론, 수공예품을 취급하는 가게, 재즈바 등이 있다. 특히나 이곳은 석양과 야경이 아름다워 산책하기 안성맞춤인 해변이다.

이곳은 호주뿐 아니라 세계에서 가장 아름다운 해안 드라이브 코스 중 하나로 꼽히고 있다. 또 파도에 침식된 바위들과 절벽 그리고 굴곡이 있는 해안선과 같이 자연이 만들어낸 천연 작품들이 관광객의 눈을 사로잡는다.

THEME 01. 벨 타워(The Bell Tower)

벨 타워(The Bell Tower)는 건물 전체가 하나의 악기 역할을 하는 독특한 건물로, 기네스북에 오른 세계 최대의 악기이다. 이곳에 가면 60년 동안 종을 치신 할머니로부터 종을 치는 법을 직접 배울 수 있다. 또 종을 친 후에는 자그마한 특전으로써 할머니의 사인이 있는 수료증도 받을 수 있다.

THEME 02. 킹스 파크(Kings Park)

킹스 파크(Kings Park)에서는 스완 강과 퍼스 시내의 전경을 한눈에 볼 수 있으며 소풍을 즐기는 현지인 호주 가족들이 많다.

THEME 03. 런던 코트(London Court)

헤이 스트리트 몰(Hay Street Mall)과 머레이 스트리트 몰(Murray Street Mall)을 연결해 주는 런던 코트(London Court)는 많은 여행자들이 즐겨 찾는 쇼핑센터로 유명하다. 이곳에 있는 건물 곳곳에서 영국의 느낌을 받을 수 있다.

THEME 04. 퍼스 민트(Perth Mint)

퍼스 민트(Perth Mint)는 호주의 동전을 찍어냈던 곳으로, 이곳에서 2000년 시드니 올림픽 메달이 제작되었다. 이곳을 방문할 때 시간을 맞춰 간다면 금을 녹여 직접 금괴를 만드는 모습도 볼 수 있다.

THEME 01. 시드니 오페라 하우스(The Sydney Opera House)

시드니 하면 누구나 오페라 하우스(The Sydney Opera House)를 떠올릴만큼 이곳은 시드니를 대표하는 가장 유명한 건물로, 1973년에 완공되었다. 요트들의 돛 모양을 살린 조개 모양의 지붕이 바다와 조화를 이루고 있으며 지금은 시드니뿐만 아니라 세계적으로 유명하다.

THEME 02. 킹스 크로스(Kings Cross)

시드니 시티에서 동쪽에 위치하는 킹스 크로스(Kings Cross)는 커다란 코카콜라 간판으로 유명하다. 이곳에서는 남반구 최고의 환락가에 걸맞게 호주의 밤문화를 즐길 수 있지만 너무 늦은 시간은 피하는 것이 좋다.

THEME 03. 더 록스(The Rocks)

더 록스(The Rocks)는 호주의 현대사가 시작되는 곳이다. 1788년 정착민들이 들어와 건물들을 지었고, 시드니가 항구도시로 번창하게 되면서 같이 발달했다. 멋진 가게들과 야외카

페들, 박물관, 식민 시대의 건물들 그리고 아직까지 옛날이 남아있는 시드니를 볼 수 있다.

THEME 04. 달링 하버(Darling Harbour)

달링 하버(Darling Harbour)에는 아쿠아리움과 아이맥스 극장 등이 위치하고 있다. 예전에 이곳은 발전소와 조선소가 있었지만 1988년 호주 건국 200주년을 맞아 대대적으로 보수를 했다. 이때부터 쇼핑센터, 박물관, 수족관, 극장 등이 들어서고 모노레일을 운행하기 시작했다. 지금은 시드니에서 가장 인기 있는 유흥지로 꼽힌다.

THEME 05. 시드니 올림픽 파크(Sydney Olympic Park)

홈부쉬 지역에 조성된 스포츠 공원인 시드니 올림픽 파크(Sydney Olympic Park)는 2000년 시드니 올림픽의 개최를 위해 조성된 공간이다. 올림픽 이후에도 스포츠 경기나 로열이스 터쇼, 시드니 페스티벌과 같은 문화행사가 열리고 있다.

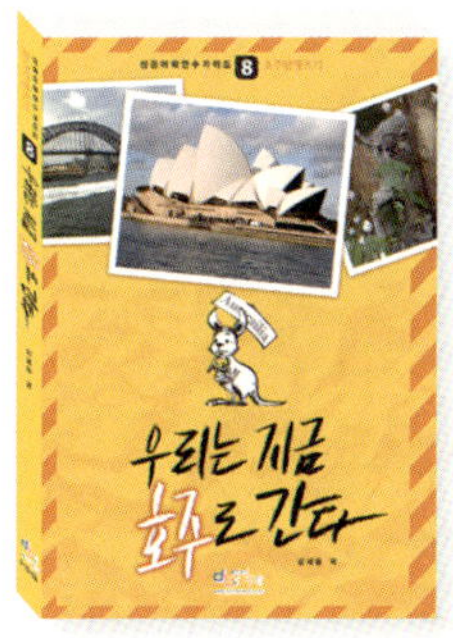

성공어학연수 가이드 – 호주 맞짱뜨기

우리는 지금 호주로 간다

1판 1쇄 인쇄 2013년 1월 05일
1판 1쇄 발행 2013년 1월 10일

지 은 이 김세윤
발 행 인 이미옥
발 행 처 아이생각
정   가 15,000원
등 록 일 2003년 3월 10일
등록번호 220-90-18139
주   소 (143-839)서울 광진구 능동 253-21
새 주 소 (143-849) 서울 광진구 능동로 32길 159
전화번호 (02)447-3157~8
팩스번호 (02)447-3159

저자 합의
인지 생략

ISBN 978-89-97466-06-1(13980) I-13-03

우리는 지금 연수하러 간다!

개성있는 저자들이 들려주는 생생한 연수 이야기!
좌충우돌, 어디로 튈지 모르는 저자들의 연수 경험과 현지에서 겪어야만 알 수 있는
특별한 이야기 및 노하우가 독자 여러분을 자극합니다.
톡톡 튀는 특별한 연수를 계획해 보세요!
보다 재미있고, 보다 효과적으로, 보다 의욕 충만하도록 다채로운 국가별 연수, 한번 떠나볼까요?

 성공어학연수 1번 미국

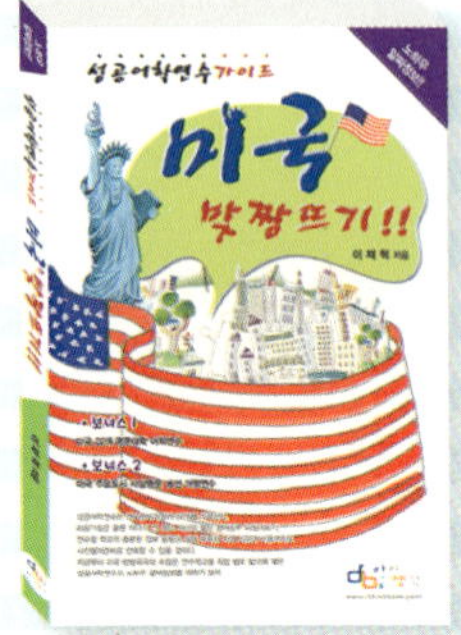

성공어학연수 가이드
미국 맞짱뜨기
이재혁 저 / 정가 12,000원

영어하면 생각나는 그곳은? 당연히 미국이지!
미국 연수생활에 꼭 필요한 정보만 모았다!

 성공어학연수 2번 필리핀

성공어학연수 가이드
필리핀 맞짱뜨기
박미경 저 / 정가 12,000원

1:1 수업으로 고급 영어를 배우려면? 필리핀으로 가자!
저자가 들려주는 유쾌상쾌통쾌 알짜 필리핀 현지 연수 이야기로
수준 있는 필리핀 연수를 시작한다!

 성공어학연수 3번 캐나다

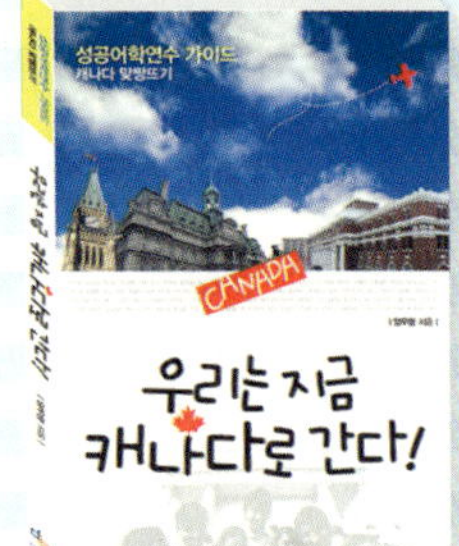

성공어학연수 가이드 캐나다 맞짱뜨기
우리는 지금 캐나다로 간다!
양우영 저 / 정가 12,000원

연수생들이 꼭 필요한 것이 무엇인지를 아는 핵심 정보만 모였다!
군더더기 없는 정보와 친절한 가이드로 연수생들의 체계적이고
성공적인 연수를 위해 탄생한 Best of best!

 **성공어학연수 4번 토론토&밴쿠버**

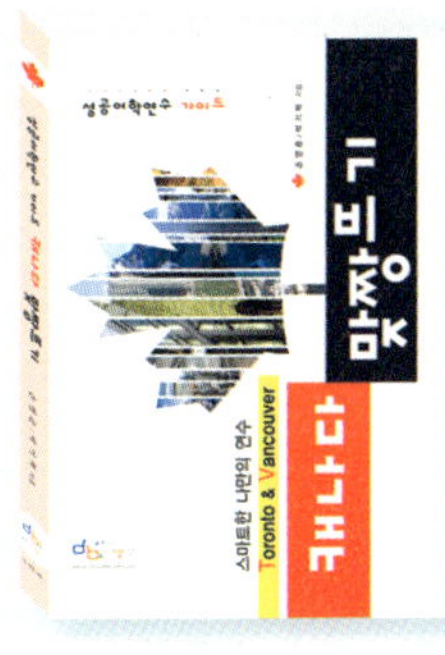

성공어학연수 가이드 – 토론토 & 밴쿠버
캐나다 맞짱뜨기
손영준/박기혁 저 / 정가 13,000원

토론토와 밴쿠버 연수생의 필독서!
캐나다 연수 핵심지의 액기스 정보들을 모아 엮은
토론토&밴쿠버 연수 지침서!

 **성공어학연수 5번 중국**

성공어학연수 가이드
키스 더 드래곤의 중국 맞짱뜨기
최원철 저 / 정가 13,000원

남다른 열정과 순발력, 유머가 가득한 저자의 연수 경험과 정보는
중국 연수 희망자들을 위한 중국 연수의 이정표가 된다!
남과 다른 CHINA는 중국 연수를 하고 싶다면 무조건 펼쳐라!

 **성공어학연수 6번 영국**

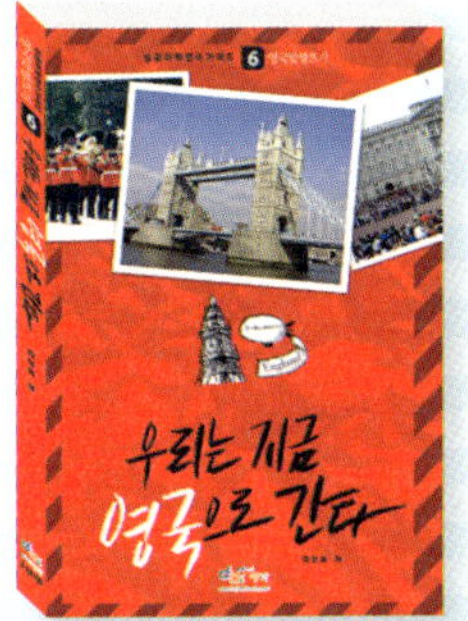

성공어학연수 가이드 영국 맞짱뜨기
우리는 지금 영국으로 간다
양건희 저 / 정가 15,000원

독자를 매료시킬 준비는 되어있다!
수년간 영국 현지에서 살아온 저자의 연수 노하우가 끊임없이
독자 여러분을 영국으로 인도한다! 여기에 저자가 들려주는
영국문화 이야기와 영국 영어 이야기는 덤!

성공어학연수 7번 뉴질랜드

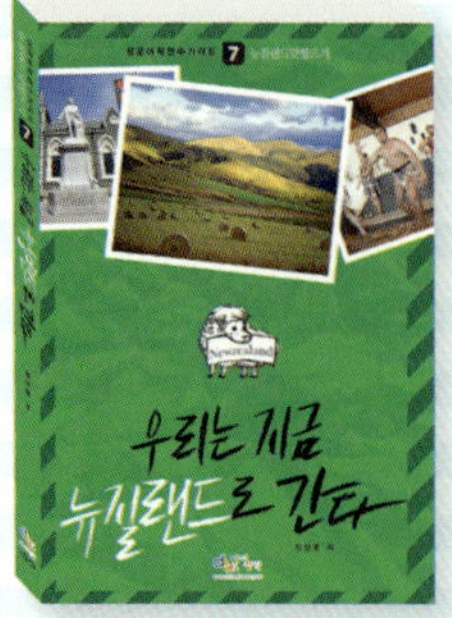

성공어학연수 가이드 − 뉴질랜드 맞짱뜨기
우리는 지금 뉴질랜드로 간다
장신영 저 / 정가 15,000원

지상 최고의 낙원이자 레포츠의 천국, 뉴질랜드에서
남다른 연수 경험을 쌓기를 원하는 분께 추천!
본 도서에는 뉴질랜드 연수 전문가의 현지 생활 적응부터 연수 및
워킹홀리데이까지 뉴질랜드로 떠나는 분들을 위한
알찬 정보만을 구성해 엮은 뉴질랜드 연수의 기본서!

성공어학연수 8번 호주

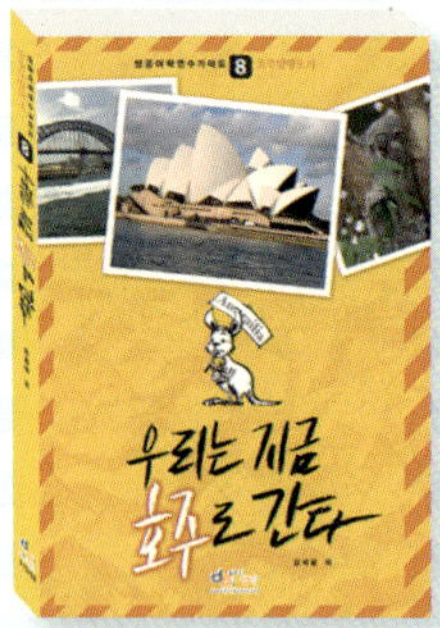

성공어학연수 가이드 − 호주 맞짱뜨기
우리는 지금 호주로 간다
김세윤 저 / 정가 15,000원

깨끗하고 청정한 자연 속에서 집중적으로 영어공부를 하고 싶다면?
호주를 빼놓을 수 없다! 호주 연수 및 워킹홀리데이에서 꼭 필요한
정보만 군더더기 없이 골라모아 독자들에게 소개하는 호주 연수와
현지생활 가이드 최고의 지침서!

성공어학연수 9번 일본

성공어학연수 가이드 − 일본 맞짱뜨기
우리는 지금 일본으로 간다
이수희 저 / 정가 15,000원

전통과 현대가 공존하는 가깝고도 먼 나라 일본에서의
특별한 연수를 시작하는 분께 추천하는 필독서!
다양한 볼거리와 다양한 먹거리는 물론 제2외국어 선택율로
학생들의 든든한 지지를 받는 일본에서 성공적인 어학연수생활로
이어지는 저자의 현지생활과 연수 이야기를 저자의 노하우와
경험담으로 재미있고 유쾌하게 소개한다.